化学工业出版社“十四五”普通高等教育规划教材

国家级一流本科专业建设成果教材

动物学实验

Zoology Experiment

周春花　黄晓晨　主编

化学工业出版社

·北京·

内容简介

《动物学实验》分为“基础性实验”“综合性实验”与“设计性实验”三篇：第一篇通过显微镜使用、细胞与组织观察、各类群代表动物的形态与解剖实验，帮助学生掌握动物形态结构的基本规律与实验操作规范；第二篇则通过昆虫、鱼类、两栖类、爬行类、鸟类和哺乳类的分类实验，培养学生运用检索表进行物种鉴定的能力，并理解不同生态类型动物的适应特征；第三篇全部以“学生自主设计”为核心，把前两篇培养的解剖、显微观察、分类技能升华为科学探究能力。

本教材适用于高等院校生物科学、生物技术、生态学及相关专业的实验教学，也可供中学生物教师参考使用。

图书在版编目（CIP）数据

动物学实验 / 周春花，黄晓晨主编. -- 北京 : 化学工业出版社，2026. 2.--（国家级一流本科专业建设成果教材）. -- ISBN 978-7-122-49821-2

Ⅰ. Q95-33

中国国家版本馆 CIP 数据核字第 2026301Z0M 号

责任编辑：徐　旸　赵玉清　　　装帧设计：张　辉
责任校对：刘　一

出版发行：化学工业出版社
（北京市东城区青年湖南街 13 号　邮政编码 100011）
印　　装：大厂回族自治县聚鑫印刷有限责任公司
710mm×1000mm　1/16　印张 13¼　字数 252 千字
2026 年 2 月北京第 1 版第 1 次印刷

购书咨询：010-64518888　　　售后服务：010-64518899
网　　址：http://www.cip.com.cn
凡购买本书，如有缺损质量问题，本社销售中心负责调换。

定　　价：36.80 元

编写人员名单

主　　编　周春花　黄晓晨

副 主 编　王尚洪　简少卿　裘雪梅　谢广龙

编写人员　（按姓氏拼音排序）

黄晓晨　简少卿　刘雄军　欧阳解秀

裘雪梅　舒凤月　宋雪琳　王尚洪

武瑞文　谢广龙　周春花

前言

动物学实验是生物学教学的重要组成部分，是连接理论知识与生命实践的桥梁。本教材以培养学生扎实的实验技能、严谨的科学态度与综合分析能力为目标，系统梳理了动物学实验教学的核心内容，力求在传承经典实验方法的基础上，融入现代生物学研究的新进展与新技术。

全书实验设计遵循由浅入深、由基础到综合的原则。每个实验均配有详细的操作步骤、清晰的结构示意图及拓展阅读资料，既便于教师组织教学，也方便学生自主学习。在内容编排上，本书特别注重以下几点：

1. 突出结构与功能的统一：通过对比不同类群动物的形态结构，揭示其与生活环境的适应性关系，强化进化与生态的思维训练。

2. 强调规范操作与安全：从实验室规则到具体实验步骤，均对操作规范、安全防护及动物伦理提出明确要求。

3. 融合传统与现代技术：在保留经典解剖与显微观察的基础上，引入检索表使用、数码显微摄影等现代手段，提升实验效率与数据记录质量。

4. 拓展学术视野：通过课后阅读文献与网络资源，引导学生关注学科前沿，培养终生学习的能力。

本书的编写凝聚了多位一线教师的教学经验与科研积累，参加编写工作的有（排名不分先后）：南昌大学周春花、黄晓晨、王尚洪、简少卿、欧阳解秀，曲阜师范学院舒凤月、谢广龙，江西科技师范大学裘雪梅、宋雪琳，山西师范大学武瑞文，嘉应学院刘雄军。在此，向所有为本书提供支持与帮助的同仁致以诚挚的感谢。

限于编者水平，书中难免存在疏漏，恳请读者批评指正。

编者

2025 年 8 月

目录

实验室规则

1. 未接受实验室安全教育培训者，不得独立进入实验室开展实验。进入实验室需穿实验服，戴手套、口罩等防护装备，禁止穿拖鞋或露趾鞋，女生需将长发束起。实验室内禁止饮食、吸烟等。

2. 实验前认真预习实验内容，明确实验目的及要求，并熟悉实验流程。实验过程中自觉遵守课堂纪律，严格按照操作规程操作。

3. 爱护实验仪器，精密贵重仪器每次使用应登记姓名和仪器使用情况，保持仪器清洁。如发生故障，应立即停止使用并报告老师。

4. 按需取用试剂和蒸馏水等物品，注意节约。量具要专一使用，防止试剂交叉污染。多余的试剂不得倾入原试剂瓶内，防止污染试剂。取用结束后，及时盖好盖子，防止其失效或污染，并放回原处。

5. 配制好的试剂和保存在冰箱的物品，要注明试剂名称、浓度、保存者的姓名、班级、配制或保存日期等。

6. 不得将含有易燃物的实验用品接近火焰。漏电设备一律不准使用，注意人身安全。严禁用口直接吸取或用皮肤直接接触有毒药品和试剂。凡是产生烟雾、含有毒气体或不良气味的实验，均应在通风橱中进行。通风橱门应紧闭，非必要勿开。

7. 保持实验台面、地面、水槽及室内整洁。将书包、衣物放到指定架上。

8. 实验数据和现象及时做好记录，按时上交实验报告。

9. 实验完成后，处理好实验材料，清洗所用器械并排列整齐。含强酸、强碱的废液应倒入指定废液缸中。实验结束后，值日生负责打扫实验室卫生。

10. 离开实验室时断水、断电，关闭门窗。

动物学实验基本知识

一、解剖术语

1. 基本方位术语

背侧：动物身体的上表面或靠近背部的一侧。

腹侧：动物身体的下表面或靠近腹部的一侧。

前/头端：靠近头部或运动方向的一端。

后/尾端：靠近尾部或远离头部的一端。

内侧：靠近身体正中矢状面的位置。

外侧：远离身体正中矢状面的位置。

近端：靠近躯干或附着点的部分。

远端：远离躯干或附着点的部分。

2. 解剖切面术语

矢状面：沿身体前后方向纵切，将身体分为左右两部分。

正中矢状面：严格沿中线切割，左右对称。

旁矢状面：偏离中线的矢状切面。

冠状面：沿身体左右方向纵切，将身体分为背腹两部分。

横切面：垂直于身体长轴横切，将身体分为前后两部分。

3. 体腔与器官系统术语

真体腔：由中胚层完全包裹的腔隙。

假体腔：仅部分由中胚层覆盖的腔隙。

无体腔：无封闭腔隙，由实质组织填充。

口器：节肢动物（如昆虫）的取食器官，由头部附肢演化形成。

消化道：从口到肛门的连续管道。

开管式循环：血液不完全在血管中流动（如虾的血窦）。

闭管式循环：血液完全在血管中流动（如哺乳动物的动脉）。

神经节：神经细胞体的集合，如蚯蚓的咽下神经节。

神经索：中枢神经的主要传导路径，如昆虫的腹神经索。

4. 运动与附着结构术语

鳍：鱼类的运动器官，分背鳍、胸鳍、腹鳍等。

足：软体动物的运动器官，如蜗牛的腹足。

翅：昆虫的飞行器官，如蜻蜓的膜质翅。

横纹肌：随意肌，如骨骼肌。

平滑肌：不随意肌，如肠道肌肉。

心肌：心脏特有的肌肉组织。

5. **生殖与发育术语**

雌雄同体：个体同时具有雌雄生殖器官。

雌雄异体：雌雄生殖器官分别存在于不同个体。

直接发育：幼体与成体形态相似。

间接发育：幼体经过变态成为成体。

6. **体表与感觉器官术语**

角质层：无脊椎动物体表的非细胞结构。

鳞片：鱼类和爬行物体表的保护结构。

感光器：如眼虫的眼点。

触角：昆虫的触觉和嗅觉器官。

7. **特殊结构术语**

伸缩泡：淡水原生动物的渗透压调节器官。

马氏管：昆虫的排泄器官。

刺丝泡：草履虫的防御性细胞器。

毒腺：如蛇的毒牙基部腺体。

8. **对称性术语**

辐射对称：身体结构围绕中心轴呈放射状排列。

两侧对称：身体沿正中矢状面分为左右对称的两部分。

9. **体节与分节术语**

同律分节：体节形态和功能相似。

异律分节：体节形态和功能分化。

10. **体色与形态术语**

保护色：体色与环境相似，以躲避天敌。

警戒色：鲜艳体色，警示天敌其具有毒性。

掌握这些解剖术语是动物学实验和研究的基础，能够准确描述动物体的结构与功能，避免交流中的歧义。在实际操作中，应结合具体标本灵活应用这些术语，并注意不同类群动物的特殊术语差异。

二、观察

1. **宏观观察法**

① 直接肉眼观察

适用对象：大型动物器官、外部形态特征。

保持标本湿润（生理盐水或固定液），使用白色背景增强对比，配合放大镜（5～10倍）观察细节。

② 体视显微镜观察

适用对象：小型无脊椎动物（昆虫、环节动物等）。

放大倍数：7～40倍，光源：双侧冷光源斜射，深色背景观察浅色标本，滴加甘油增强透明度。

2. 显微观察法

低倍镜（4×/10×）下进行定位，高倍镜（40×）下观察结构，油镜（100×）观察超微结构。

3. 活体观察技术

① 运动控制方法

物理限制法：甲基纤维素和琼脂糖微室。

化学麻醉法：如使用低浓度（如1%～2%）的乙醇或氯化镁溶液，适用于部分原生动物或小型无脊椎动物。

低温处理法：将临时装片放置冰箱冷藏5min后再观察。

② 生理活动记录

纤毛运动：高速显微摄影（100fps以上）。

摄食行为：添加碳颗粒（墨汁）追踪。

三、绘图

1. 绘图基本原则

科学性优先，必须忠实于观察对象，禁止艺术性夸张或简化，所有结构需有明确依据。

比例准确，使用目镜测微尺校准，保持长宽比例协调，不同结构间相对大小正确。

2. 绘图步骤

仔细测量出绘图对象的整体的长宽比例和各器官所在位置及占位。确定所画图形与实物的缩放比例。

绘图前先对绘图纸进行合理布局，预留20%空白用于标注，绘图先主后次，即先绘制主要器官，再绘制细微结构。用HB铅笔轻轻描出整体及主要部分轮廓的草图。对于两侧对称动物，可先画出一侧，再复制另一侧。如有错误可用橡皮擦拭修改。

绘完草图后，用2H铅笔绘制细微结构，最后用清晰的线条描绘整体轮廓，定稿后轻擦草图线。

继续用2H铅笔绘制出细微结构，绘图完成后，用2H铅笔以楷体进行标注。注字应横写，在两侧排成竖行，上下尽可能平齐。注字尽量水平拉出。图的标题应写在该图的下方中央位置。在纸的上方居中写出本实验的题目，并在纸的右上角写出学生姓名、学号及实验日期。注意保持图形整体的整洁美观。

第一篇　　基础性实验

实验一
显微镜的结构和使用

一、实验目的和要求

了解显微镜的基本构造，初步掌握显微镜的使用方法。

二、实验内容

1. 观察显微镜各部分的构造。
2. 学习显微镜的使用方法。
3. 初步认识几种类型的显微镜。
4. 显微镜使用注意事项。

三、实验材料和用具

实验材料：粉蝶。

实验用具：生物显微镜、几种不同类型的显微镜、载玻片、盖玻片、字母装片、毛笔、酒精等。

四、实验操作与观察

（一）观察显微镜各部分的构造

图 1-1 所示的是高级双目显微镜，主要部件有以下几部分。

1. 镜臂和镜座

镜臂是整个显微镜的支架，垂直于水平面，位于镜座的后侧。镜臂两侧有粗细调焦轮，逆时针或顺时针转动可使镜台连同集光器上升或下降，调整成像焦点直至看到清晰的物像（图 1-1）。粗细调焦轮为两个同心轮，外圈是粗调焦轮，使镜台上下升降幅度大，内圈凸出的是细调焦轮，使镜台细微幅度升降。在粗调焦轮的基部有一白色金属圈，为粗调焦轮松紧调节环，可用于调节粗调焦轮的松紧（图 1-2）。

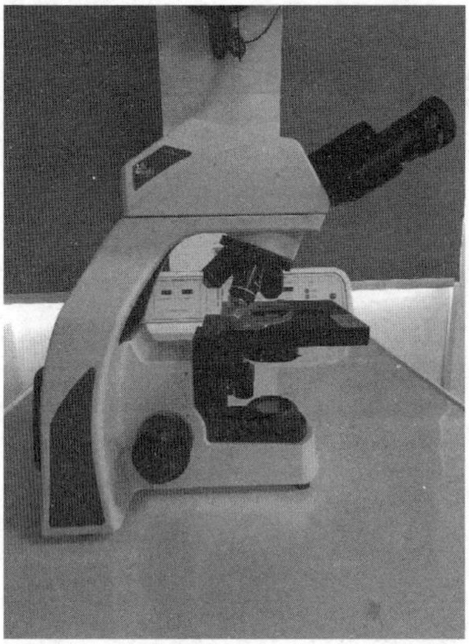

图 1-1　显微镜的结构

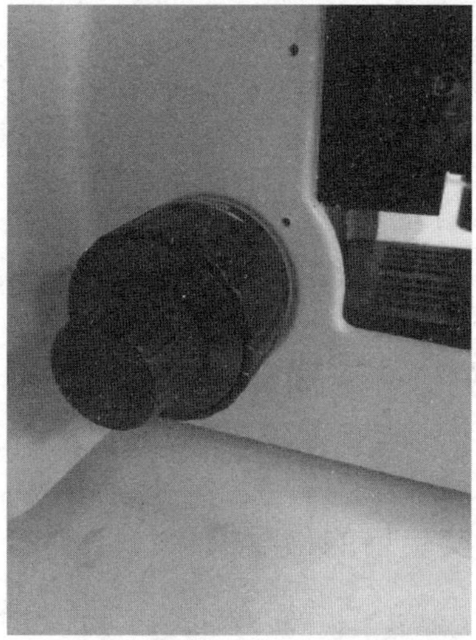

图 1-2　粗调焦轮松紧调节环

2. 双目镜筒和目镜

双目镜筒斜位于镜臂上方，镜筒上有一突出的圆环，为视度圈（图 1-3），旋转视度圈可使目镜镜筒升降。在每个目镜筒上有一圈凹槽，为基准线（图 1-4）。在目镜筒基部各有一块瞳距调节板，左右移动该板可调节目镜间距（图 1-5）。目镜由两个透镜组成，从目镜管上方插入（注意：不要随便从目镜管中拉出和插入目镜）。不同目镜上刻有 7×、10×、15×或 20×等，表示它的放大倍数，常用的目镜为 10×。

图 1-3　视度圈

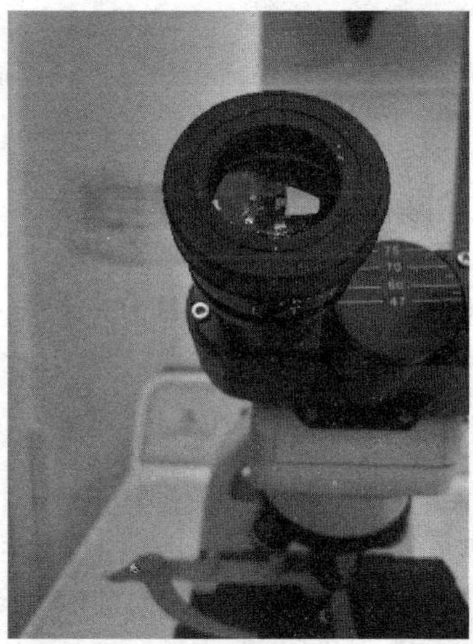

图 1-4　基准线

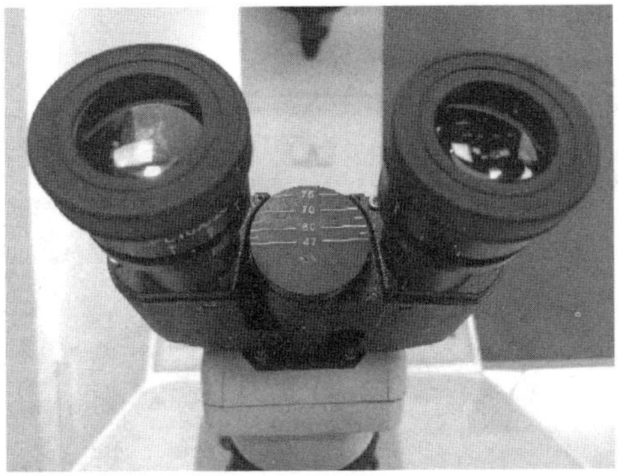

图 1-5　瞳距调节板

3. 物镜和转换器

一般实验室用的是消色差物镜，由数片透镜组成。物镜上注明放大倍数，从 4×～100×，常用的最低倍物镜为 4×，用于寻找目标物，低倍的为 10×，高倍的为 40×，100×的为油镜，特别注明“HI”或“oil”字样，并在物镜上标有一白色圈（图 1-6）。物镜安装在转换器上，转换器绕一中心轴旋转，可方便地转换所需要的物镜（图 1-7）。

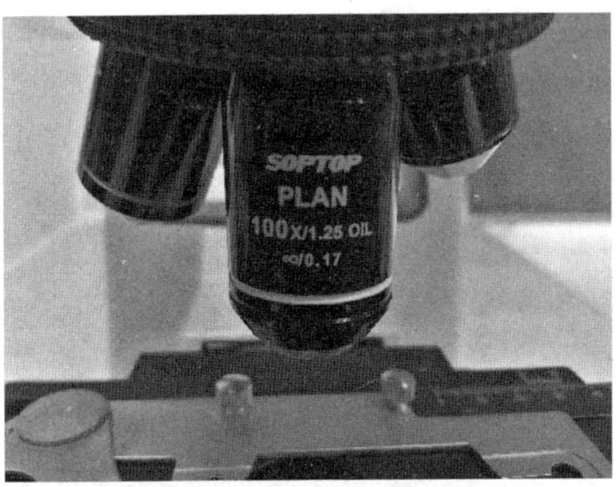

图 1-6　100×油镜

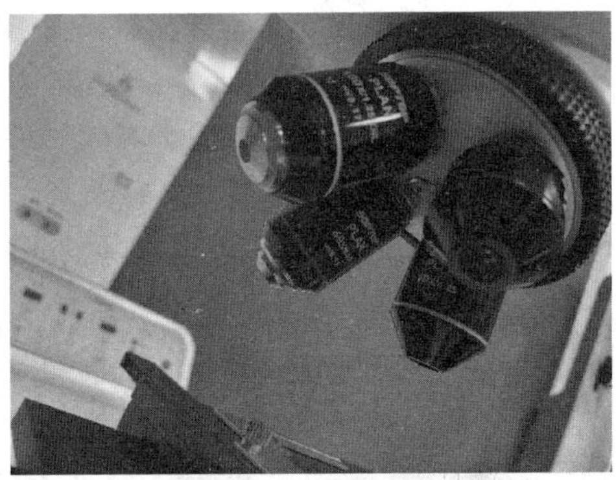

图 1-7　物镜转换器

4. 镜台或载物台和聚光镜

镜台为一方形平台，用于放置标本，中央有一通光孔。镜台装有载玻片移动器，旋转镜台下附属的纵向调节钮和横向调节钮，可使载玻片前后左右移动。载玻片移动器上有纵向和横向的坐标尺，记下坐标尺上的刻度数，能方便地找到此时所观察到的目标（图 1-8）。聚光镜在镜台下方，一般由 2～3 片凸透镜组成，用于收集从光源来的光线并集合成光束，以增强入射光强度。聚光镜下有一虹彩光阑，犹如照相机的快门，缩小或扩大孔径可改变入射光量。有调节轮可使聚光镜连同光阑上下升降，调节透过标本进入物镜的光强度（图 1-9）。

图 1-8　载玻片移动器坐标尺

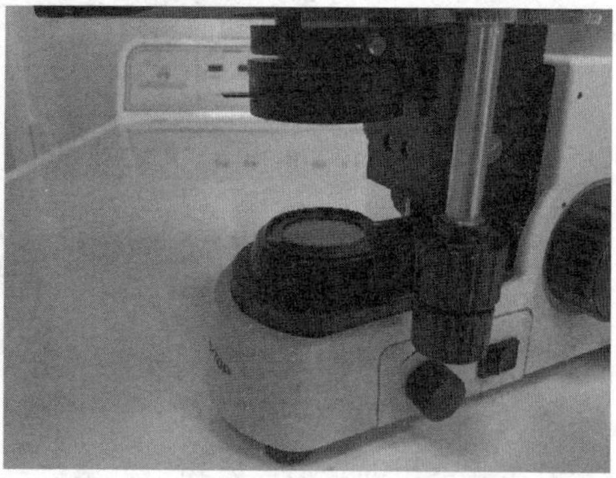

图 1-9　载玻片移动器和光阑调节杆

（二）学习显微镜的使用方法

1. 从显微镜存放柜中取出显微镜，取镜时应右手握镜臂，左手托住镜底座，镜的左侧靠近胸部（图 1-10），轻放于实验桌上，除去防尘罩。

2. 插上电源插头，打开显微镜电源开关，通过拨动旋钮调节光线亮度。

3. 转动物镜转换器（不能直接转动物镜），将低倍搜索物镜（4×）对准通光孔。

4. 将载玻片放置于镜台的载玻片移动器上（图 1-11），把观察物放在通光孔中央（都应在低倍物镜下放上和取下载玻片，禁止在高倍物镜时取放载玻片，以免擦伤透镜）。顺时针方向转动粗调焦轮，将镜台升至最高（无限位装置的显微镜应从侧面观察，转动粗调焦轮，直至物镜和载玻片间距达 5mm 左右）。

5. 通过目镜观察，逆时针转动粗调焦轮（下降镜台），直至看清物像，再调节细调焦轮，使之更清晰。

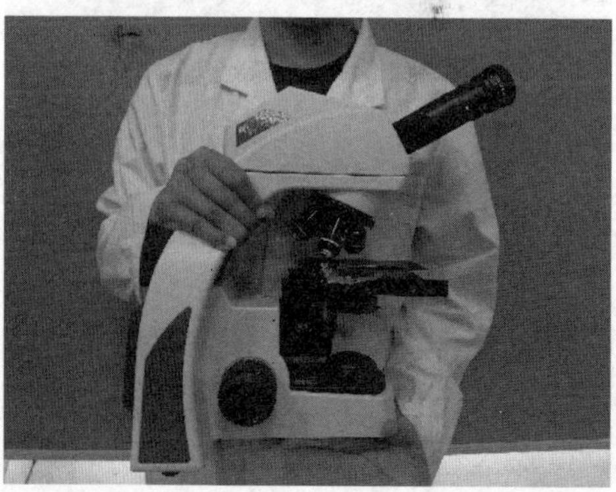

图 1-10　显微镜的提取

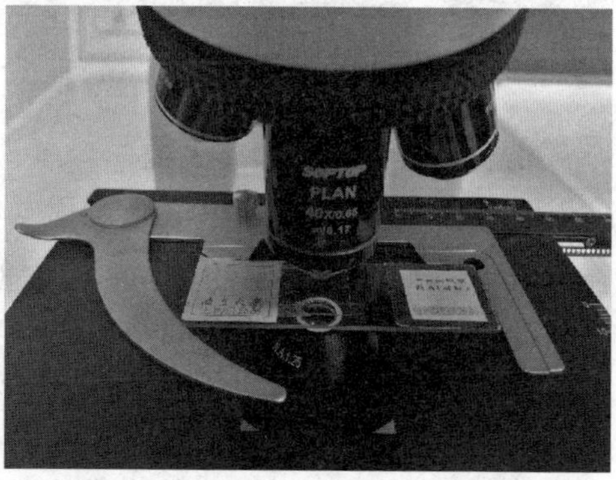

图 1-11　载玻片夹在载玻片移动器内

6. 调节两双筒目镜管间距。向内向外滑动瞳距调节板，使双筒目镜的管间距与两眼瞳孔间距一致，左、右眼能同时看到一个清晰的视野，左、右目镜中的图像合并为一。

7. 调节视度。旋转右侧目镜的视度圈，使其下端面与基准线对齐，此时是零视度位置。先用右眼观察（用纸片挡住左眼），在 40× 物镜下用细调焦轮对标本准确调焦，至物像清晰为止。换用左眼观察（用纸片挡住右眼），转动左侧目镜管上的视度圈，直至物像清晰为止，以校正左、右眼视度差别。

8. 转换成 10× 物镜观察，再转成 40× 物镜观察。从低倍转换成高倍，正常情况下物镜不会碰到载玻片，但在尚未了解这台显微镜的性能前，第一次使用时应侧视，慢慢转动转换器，看物镜是否与载玻片相碰。从低倍转换成高倍前，应先将需观察的目标置于视野中央，换成高倍镜后，只能用细调焦轮调节，禁止使用粗调焦轮。

9. 调节控制载玻片移动器的旋钮，前后或左右移动载玻片，载玻片移动方向与你所看到的物像移动方向是否一致？所看到的字母物像是正像还是倒像？记下载玻片移动器上的纵横坐标数据，随意移动载玻片后，你能根据坐标的数据找到原来的物像吗？

10. 计算放大倍数。显微镜的放大倍数是目镜放大倍数与物镜放大倍数的乘积。放大倍数是针对物体的长度还是面积而言的？

11. 油镜的使用。在使用 100× 的油镜时，必须先在盖玻片上滴上油性介质，常用的为香柏油。转动油镜，使镜头碰到香柏油，形成一个连续的油性介质通路，再进行观察。油镜使用完毕后，必须先用擦镜纸抹去镜头油，再用蘸少许混合剂（7 份乙醚加 3 份无水乙醇）的擦镜纸抹去残留的镜头油，最后用擦镜纸擦净。

12. 显微镜操作过程中，如发现故障和问题，应立即报告指导教师，不可自行拆卸。

13. 实验结束后，关闭电源，取下载玻片（永久封片必须放回片盒），将两物镜呈“八”字形斜放，不要垂直向下（图 1-12），载物台升至最高。电源线盘在底座集光镜上，套上防尘罩，按号放置于柜中。

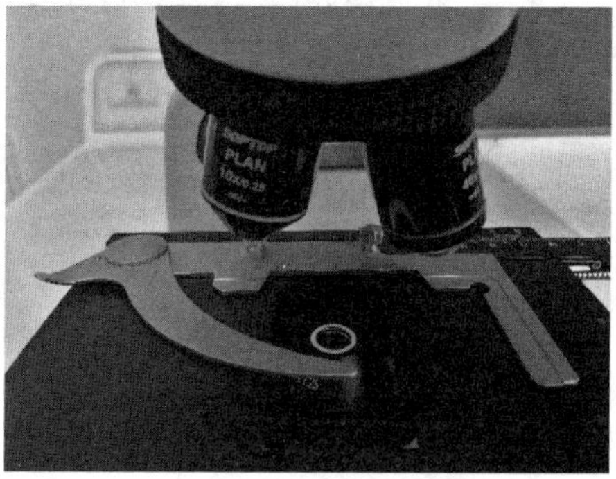

图 1-12　非工作状态时显微镜的镜头位置

14. 不能让水、化学试剂及新鲜动物组织等污染物镜、目镜及其他光学透镜。观察时必须盖上盖玻片，必须用擦镜纸擦抹透镜。积灰多时先用洗耳球吹净，再用擦镜纸擦，以免灰尘微粒磨损透镜。

15. 通过拉丁字母装片和进行粉蝶鳞片的观察，练习使用显微镜的方法。

（三）初步认识几种类型的显微镜

1. 双筒解剖显微镜

解剖较小标本或观察玻片标本的全貌时，需使用解剖显微镜，以观察自然状态下较小的实体（正像）和较大的玻片标本，或解剖细小生物。

2. 相差显微镜

用普通光镜观察活细胞，一般不能分辨其细微结构。这是由于各细微结构的折光性很近似或对比不够显著。相差显微镜则是在聚光器下装一个环状光栏，其物镜是安有相板的相差物镜。环状光栏的作用是造成空心的光线锥，使直射光和衍射光分离。相板的作用是使直射光和衍射光发生干涉，导致相位差变成振幅差（即明暗差），使反差加强。所以，相差显微镜可以观察活细胞中不同染色的微细结构。

3. 倒置显微镜

物镜位于标本的下方，而光源位于标本的上方。主要用于细胞培养时观察培养瓶中细胞的生长情况。

五、注意事项

1. 持镜时必须是右手握臂、左手托座的姿势，不可单手提取，以免零件脱落或碰撞到其他地方。

2. 轻拿轻放，不可把显微镜放置在实验台的边缘，应放在距边缘 10cm 处，以免碰翻落地。

3. 保持显微镜的清洁，光学和照明部分只能用擦镜纸擦拭，切忌口吹手抹或用布擦，机械部分用布擦拭。

4. 水滴、酒精或其他药品切勿接触镜头和镜台，如果沾污应立即用擦镜纸擦净。

5. 放置玻片标本时要对准通光孔中央，且不能反放玻片，防止压坏玻片或碰坏物镜。

6. 要养成两眼同时睁开观察的习惯，以左眼观察视野，右眼用以绘图。

7. 不要随意取下目镜，以防止尘土落入物镜，也不要任意拆卸各种零件，以防损坏。

8. 使用完毕后，必须复原才能放回镜箱内，其步骤是：取下标本片，转动旋转器使镜头离开通光孔，下降镜台，平放反光镜，下降聚光镜（但不要接触反光镜），关闭光圈，推片器回位，盖上绸布和外罩，放回实验台柜内。最后填写使用登记表。

六、实验作业

1. 显微镜的基本构造有哪些？

2. 使用显微镜时应注意哪些事项？

（刘雄军）

实验二 动物的细胞和基本组织

一、实验目的和要求

1. 了解动物组织临时装片的制作方法。

2. 了解动物细胞的基本结构及有丝分裂各期的特点。

3. 认识动物四大基本组织，掌握各组织形态结构特点，理解组织的形态结构与功能相统一的关系。

二、实验内容

1. 学习动物临时装片制作方法。

2. 观察细胞：人口腔上皮细胞、动物细胞有丝分裂。

3. 观察上皮组织：单层立方上皮、单层柱状上皮。

4. 观察结缔组织：疏松结缔组织、透明软骨、骨组织、血液。

5. 观察肌肉组织：平滑肌、骨骼肌、心肌。

6. 观察神经组织：脊髓的前角神经元、坐骨神经横切和纵切片。

三、实验材料和用具

实验材料：人口腔上皮细胞、马蛔虫或其他动物细胞的有丝分裂制片、单层上皮装片、膀胱装片、疏松结缔组织铺片、透明软骨装片、长骨装片、人血涂片、平滑肌分离装片、骨骼肌装片、心肌装片、神经装片。

实验用具：显微镜、载玻片、盖玻片、滴管、牙签、小镊子、滤纸条、镜头纸、香柏油、5%甘油、0.1%亚甲基蓝、1%亚甲基蓝、0.9% NaCl 溶液、0.65%NaCl 溶液。

四、实验操作与观察

（一）动物细胞和有丝分裂观察

1. 人口腔上皮组织切片制作与观察

将牙签粗的一端放在自己的口腔里，轻轻地在口腔颊部内侧刮数次。将刮下的白色黏性物薄而均匀地涂在载玻片上，加 1 滴 0.9%的 NaCl 溶液，然后加上盖玻片，注意不要出现气泡，以免妨碍观察。先放在低倍镜下观察。口腔上皮细胞常数个连在一起，而且细胞薄而透明，因此光线需要调暗些（图 2-1）。找到口腔上皮细胞后，将其放在视野中心，再转用高倍镜观察。每个口腔上皮细胞呈扁平多边形。试辨认细胞膜、细胞质和细胞核。若观察不清，可在盖玻片一侧加1 滴

0.1%的亚甲基蓝，另一侧放1小块吸水纸。如此可使染液流入盖玻片下面，将细胞染成浅蓝色，细胞核染色较深。注意染液不可加多，以免妨碍观察。

彩图

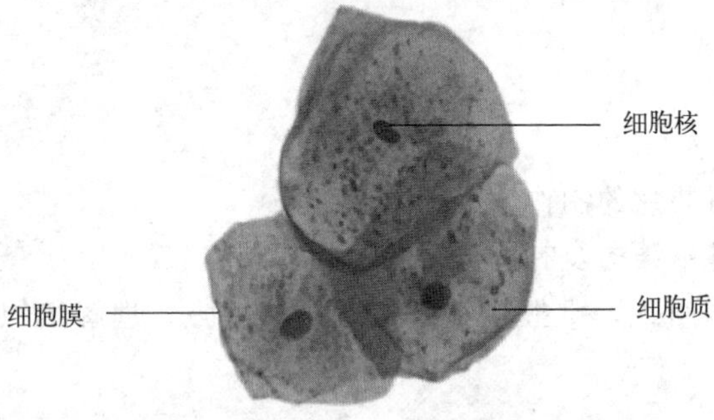

图 2-1　口腔上皮细胞

2. 细胞的有丝分裂

取马蛔虫卵有丝分裂装片进行观察，在各示范片中应辨认出染色体、中心粒及纺锤体，注意分裂各期的特点。

（1）前期　染色体出现，着色较深，中心粒已分裂为二，向两极移动，形成纺锤体。纺锤丝不清晰。在前期结束时，核仁及核膜消失。

（2）中期　染色体排列在细胞赤道面上，中心粒已达两极，此时纺锤体最大。染色体数目很清楚。从侧面看，染色体排列成一横条，从细胞两极观察则可见有六条弯曲的染色体呈星芒状排列。

（3）后期　后期染色体已纵裂为二，分别向两极移动。细胞已开始分裂，细胞中部出现凹陷。

（4）末期　细胞分裂为二，染色体消失，新核出现。

（二）上皮组织观察

1. 单层立方上皮切片观察

用显微镜观察甲状腺切片（苏木精-伊红染色，H-E染色，图2-2）。低倍镜下找到大小不等、内含红色胶状物质的甲状腺滤泡。切换至高倍镜，甲状腺滤泡为单层立方上皮细胞构成。细胞核圆形，染成蓝紫色，位于细胞中央。细胞质染成粉红色。细胞界限隐约可见。

2. 单层柱状上皮切片观察

用显微镜观察小肠横切片（H-E染色，图2-3）。低倍镜观察，小肠切片外表面比较平整，为小肠外膜。内表面有高低不平的凸起，其表层为黏膜面。在黏膜层的最表面观察单层柱状上皮。切至高倍镜，黏膜上皮由单层柱状细胞组成，细胞核长椭圆形、染成蓝紫色，位于细胞的基底部。

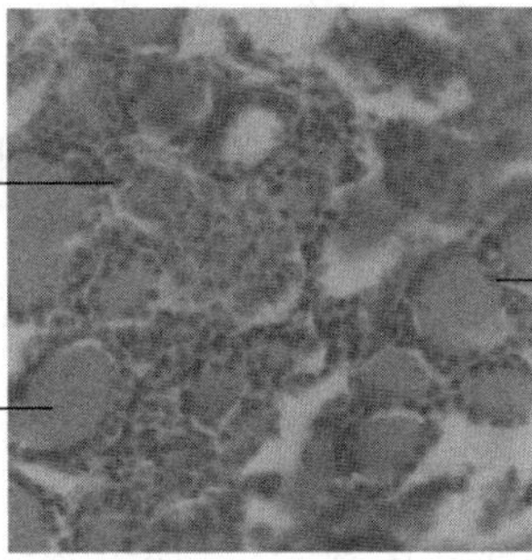

图 2-2　甲状腺

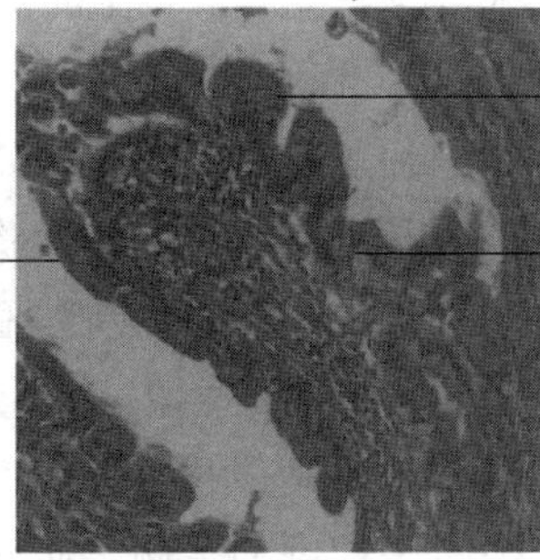

图 2-3　小肠绒毛

3. 变移上皮切片观察

用显微镜观察膀胱切片（H-E 染色）。低倍镜下辨别朝向膀胱腔的黏膜层，并在黏膜层表面寻找上皮细胞。空虚状态膀胱上皮细胞排列层次较多，表层细胞较大，深层细胞较小（图 2-4 右）。充盈状态膀胱上皮细胞层次减少（图 2-4 左）。高倍镜从基层向表层观察。基层细胞与基膜相连，细胞最小，呈近似立方形，排列较密；中层细胞呈多角形或倒置梨形；表层细胞位于最表面，细胞较大，胞质丰富，常具双核，游离面略呈弧形，嗜酸性较强，形成一深色的壳层。

彩图

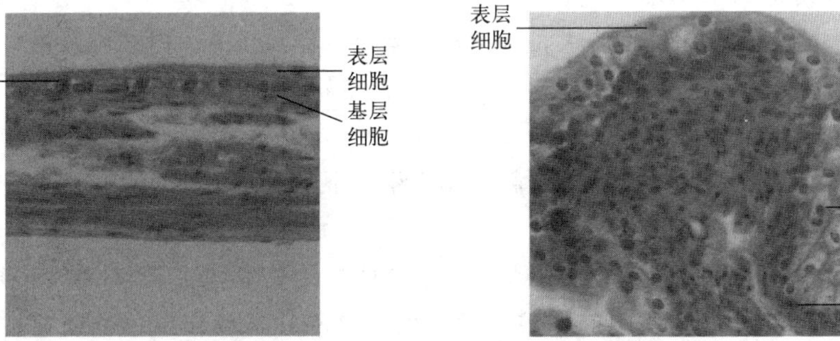

图 2-4　变移上皮切片（左为膀胱扩张时，右为膀胱空虚时）

（三）结缔组织

1. 疏松结缔组织切片制作与观察

取活蛙或蟾蜍经麻醉或处死后，剪开腹部皮肤，用细镊子从皮肤和肌肉层之间取下一小片结缔组织，放在干净的载玻片上，加一滴 0.65% NaCl 溶液。用解剖针将其展薄，加数滴 1%亚甲基蓝。2min 后，用 0.65% NaCl 溶液冲去多余染液。加盖玻片在镜下观察。先在低倍镜下找到，然后转入高倍镜观察，疏松结缔组织有大量的纤维，排列错综疏散，其间分散有各种细胞，在纤维和细胞之间充满基质，铺片上染成紫蓝色。试区分下列几种成分：

(1) 成纤维细胞　其细胞数量最多，为疏松结缔组织的主要细胞。细胞扁平多突起，核呈卵圆形，着色较浅，具1～2个核仁。

(2) 组织细胞　又称巨噬细胞。细胞形状不规则，有许多钝圆形突起，核小，着色深，具有吞噬机体内异物和细菌的能力。

(3) 肥大细胞　在组织中沿血管分布，胞体较大，卵圆形，核小，染色浅。胞质中充满粗大的嗜碱性颗粒。

(4) 脂肪细胞　体积大，脂肪充满整个细胞，将细胞质挤到周围成一薄层，核扁圆形，位于细胞的一侧。脂肪细胞成群分布在血管周围，其功能是合成并贮存脂肪。

(5) 胶原纤维　新鲜时呈白色，又称白纤维，弯曲呈波浪状，在铺片中染成粉红色。

(6) 弹性纤维　新鲜时呈黄色，故称黄纤维。弹性纤维细而具分支，不成束，铺片中染成蓝黑色。

2. 血液组织

取人血涂片用显微镜观察（图 2-5），试区分以下成分：

(1) 红细胞　呈圆盘状，中央略为凹陷，故在显微镜下其中央颜色较浅。无细胞核，也无细胞器，充满血红蛋白。数量最多，每毫升血液有 350 万～550 万个，平均寿命约 120 天。

(2) 白细胞　比红细胞大，细胞核蓝紫色，但数量少。白细胞又可分为以下几种。

① 中性粒细胞：胞体呈球形，细胞核一般分 2～5 叶，叶间有细丝相连。细胞质中含有细小均匀的嗜中性颗粒，瑞氏染色下呈浅紫色。有吞噬细菌、异物和衰老死亡细胞的机能。

② 嗜酸性粒细胞：细胞圆球形，较中性粒细胞稍大。核呈杆状或分叶状，通常分为二叶，细胞质中的颗粒大而均匀，嗜酸性，瑞氏染色呈红色。数量较少，具有抗过敏和抗寄生虫的作用。

③ 嗜碱性粒细胞：分叶不明显，着色较浅，细胞质中含有大小不等、分布不均匀的嗜碱性颗粒，瑞氏染色呈紫蓝色。数量极少，主要参与抗凝血作用和过敏反应。

④ 淋巴细胞：胞体呈球形，核也呈球形，占胞体的大部分。细胞质很少，核着色深，为体积最小的白细胞。主要参与免疫应答反应。

⑤ 单核细胞：为体积最大的白细胞，核为肾形或马蹄形。主要功能是杀灭细菌，吞噬异物颗粒和衰老细胞，参与免疫。

(3) 血小板　体积很小，为不定形小盘，中央具蓝色颗粒，分散在血细胞之间。主要功能是参与凝血和止血过程。

3. 软骨组织切片观察

用显微镜观察气管（软骨）切片（H-E染色，图2-6）。低倍镜下透明软骨中可见染成蓝紫色的基质和位于陷窝内的软骨细胞。软骨中央部分的软骨细胞较大，呈椭圆形或圆形，近软骨边缘的细胞较小而密集，细胞呈梭形。高倍镜观察切片看不到细胞间质内的胶原纤维。基质染成蓝紫色，在陷窝周围的基质染色较深。

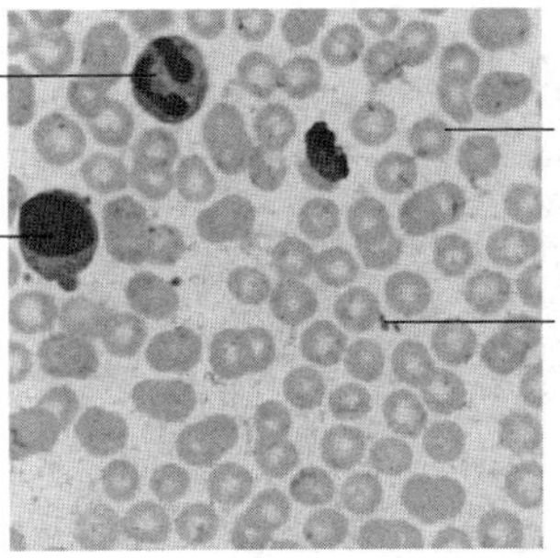

图2-5 血细胞（血涂片）

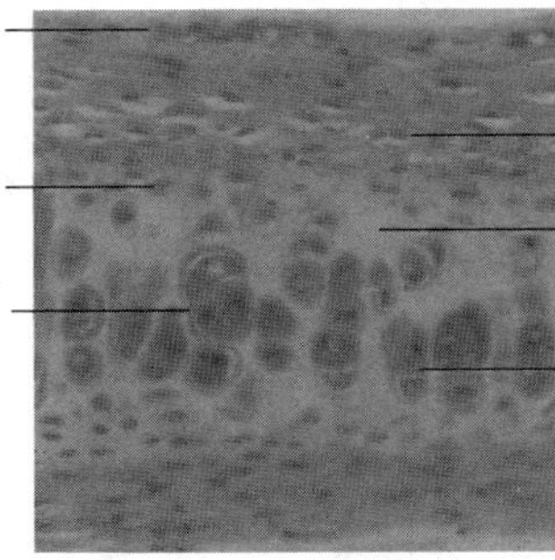

图2-6 透明软骨切片

4. 骨组织切片观察

用显微镜观察长骨骨干横磨切片（图2-7）。低倍镜下可见许多骨板呈多层同心圆排列的结构，即骨单位。每个骨单位中央有一个黑色、较大的圆形管道横断面，即中央管，在此管周围有许多呈同心圆排列的骨单位骨板。高倍镜下可观察骨板内和骨板间有许多卵圆形呈黑色的小腔隙，即骨陷窝。骨陷窝向四周发出许多细小的黑色分支，即骨小管。还可见相邻骨陷窝之间的小骨管是彼此连通的，靠近中央管的骨小管则和中央管相连通。

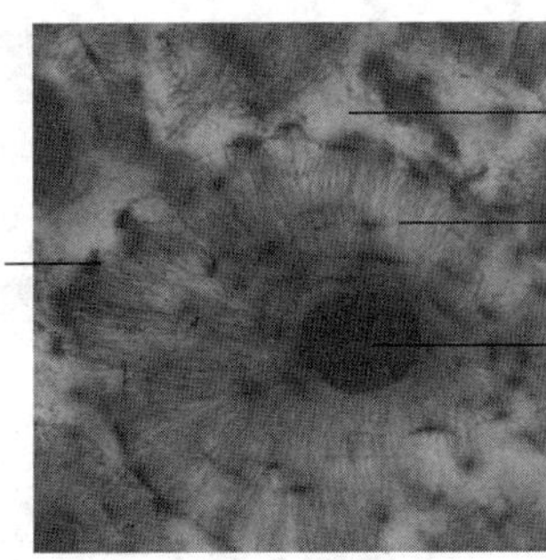

彩图

图2-7 长骨骨干横磨切片

（四）肌肉组织

1. 骨骼肌切片观察

用显微镜观察骨骼肌纵切（图2-8）。低倍镜下找到呈长条形的肌纤维，然后转高倍镜观察。高倍镜下，肌纤维外有肌膜。细胞中与其长轴平行排列着许多细丝状物，此为肌原纤维。肌原纤维有明暗相间的横纹，染色深的为A带，染色浅的为I带。

彩图

2. 平滑肌切片观察

取平滑肌分离装片用显微镜观察（图 2-9）。平滑肌细胞呈长梭形，细胞核一般位于细胞的最宽部，椭圆形，被染成蓝紫色；细胞膜极薄，细胞质中有许多纵列的肌原纤维，被染成粉红色。

图 2-8　骨骼肌纵切

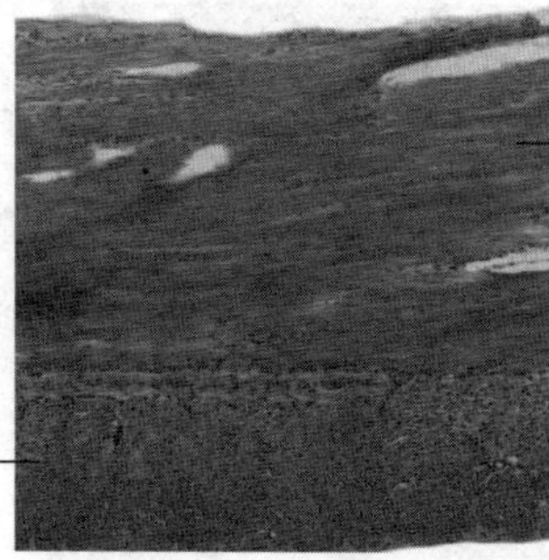

图 2-9　平滑肌纵横切片（上为纵切、下为横切）

3. 心肌切片观察

低倍镜下观察心肌切片，区分心肌纤维纵、横、斜切面（图 2-10）。纵切面心肌纤维为有分支的带状，横切面心肌纤维为不规则的圆形。高倍镜下观察纵切面，心肌纤维彼此分支吻合成网状。细胞核呈卵圆形，位于纤维中央。把显微镜光线调暗，可见心肌纤维的横纹，但不如骨骼肌纤维的横纹明显。在肌纤维及其分支上可见染色呈深蓝色的梯形横线，即闰盘。在肌纤维之间可见结缔组织及血管。

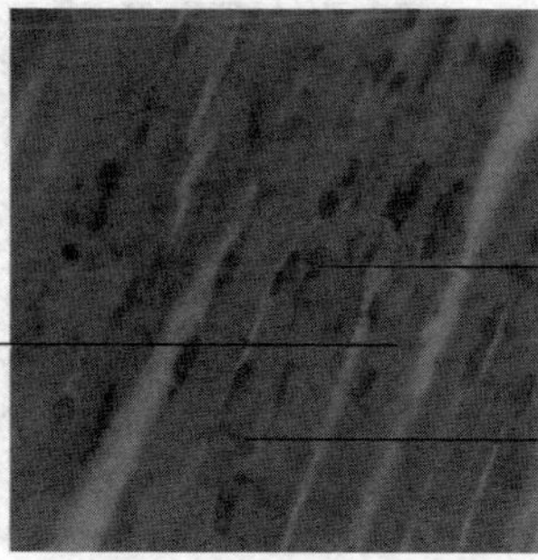

图 2-10　心肌切片

（五）神经组织

1. 脊髓横切片观察

在显微镜下观察兔脊髓横切片（图 2-11）。低倍镜观察兔脊髓横切面中央呈“H”形，其中心的孔为中央管，灰质较宽的一端为前角，较窄的一端为后角。

包围在灰质周围的是白质。高倍镜下观察，在脊髓的灰质中可见许多分散的神经元。其细胞体呈不规则状态，核位于细胞体的中央，核膜、核仁明显，由细胞体向外突起形成树突和轴突，树突的基部较粗，而轴突则粗细均匀，但在涂片上不易区分。

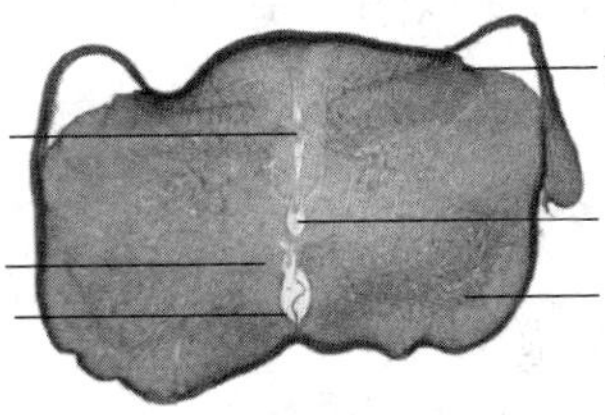

彩图

图 2-11 脊髓横断面

2. 坐骨神经纵切片观察

显微镜观察兔坐骨神经纵切片（图 2-12）。低倍镜下可见神经纤维一条一条较紧密地平行排列。选择一条切面较直的神经纤维在高倍镜下观察，在中央可见一条紫红色的线条状结构，即为轴突。轴突外包围有髓鞘。每条神经纤维相隔一定距离而形成缩窄，即为郎飞结。

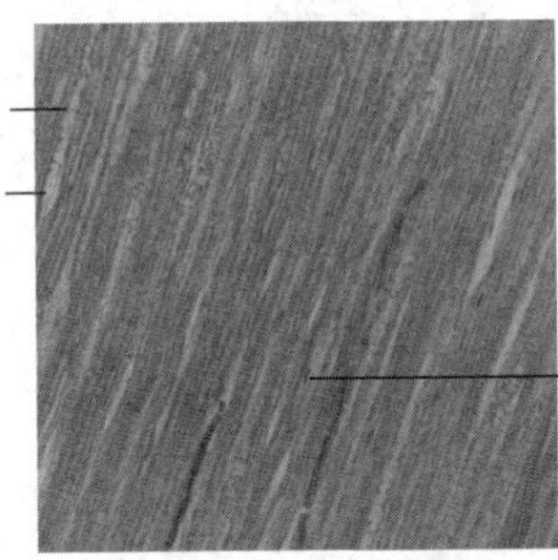

图 2-12 坐骨神经纵切片

五、注意事项

1. 显微镜的使用与调节

在观察组织切片时，应正确使用显微镜，并根据组织的结构特点选择合适的放大倍数。调节显微镜的焦距和光源亮度，使切片清晰可见。此外，显微镜的清洁和保护也是实验中的重要事项，以确保实验过程中不会因设备问题影响观察效果。

2. 观察顺序与比较

在观察不同类型的组织时，应按照上皮组织、结缔组织、肌肉组织和神经组织的顺序进行，以便系统地了解每种组织的结构特点。同时，要注意比较不同组织之间的差异，例如细胞排列方式、细胞间质的组成以及细胞的形态特征。

3. 辨别人为假象

在观察过程中，可能会遇到由于染色或保存不当导致的人为假象，例如细胞核的模糊或颜色变化等。因此，需要仔细辨别这些假象，避免误判组织的结构。

4. 实验材料的保护

实验前应检查切片是否完好无损，避免在观察过程中因操作不当导致切片损坏。

六、实验作业

1. 绘制人的口腔上皮细胞2～3个，详绘其中1个细胞，注明其结构名称。

2. 绘制疏松结缔组织，注明其结构名称。

3. 思考

(1) 细胞的基本结构及机能是什么?

(2) 细胞分裂各期有何特点?

(3) 四类基本组织的结构特点与主要机能。

七、课后拓展

1. 杨超，丁学智，钱娇玲，等．牦牛适应青藏高原环境的组织解剖学研究进展［J］．中国畜牧杂志，2017，53 (3)：18-24.

2. 曹艳玲，吴小平，欧阳珊．龙骨蛏蚌消化管、外套膜和鳃的扫描电镜观察［J］．南昌大学学报（理科版），2017，41 (5)：499-503.

3. 高广，肖志忠，姬广磊，等．孔鳐雄性生殖系统解剖学与组织学观察［J］．海洋科学，2022，46 (7)：78-87.

（武瑞文）

实验三 自由生活的原生动物

一、实验目的和要求

1. 通过观察眼虫、变形虫及草履虫的永久装片，了解鞭毛纲、肉足纲及纤毛纲的主要特征。

2. 掌握显微镜下原生动物的形态结构、运动方式及分类特征，认识常见的原生动物。

3. 掌握原生动物临时装片的制作。

二、实验内容

1. 观察常见原生动物永久装片，掌握基本结构。

2. 观察眼虫、变形虫及草履虫。

3. 制作临时装片，观察并认识几种常见自由生活的原生动物。

三、实验材料和用具

实验材料：草履虫培养液、池塘水样。

实验用具：显微镜、培养皿、载玻片、盖玻片、滴管、脱脂棉、吸水纸、擦镜纸、醋酸洋红、碘液、墨汁、中性红、蓝墨水、蛋白甘油。

四、实验操作与观察

（一）眼虫的观察

1. 眼虫临时装片的制作

用吸管吸 1 滴池塘水或培养液于载玻片上，将盖玻片以 45°的角度，一边贴水倾斜地慢慢放下，同时避免产生气泡，临时水封片就制作完成。

2. 眼虫的观察

先在低倍镜下观察，可适当将光线调暗一些。视野中可见许多纺锤形的绿色活动的小虫即为眼虫在游动，其运动的前方为前端，前端钝圆，后端稍尖。眼虫是绕自身中轴以螺旋路径向前运动，体表有弹性表膜，能收缩和伸展，做特有的眼虫式运动。

找 1 个稍不活动的眼虫，移至视野中央，用高倍镜观察眼虫的内部结构。虫体前端有一红色眼点，眼点旁边可见一泡状无色透明的部分，称为储蓄泡，它经由短的胞咽由胞口通体外，排出代谢废物。可伸缩的透明泡为伸缩泡。细胞质中有 1 个具多个放射状排列臂条的星状叶绿体，其臂条长度不等。一些呈颗粒状半透明的小体为副淀粉体。注意观察运动缓慢的眼虫前端，是否可见摆动的鞭毛，若不易见，可在盖玻片边缘加 1 滴碘液，将鞭毛染成褐色。眼虫细胞核为圆形，位于虫体后端约 1/3 处。另做一活眼虫装片，在盖玻片边缘加 1 滴醋酸洋红，可使细胞核染成红色。

3. 眼虫永久装片的观察（图 3-1）

调节显微镜光源（自然光或电光源），使用低倍镜（如 10×物镜）找到装片中的眼虫群体。眼虫通常呈绿色（因含有叶绿体），呈长梭形或纺锤形。寻找单个清晰的眼虫，注意观察其整体形态及特征。区分眼虫与其他可能存在的微生物（如草履虫、衣藻等）。

换高倍镜（如 40×物镜）后，调节细调焦轮，观察以下结构：

表膜：覆盖体表的弹性膜，可见细密条纹。

鞭毛：前端伸出的 1 根长鞭毛（永久装片中可能染色较深）。

眼点：靠近前端的红色或褐色小点，感光结构。

叶绿体：绿色椭圆或带状结构，负责光合作用。

细胞核：位于细胞中部，染色后较明显。

储蓄泡：前端凹陷处，与鞭毛基部相连。

副淀粉粒：白色颗粒状储存物质。

若需更清晰地观察鞭毛或表膜细节，可使用 100×油镜（需滴香柏油）。

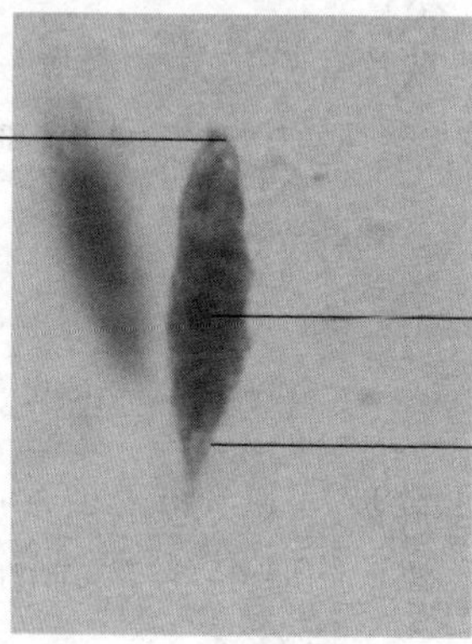

彩图

图 3-1　眼虫永久装片

（二）变形虫的观察

1. 变形虫临时装片的制作

用吸管在水底泥渣烂叶中或水生植物水下部分的茎叶上吸取 1 滴水样滴于载玻片上，将盖玻片以 45°的角度，一边贴水倾斜地慢慢放下，同时避免产生气泡，制成临时水封片。

2. 变形虫的观察

先在低倍镜下观察。由于制片中受到刺激，变形虫会缩成一团，故应静置片刻，待虫体伸展后再观察，光线适当调暗一些。变形虫体形较小且几乎透明，在低倍镜下呈极浅的蓝色，当变形虫慢慢移动时，身体不断改变形状。可根据这两点细心寻找。

当找到 1 个变形虫时，将其移至视野中央，换高倍镜观察，并随之运动而缓慢移动玻片，以保持变形虫在视野中央。变形虫的最外层为极薄的质膜，其内为细胞质，分为外质和内质。外边一层透明是外质，外质透明无颗粒且黏性大。外质里面颜色较暗、含有颗粒的部分称为内质，其流动性较强。虫体向前流动的一端，由细胞质突出形成叶状的伪足，注意观察伪足的形成过程。在内质中央有一个呈扁圆形、较内质略稠密的结构，即为细胞核。在内质中还可见到许多不同形状及颜色的食物泡。变形虫靠伪足的吞噬作用取食，若发现正在取食的变形虫，应耐心观察这种动作。

3. 变形虫永久装片的观察（图 3-2）

调节光源（中等亮度），先用低倍镜（4×或 10×）找到装片中的变形虫。变形虫在永久装片中通常被固定为不规则形状，边缘可能有伪足结构。变形虫个体较大（约 200～500 μm），但透明无色，需仔细调节光圈（缩小光圈可增强对比度）。注意与杂质区分：变形虫边缘较光滑，内部可见颗粒状结构。

找到变形虫后，将变形虫放置在视野中央，换高倍镜后观察以下结构：

细胞膜：极薄，包裹整个细胞

伪足：指状或叶状突起（永久装片中伪足可能收缩变形）。

细胞质：分为外层透明凝胶状的外质和内层颗粒状的内质。

细胞核：圆形，通常位于内质中央，染色后较明显。

食物泡：含未被消化的颗粒（如藻类或细菌）。

伸缩泡：用于调节渗透压（在淡水种类中明显，永久装片中可能不可见）。

若需观察细胞核细节（如核仁），可使用 100×油镜。

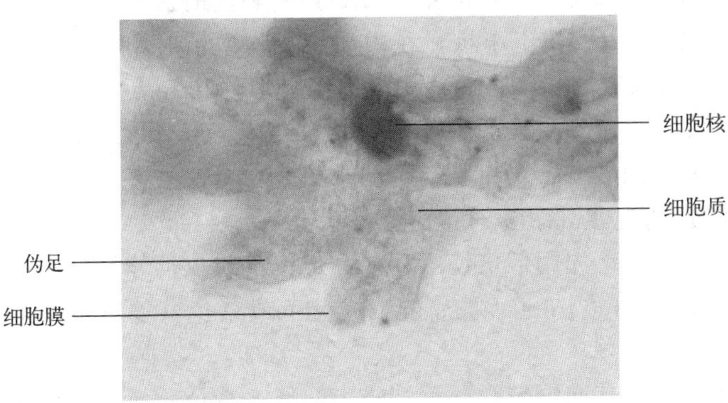

彩图

图 3-2　变形虫永久装片

（三）草履虫的观察

1. 草履虫临时装片的制作

为限制草履虫的迅速游动以便观察，可将少许棉花撕松，放于载玻片上，滴1滴草履虫培养液，将盖玻片以45°的角度，一边贴水倾斜地慢慢放下，同时避免产生气泡，盖好盖玻片，在低倍镜下观察。

若草履虫游动速度仍很快，则用吸水纸在盖玻片的一侧将水吸去一部分，但不要吸干，再进行观察。或者滴1小滴蛋白甘油于载玻片上，用手指均匀涂抹开，待干后滴1滴草履虫培养液，盖上盖玻片即可。

2. 草履虫的观察

在低倍镜下观察时，应缩小光圈并降低聚光器，将光线适当调暗一些。草履虫形似草鞋，前端钝圆，后端稍尖，体表密布纤毛，体末端纤毛较长。从虫体前端开始，体表处有一个斜着伸向身体中部的口沟，口沟处有较长而强的纤毛，纤毛的摆动使水流携带食物颗粒进入胞口。口沟的后部是胞肛，通常不易观察到。

选择1个清晰又不活动的草履虫，于高倍镜下观察其内部结构。虫体的表面是表膜。细胞质分外质和内质，外质是紧贴表膜的1层细胞质，透明无颗粒。外质内有与表膜垂直排列的椭圆形刺丝泡，遇到刺激时，刺丝泡内含蛋白质物质，受刺激时由体表射出迅速膨胀形成细丝。外质以内的细胞质多颗粒，称为内质。内质里有大小不同的食物泡，在虫体的前端和后端各有1个圆的亮泡，即为伸缩泡。当伸缩泡缩时，周围各出现6～11条放射状的收集管。草履虫只有在水分较少、不大活动的情况下，伸缩泡和收集管才容易被观察到。

通过染色的方法可观察食物泡的形成及刺丝的发射，具体方法如下：从盖玻片的边缘加入1滴1%中性红染液（或墨汁），可见被染的大小不同的食物泡在虫体内循着一定的路线移动，先向后端，再向前端，然后又转向后端。开始形成的食物泡呈红色，移到中后部时，逐渐变成淡黄色或黄色，因为中性红是1种指示剂，在酸性溶液中呈红色，在碱性溶液中呈黄色。食物泡在移动过程中逐渐变小。在盖玻片的边缘加入1滴稀释的蓝墨水，可观察到刺丝的射出。

草履虫有2个细胞核，1大核1小核，在内质中央。生活时小核不易见。在盖玻片一边滴1滴1%的醋酸洋红，另一边用吸水纸吸水，2min后在光线比较充足的情况下，用低倍镜可观察到虫体的中部被染成深红色、呈肾形的结构，为大核。转高倍镜下可见大核凹处有1个点状结构的小核。

3. 草履虫永久装片的观察（图3-3）

将永久装片置于载物台，先用低倍镜（10×）定位草履虫群体。草履虫呈鞋底形或长椭圆形（长150～300 μm），通常被染成蓝色或紫色（如亚甲基蓝或醋酸洋红染色）。

寻找分散的个体，注意其前端较圆、后端较尖的形态特征。区分草履虫与其他原生生物（如钟虫、喇叭虫等）。

将草履虫个体放置在视野中央，换高倍镜（40×）观察，调节细调焦轮，重点观察以下结构：

表膜：表面有规则排列的纤毛（永久装片中纤毛可能黏连成束）。

口沟：身体前侧斜向凹陷，通向胞口。

胞口与食物泡：口沟底部的开口及内部消化的颗粒。

大核：肾形或椭圆形，染色深，主导营养代谢。

小核：紧邻大核，较小且染色更深，与遗传相关。

伸缩泡：前后各一个，周围有放射状收集管（永久装片中可能呈空泡状）。

刺丝泡：表膜下的纺锤形小体（需高倍镜仔细分辨）。

如需观察纤毛基部或细胞核的细微结构，可选择油镜观察（100×，需滴香柏油）。

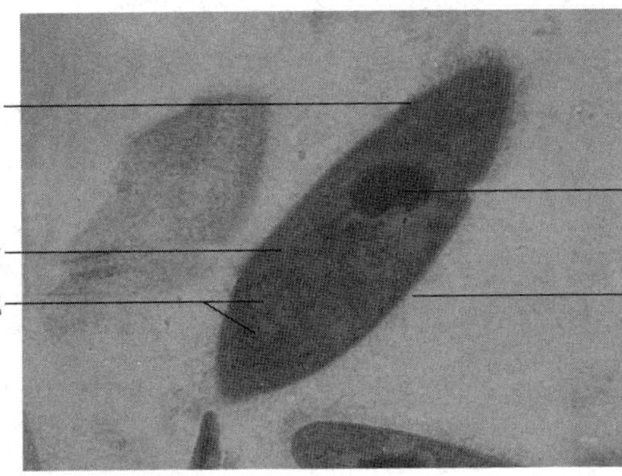

彩图

图 3-3 草履虫永久装片

（四）其他常见原生动物的种类

1. 太阳虫

多生活于淡水中，单细胞球形生物，直径范围：50～500 μm（肉眼可见大型种类），身体透明或淡黄色，具 30～200 根辐射状轴伪足，长度可达体径 2～3 倍。

2. 表壳虫

生活于淡水中，喜生活在 pH 6.5～7.5 的富营养静水中，虫体具浅褐色半圆形的壳，由细胞本体分泌而成，形如表壳，黄褐色，有花纹。其腹面中央有一圆形壳口，指状伪足由此伸出。

3. 砂壳虫

外壳由虫体分泌的胶质物混合自然的小沙粒构成。指状伪足从壳口伸出，壳和本体间空隙多，并充满气体，故可漂浮于水中，参与浮游生物的组成。主要生境为贫营养至中营养淡水。

4. 四膜虫

自由生活的淡水纤毛虫，在富有机质的水域中可采到。梨形或卵形，体小，长 28～70 μm，全身有 600～700 根纤毛，胞口在前端腹面，胞口右边缘有波动膜 1 个，口腔的左背壁有小膜 3 个，故名四膜虫。四膜虫的胞口较小，胞口长轴与体长轴平行，口后纤毛只有 2 列。

5. 喇叭虫

大型可收缩的喇叭形纤毛虫，肉眼可见，虫体伸展后形似喇叭，可收缩，体表具成行的纤毛，口围（喇叭口）生有一圈口缘小膜带，顺时针旋至口旁。可在有机质丰富的水域中采到。有的种类表膜下有色素层，呈紫蓝等。大多数种类大核呈念珠状或长棒状，小核多个。具1个伸缩泡，位于前端一侧。

6. 钟形虫

具收缩柄的钟形纤毛虫，虫体似一个倒置的钟，钟口即是口缘，口缘有3层纤毛膜，平行贴近，共同绕口缘一周，然后旋入胞咽，其他体部无纤毛。生活于富有机质的水域，各种污水处理池中皆常见。反口端有柄，柄内有肌丝，能收缩，以柄固着在外物上生活。大核马蹄形，小核1个，伸缩泡1个，开口于胞咽。

五、注意事项

1. 眼虫的鞭毛，不经染色也可看到，但需将光线调暗到适宜程度，多仔细观察，常可见到鞭毛摆动。

2. 变形虫一般体小透明，在装片过程中因受水震动影响，常缩成一团，因此在制成装片后需静置片刻，待虫体伸展后，将光线调暗些，则易于找到。

3. 草履虫游动快，需于载玻片上加少许松散的棉花纤维阻拦。注意使棉花纤维之间的孔隙大小较均匀，成一薄层，加含草履虫的液体适量（棉花纤维及液体量均不宜多）。加盖玻片后，将虫体限制在纤维孔隙间。观察时将光线稍调暗一些，多仔细观察，调到适宜程度，可见到虫体纤毛有节律地摆动。

六、作业与思考

1. 绘制眼虫、变形虫、草履虫形态结构图，并注明各部分的名称。

2. 眼虫体内的叶绿体有何功能？

3. 变形虫如何运动？如何摄食？

4. 草履虫有哪些细胞器的分化？各有何功能？

5. 通过所观察的代表动物总结鞭毛纲、肉足纲及纤毛纲的主要特征。

6. 眼虫的眼点和鞭毛分别有什么功能？

7. 变形虫的伪足除了运动外，还有什么作用？

8. 草履虫的大核和小核在功能上有何区别？

9. 淡水原生动物（如草履虫、变形虫）为何需要伸缩泡？海水种类是否也有此结构？为什么？

10. 草履虫的刺丝泡在什么情况下会被释放？这对它的生存有何意义？

七、课后拓展

1. 龚迎春，余育和，冯伟松．原生动物系统发育与进化研究进展［J］．动物学杂志，2010：45（5），149-158.

2. 沈韫芬．原生动物生态学向着微观和宏观两个方向发展的三十年．动物学杂志，1995：30（2），45-50.

（裘雪梅）

实验四 疟原虫及其他寄生原虫

一、实验目的和要求

1. 通过观察多种疟原虫不同发育阶段的形态结构，掌握疟原虫的各种生殖方式及其生活史，掌握油镜的使用方法。

2. 掌握疟原虫血涂片的制作和染色方法。

3. 认识几种常见的寄生原虫，了解它们形态结构上的异同。

二、实验内容

1. 观察间日疟原虫。

2. 比较四种疟原虫。

3. 制作鼠疟原虫血涂片及染色。

4. 观察其他寄生原虫。

三、实验材料和用具

实验材料：间日疟原虫涂片标本、三日疟原虫涂片标本、恶性疟原虫涂片标本、卵形疟原虫涂片标本、患细菌性肠炎病的鱼、感染鼠疟原虫的小鼠。

实验用具：显微镜、油镜专用油、解剖镜、载玻片、盖玻片、染色缸、姬姆萨染液等。

四、实验操作与观察

（一）间日疟原虫观察

取1张染色的间日疟原虫（*Plasmodium vivax*）血液涂片玻片标本，首先认清有血膜的一面为观察面，将玻片置于低倍显微镜下，对准焦距。在涂片上红细胞分散均匀的部分，滴加油镜专用油1滴，在油镜下按顺序观察。红细胞呈红褐色，疟原虫细胞质被染成蓝色，细胞核被染成紫红色。在血涂片中尚可找到其他白细胞或血小板，对几种常见白细胞的形态应加以区别，以免混淆。

观察到疟原虫后，进一步区分红细胞内期的各发育阶段。

1. 环状体

被寄生的红细胞尚无改变，原虫形似宝石戒指。核呈紫红色点状结构，细胞质为蓝色、呈环状，其大小占红细胞直径的1/4～1/3。

2. 大滋养体

被寄生的红细胞增大，颜色较淡，常常有许多细小而颜色鲜红的薛氏小点，密布在红细胞上。疟原虫形态多变化，细胞质有伪足伸展，并形成空泡，胞质中可见黄褐色的疟色素，细胞核显著增大。

3. 裂殖体

细胞质致密，失去空泡及伪足。核开始分裂，然后细胞质分裂，待细胞核和细胞质均分裂至一定数目时即为成熟裂殖体，其内含的子代称裂殖子。成熟裂殖体内含 12～24 个裂殖子，疟色素在虫体中央或一侧集中成团。

4. 配子体

注意观察被寄生红细胞显著增大，疟原虫呈圆形、卵圆形或新月形，充满整个红细胞。配子体分为雌配子体和雄配子体，雌配子体虫体较大，胞质致密，疟色素多而粗大，核致密偏于虫体一侧或居中；雄配子体虫体较小，胞质稀薄，疟色素少而细小，核质疏松、较大，位于虫体中央。

在不同的血涂片上观察疟原虫各个时期的形态，有时几个时期可同时出现在 1 张涂片上。

（二）四种疟原虫的比较

厚、薄血膜染色镜检是目前最常用的疟原虫病原学诊断方法。取外周血制作厚、薄血膜，经姬氏或瑞氏染液染色后镜检查找疟原虫。薄血膜中疟原虫形态完整、典型，容易识别和鉴别虫种，但原虫密度低时，容易漏检。厚血膜原虫比较集中，易检获，但染色过程中红细胞溶解，原虫形态有所改变，虫种鉴别较困难。因此，最好 1 张玻片上同时制作厚、薄 2 种血膜，如果在厚血膜查到原虫而鉴别有困难时，可再检查薄血膜。

姬氏染液染色的薄血膜中 4 种人体疟原虫主要鉴别特征比较如下。

1. 间日疟原虫（*Plasmodium vivax*）

受感染的红细胞胀大，颜色较淡，晚期滋养体的红细胞常有细小、鲜红、分布均匀的薛氏点，红细胞重复感染的情况少见。环状体体积较大，约为红细胞直径的 1/3，胞质环状、较薄，色深蓝，通常只有 1 个胞核。大滋养体体积很大，胞质阿米巴状、含数个空泡，颇不规则，变化很大，色素颗粒棕黄、呈微小的短杆状，四散分布。裂殖体体积很大，胞质呈不规则松散状，色素颗粒棕黄色，常集聚于一侧，成熟裂殖体具 12～24 个裂殖子，平均 16 个。雌配子体直径 11～15 μm，圆形，胞质深蓝色，胞核较小、结实、色深红，位于一边，不染色带明显，色素颗粒形状、颜色与裂殖体内者同，但有沿边分布的趋向。雄配子体直径 9～11 μm，圆形，胞质淡蓝或紫蓝色，胞核较大、松散，淡红色，位置较近中心，色素颗粒与雌配子体相似。

2. 三日疟原虫（*Plasmodium malariae*）

受感染的红细胞形态正常，有时可缩小，颜色正常，可见极微小红色的齐氏点，重复感染的情况极少见。环状体体积较大，约为红细胞直径的 1/3，胞质环状、较厚，色深蓝，胞核 1 个、较粗大。大滋养体体积较小，胞质为较圆的阿米巴状，坚实，有时呈带状，色素呈粗的颗粒状，色黄绿，很早出现，四散分布。

裂殖体体积较小，胞质较圆、坚实，色素颗粒黄绿色，集于中央，成熟裂殖体具6～12个裂殖子，平均8个。雌配子体直径小于正常红细胞，圆形，胞质深蓝色，胞核较小、结实，深红色，色素颗粒形状、颜色与裂殖体内者同，但有沿边分布的趋向。雄配子体直径小于正常红细胞，圆形，胞质淡蓝或紫蓝色，胞核较大、松散，淡红色，位置较近中心，色素颗粒与雌配子体相似。

3. 恶性疟原虫（*Plasmodium falciparum*）

受感染的红细胞大小正常或缩小，颜色较深，可见较大的褐红色、形状不规则、数目少的毛氏点，常见重复感染的红细胞。环状体一般较小，约为红细胞直径的1/6，也可较大，胞质环状、细薄，多位于红细胞边缘，常具2个胞核。大滋养体体积较小，胞质呈较圆的阿米巴状，有时呈细线或网状，色素呈细的黑褐色颗粒状，多数集中凝成团。裂殖体体积较小，胞质较圆，坚实，色素颗粒黑褐色，集于中央或一侧，成熟裂殖体具8～36个裂殖子，平均18～24个。雌配子体直径10～15 μm，半月形，两端较尖，胞质深蓝色，胞核较小，结实，深红色，位于中央，色素颗粒如米粒状，色黑褐，紧密地分布在核的周围。雄配子体直径7～10 μm，腊肠形，两端较圆，胞质淡蓝或紫蓝色，胞核较大、松散，淡红色，位于中央，色素颗粒如米粒状，黑褐色，松散地分布在核的周围。

4. 卵形疟原虫（*Plasmodium ovale*）

受感染的红细胞一般略胀大，也可胀得很大，部分红细胞呈卵形，一端圆，另一端呈扫帚状或其他不规则状，颜色较淡，早期滋养体的红细胞已多见较粗、较多的薛氏点，重复感染的情况少见。环状体较大，约为红细胞直径的1/3，胞质环状、较厚，色深蓝，胞核1个，较粗大。大滋养体体积较小，胞质为较圆的阿米巴状，坚实，色素颗粒呈细的短杆状，色棕黄，四散分布。裂殖体体积较小，胞质较圆、呈坚实状，色素颗粒色棕黄，集于中央或一侧，成熟裂殖体具6～12个裂殖子，平均8个。雌配子体直径小于正常红细胞，圆形，胞质深蓝色，胞核较小、结实，深红色，位于一边，色素颗粒形状、颜色与裂殖体内者相同，但有沿边分布的趋向。雄配子体直径小于正常红细胞，圆形，胞质淡蓝或紫蓝色，胞核较大、松散，淡红色，位置较近中心，色素颗粒与雌配子体相似。

（三）鼠疟原虫血涂片的制作及染色

采用感染鼠疟原虫的小鼠血制作薄血涂片。

1. 用剪刀把鼠尾末端剪去，挤出血滴置于1张洁净载玻片的一端，涂片时用左手拇指及食指持握该片的两端。

2. 另取1张载玻片作推片，将其一端接触涂片血滴，使血滴沿推片向两侧展开，2片之间保持45°的夹角。

3. 将推片紧靠涂片，沿着涂片的表面轻而迅速地向前推动，直至推到涂片的另一端为止。推片时注意保持一定的速度和两片间的角度，切忌过分用力或中间停顿，否则将使血球破碎或涂布不匀。质量好的薄血膜应呈舌形，血细胞分布均匀。

4. 将制好的血涂片置于空气中干燥，用1～2滴甲醇置于血涂片上，均匀散开，固定血膜。

5. 将姬姆萨染液的原液经1∶10稀释成染液，把染液加入染色缸中。

6. 将血涂片浸入染色缸的染液中染色20～30min。

7. 冲洗，待干镜检。

鼠疟原虫与人疟原虫形态相似，但虫体较小，同1个红细胞内可寄生2～3个疟原虫。观察时，注意疟原虫有否被染上，是否有染料颗粒黏附在血涂片上，涂片是否均匀。

（四）其他寄生原虫观察

1. 六鞭毛虫（*Hexamita*）

六鞭毛虫属鞭毛虫类。活体在低倍显微镜下观察，像一窝被惊动的蚂蚁，横冲直撞，游动非常迅速。染色标本，虫体一般呈椭圆形或卵形。中华六鞭毛虫大小为(4.5～8.2)μm×(3～4.3)μm；虫体的前端有1个着色很深的星状生毛体，从生毛体长出6根前鞭毛及2根后鞭毛；后鞭毛沿虫体部分与胞质相连，称轴索。紧接生毛体后面有2个长形胞核，呈八字形排列。六鞭毛虫寄生在草鱼、青鱼、鲤鱼、鲫鱼、长春鳊、三角鲂、鲢鱼、鳙鱼等多种淡水鱼的肠、胆囊、膀胱等处，尤其是1足龄以上的草鱼后肠常有大量寄生。当宿主已患细菌性肠炎病或其他肠道病时，有大量六鞭毛虫寄生，则可使病情更为恶化。常与鲩肠袋虫同时寄生。

2. 鲩肠袋虫（*Balantidium ctenopharyngodoni*）

鲩肠袋虫属纤毛虫类。虫体一般呈纺锤形或卵形，有时也可看到圆形的个体，大小为（41～81）μm×（22～48）μm。体表覆盖纤毛；腹面前端有1个接近椭圆形的胞口，从胞口的开口处渐斜向里面，深入胞咽，形成一尖底的小袋；胞口左缘有1列粗而长的口纤毛（膜毛），由体纤毛延伸而成；大核呈肾形，在大核的凹陷处有1个圆形小核；有3个伸缩泡；虫体内常有很多食物粒。碰到阻碍时，虫体可变形。寄生在草鱼的后肠，2龄以上草鱼常有大量寄生，但只在肠腔内游动。肠壁未损伤时，鲩肠袋虫不钻入肠壁组织，对鱼的生长影响较小；当草鱼已患细菌性肠炎时，有大量鲩肠袋虫寄生可加重病情。且常与六鞭毛虫同时寄生。

五、注意事项

1. 鼠疟原虫血涂片制作，从鼠尾末端挤出血滴时，切勿用力挤压鼠尾，以免挤出过多组织液。

2. 疟原虫各个时期的玻片标本需要在油镜下观察，要特别熟练掌握油镜的使用方法，以免损坏油镜和玻片标本。

3. 油镜使用完毕后，要立即用镜头清洗剂清洁油镜镜头。

六、实验作业

1. 绘制间日疟原虫红细胞内期各期形态图。
2. 试述疟原虫的生殖方式及生活史。

七、课后拓展

1. 朱启顺，伍治平．人体及动物疟原虫［M］．北京：高等教育出版社，2012.

2. Elsworth B，Ye S，Dass S，et al. The essential genome of *Plasmodium knowlesi* reveals determinants of antimalarial susceptibility［J］. Science，2025，387（6734）：eadq6241.

（周春花）

实验五 多细胞动物早期胚胎发育及水螅

一、实验目的和要求

1. 通过对海星早期胚胎发育的观察，了解多细胞动物发育的一般过程。

2. 通过对水螅及其他腔肠动物的观察，了解腔肠动物门的主要特征。

二、实验内容

1. 观察海星早期胚胎装片。

2. 观察水螅及其他腔肠动物。

三、实验材料和用具

实验材料：海星早期胚胎装片、水螅横切片、水螅纵切片、水螅过精巢横切片、水螅过卵巢横切片、水螅的神经网装片、薮枝螅装片、活水螅、薮枝螅、海月水母、海葵、海蜇的浸制标本、石芝标本、珊瑚标本。

实验用具：显微镜、放大镜、解剖针、载玻片、盖玻片、培养皿、冰醋酸。

四、实验操作与观察

1. 海星早期胚胎装片观察

海星早期胚胎装片宜在低倍镜下观察，观察处于不同平面的胚胎细胞时，必须及时转动细调焦轮，切不可用粗调焦轮。

(1) 卵裂装片观察　取海星卵裂装片，在低倍镜下观察，分别认识下列各期。

单细胞期只有 1 个大细胞，其中有 2 种情况：一种是可看到大而清晰的细胞核，这是未受精卵；另一种是看不到细胞核，这是受精后待分裂的卵。

受精卵进行第 1 次分裂后，形成两个连在一起的较小的细胞，这是 2 细胞时期。再进行一次分裂则成为 4 细胞时期。第 3 次分裂就进入 8 细胞时期。但在显微镜下并非一下就能看清 8 个细胞。因为 4 细胞后，细胞排列不在同一平面上，所以必须及时转动细调焦轮才能看清。

再进行分裂就进入 16 细胞时期、32 细胞时期。

(2) 囊胚装片观察　囊胚期是由 1 层细胞构成的空球状物。由于观察的是装片，所以细胞界线不明显。中央的空腔称为囊胚腔（或卵裂腔）。

(3) 原肠胚装片观察　囊胚一端的细胞内陷，形成具有 2 层细胞的胚，称为原肠胚。外面的细胞层称为外胚层，两胚层之间的空腔是原来的囊胚腔。内胚层内的腔是原肠腔，原肠腔和外界相通的小孔称为胚孔。

2. 观察水螅

(1) 生活的水螅　将活水螅盛于培养皿中，待其完全伸展后，用放大镜观察。水螅体呈圆柱状，附着在物体上的一端，称为基盘；另一端为圆锥形突起，称为垂唇。垂唇中央为口，周围有 1 圈细长的触手。用解剖针轻轻触动 1 条触手，观察水螅的反应。

(2) 水螅的切片　先用放大镜观察纵切片，区别出水螅的口端和基盘的一端。再用显微镜的低倍镜观察，区分出外胚层、中胶层和内胚层，中央的空腔即为消化循环腔。然后观察纵切面的触手，观察触手的腔与消化循环腔的关系。若有芽体，则观察芽体的胚层与母体的关系。

先在低倍镜下观察横切片（图 5-1），再在高倍镜下观察外胚层、内胚层及中胶层（图 5-2），仔细观察组成体壁的外、内胚层细胞的差异。

彩图

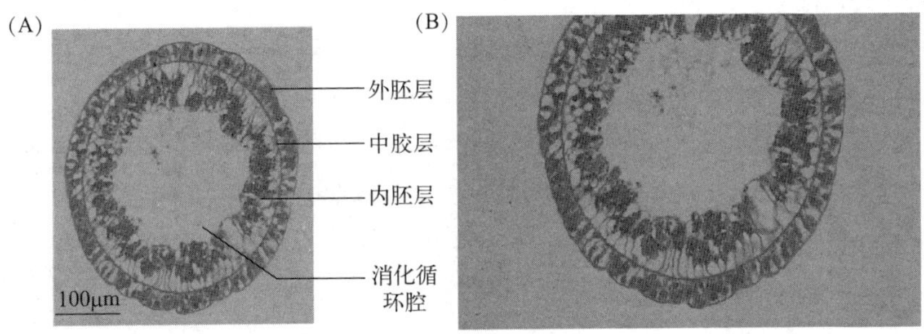

图 5-1　10 倍物镜（A）及 20 倍物镜（B）下的水螅横切片

① 外胚层位于体壁的最外层，由以下几种细胞组成。

a. 外皮肌细胞：这种细胞是表皮细胞，为外胚层的主要组成细胞，呈短柱形。

b. 间细胞：圆形，大小近似外皮肌细胞的核，它们常成堆或零散地分布在外皮肌细胞的基部。

c. 感觉细胞：体较狭长，分散于皮肌细胞之间。

d. 神经细胞：位于外胚层的基部，这种细胞都有多个细长的突起，彼此相互联络成网状，但没有经过特殊染色的玻片标本，不易观察。

e. 刺细胞：分布于外皮肌细胞之间，以触手和垂唇处最多，刺细胞向外一端有一刺针，内具一细胞核和刺丝囊。

f. 黏细胞：在外胚层主要分布于基盘，能分泌黏液附着在叶片或其他物体上。

② 内胚层是靠近消化循环腔的 1 层细胞，由以下各细胞组成。

a. 内皮肌细胞：和黏细胞紧密排列在消化循环腔周围，这些细胞较外皮肌细胞长且大，顶端通常有 2 条鞭毛，能激动水流，也可伸出伪足获取食物，细胞内常见许多食物泡。

b. 腺细胞：分布在内皮肌细胞之间，为长形的细胞，顶端常膨大，能分泌消化酶到消化循环腔中。

c. 感觉细胞：位于内皮肌细胞之间，呈长圆柱形。

d. 间细胞：内胚层也有少数间细胞。

彩图

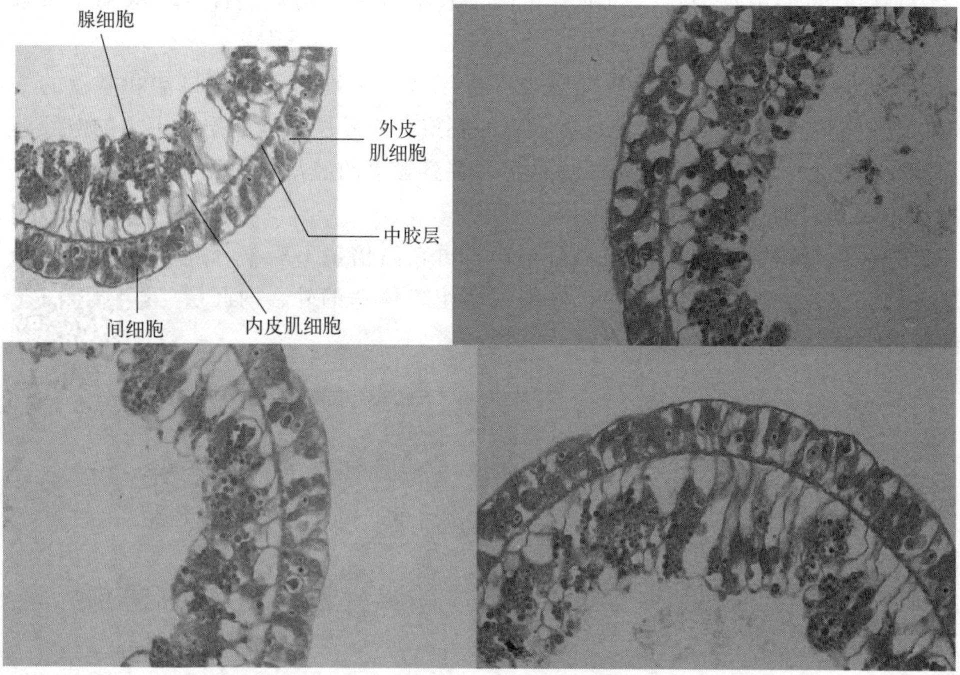

图 5-2　40 倍物镜下的水螅横切片

中胶层位于内外胚层之间，为薄而透明的胶状物质。

消化循环腔为内胚层里面的 1 个大空腔，与口、触手及芽体中的空腔相通。

用显微镜观察水螅过精巢、卵巢的横切片。

水螅的精巢及卵巢均由外胚层分化而成，在外胚层呈球状突起，里面有许多点状物的为精巢；在外胚层呈丘状突起，里面有许多扁平营养细胞的为卵巢。

(3) 水螅的生理　将水螅放在 50% 的醋酸中浸泡 20min，取出放于载玻片上，加盖玻片在低倍镜下观察，可见到刺细胞略呈圆形，端部放出一些刺丝。转换到高倍镜可看到刺丝囊，细胞放出刺丝的一端有一刺状物称刺柄；还能看到另一种刺丝明显，但无刺柄、呈长椭圆形、较小、结构不甚清楚的刺细胞。

3. 示范观察

(1) 水螅的神经网装片　神经细胞呈不规则多角状，彼此细长的突起相连成网状。

(2) 薮枝螅（*Obelia geniculata*）　先观察群体的浸制标本。认出螅根、螅茎。螅体较小，需注意观察。然后观察染色的整体装片，辨认出连接水螅体与生殖体之间的共肉（图 5-3）。观察生殖体，注意水母芽的形成方式。

彩图

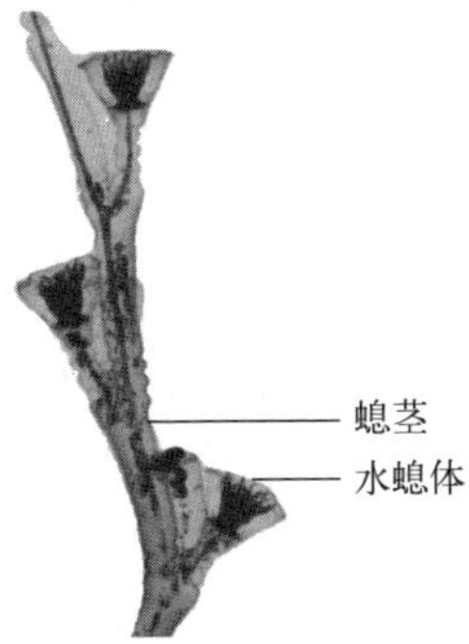

图 5-3　4 倍物镜下的薮枝螅装片

（3）海月水母属（*Aurelia*）　辨认其口面与反口面。注意其消化循环腔与水螅水母的差异、生殖腺的来源、感觉器官的位置等。

（4）海葵属（*Sargartia*）　注意观察口道、口道沟、隔膜、隔膜丝、生殖腺等结构，以及生殖腺的来源等。

（5）海蜇属（*Rhopilema*）　伞部为半圆球形。注意其口腕的特点、口的位置、可食用的蜇头和蜇皮的来源等。

（6）石芝属（*Fungia*）　为单体或群体。了解其石灰质骨骼的经济价值。

（7）红珊瑚属（*Corallium*）　红色的中轴骨骼呈树状，可做装饰品。

五、注意事项

1. 观察活水螅时，避免过度刺激（如频繁震动或强光照射），防止其因应激反应收缩而影响观察效果。

2. 观察胚胎发育装片时，需先用低倍镜定位目标区域，再切换至高倍镜详细观察，避免粗调焦轮损坏标本。

3. 观察水螅切片时，注意区分外胚层、中胶层和内胚层的结构特征。

六、实验作业

1. 绘制水螅横切面图（部分），标注各部分结构名称。

2. 试叙述多细胞动物发育的一般过程。

3. 通过对水螅及其他腔肠动物的观察，总结腔肠动物门的主要特征。

七、课后拓展

Kon-Nanjo K，Kon T，Yu TCK，et al. The dynamic genomes of *Hydra* and the anciently active repeat complement of animal chromosomes［J］. Genome Biology. 2025，26（1）：186.

（黄晓晨）

实验六
涡虫

一、实验目的和要求

1. 通过对低等扁形动物涡虫形态和结构的观察，了解涡虫纲的基本特征。

2. 了解扁形动物的3胚层、无体腔等基本特征、进步性特征及其生物学意义。

二、实验内容

1. 观察涡虫活体。

2. 观察涡虫整体装片。

3. 观察涡虫横切面装片。

三、实验材料和用具

实验材料：活涡虫、涡虫示神经系统整体装片、涡虫示生殖系统整体装片、涡虫横切面玻片标本。

实验用具：显微镜、体视显微镜、放大镜、解剖针、镊子、载玻片、盖玻片、培养皿、烧杯、试管、毛笔、吸水纸、黑纸、食盐、硫酸镁结晶、洋红粉末、墨汁、0.04%乙酸、熟蛋黄。

四、实验操作与观察

（一）涡虫活体观察

1. 外形

用毛笔挑1条活涡虫，置载玻片上的水滴中。用放大镜或在体视显微镜下观察或肉眼观察。可见涡虫体扁平长形，背部微凸，灰褐色；体前端呈三角形，两侧略突起称耳突，前端背面、耳突内侧有1对黑色眼点；体后端稍尖。用解剖针将虫体翻至腹面向上，可见其腹面平坦，色较浅，密生纤毛，口位于腹面近体后1/3处，口的后方有一生殖孔，无肛门。

2. 涡虫对刺激的反应

用解剖针轻触虫体的前端、后端及其他部位，观察虫体不同部位对刺激的反应。在载玻片上涡虫滑行前方的水中放一小粒食盐，观察涡虫有何反应。将多条涡虫均匀地放入盛水的培养皿中，再用黑色纸将培养皿的一半盖住，将培养皿置见光处片刻后，观察涡虫的趋光性反应。

3. 涡虫的消化系统观察（图6-1）

取1条涡虫置于载玻片上的水滴中，将少许硫酸镁结晶缓缓投入载玻片上的水滴中，使涡虫逐渐麻醉，在体视显微镜下可见一管状结构从口中伸出体外，即为咽。另取饥饿数日的涡虫于小烧杯中，将熟蛋黄粉末加洋红粉末或墨汁混匀后喂涡虫，可清楚地观察到涡虫的取食过程及染成红色或黑色的消化管。

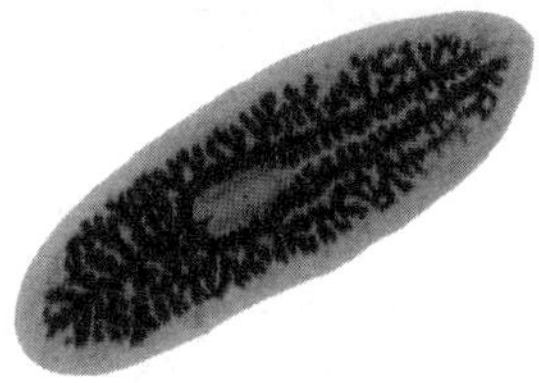

彩图

图 6-1 涡虫消化系统

4. 涡虫的排泄系统观察

用毛笔挑取饥饿数日的涡虫，置于加少量水的载玻片上，待虫体伸展时，加盖盖玻片后以解剖针轻压虫体，使涡虫组织破碎外溢，置低倍镜下观察，可见虫体两侧有一系列不规则闪烁光亮分支，选取较清晰处转高倍镜下观察，可见光亮处有细管道分支，其中有液体不停地定向流动。流动液体的边界即原肾管管壁，闪烁光亮则为原肾管分支末端焰细胞内纤毛摆动所致。

（二）涡虫整体装片观察（图 6-2）

整体装片中的涡虫，前端较钝，后端较尖，耳突不明显。

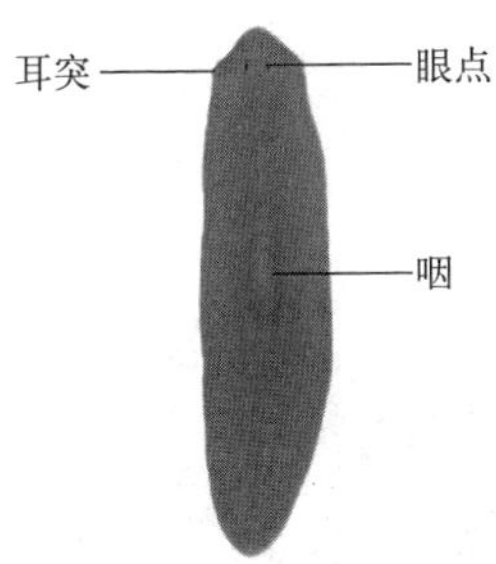

图 6-2 涡虫整体装片

1. 神经系统

低倍镜下观察涡虫整体装片，可见体前端有 1 对由神经节组成的脑，由此沿身体两侧后行有 2 条纵神经索，2 条纵神经索间有许多横神经连接，似梯形，脑发出神经到眼、耳突各部。涡虫神经系统和感觉器官比较集中和发达，这与其生活方式及两侧对称体型相关。

2. 生殖系统（雌雄同体）

（1）雌性　虫体前端两眼点后方有 1 对椭圆形卵巢，色深，各经 1 条输卵管沿身体两侧向后行，沿途收集由许多颗粒状卵黄腺产生的卵黄，在咽后方汇合成 1 条阴道通入生殖腔。生殖腔前方有一椭圆形的受精囊和圆形的肌肉囊也分别通入生殖腔。

（2）雄性　虫体两侧与输卵管平行有许多小圆球形精巢，经输精小管（不易看清）通入 1 对输精管，输精管在咽两侧膨大为贮精囊，左右两侧贮精囊在生殖腔前方汇合成肌肉质的阴茎，阴茎通入生殖腔。生殖腔以生殖孔与外界相通。

（三）涡虫横切面装片观察（图 6-3）

（1）外胚层　为体壁最外 1 层排列紧密的单层柱状上皮细胞，中间夹有色深的条形杆状体和含深色颗粒的囊状的腺细胞。转高倍镜观察，可见腹面表皮细胞具纤毛，表皮细胞的基底为一薄层非细胞构造的基膜。

（2）中胚层　中胚层形成肌肉组织和实质组织。紧贴基膜内侧为环肌，环肌内侧为纵肌，它们与表皮共同构成体壁即皮肤肌肉囊。皮肤肌肉囊有何功能意义？此外，在横切面的背腹体壁间还可见到背腹肌纤维。在体壁与消化管之间充满呈网状、含有许多黄色小泡结构的实质组织，无体腔。

彩图

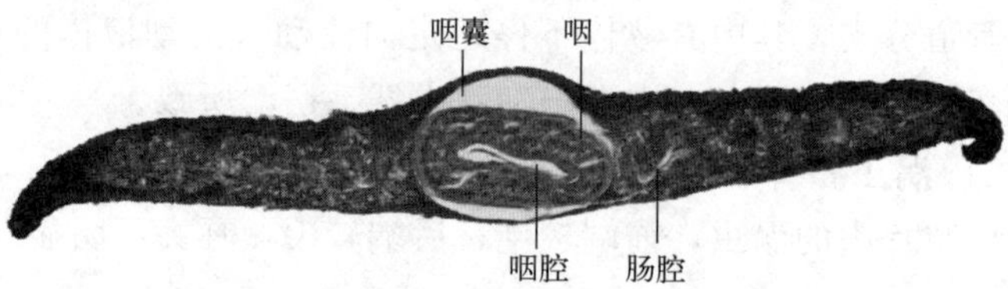

（A）涡虫过咽横切

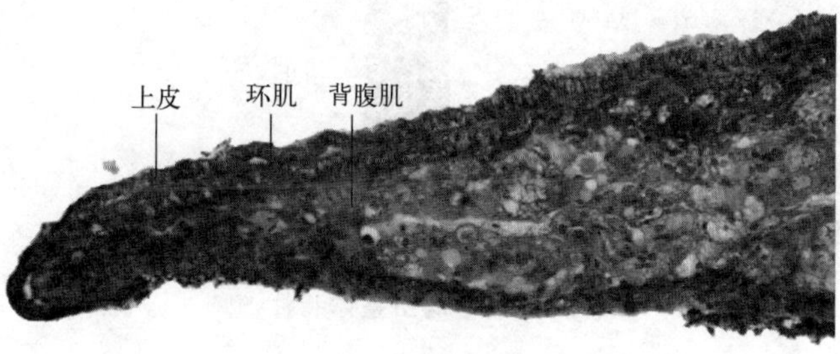

（B）涡虫横切局部放大

图 6-3　涡虫横切面装片

（3）内胚层　切片中间可见到几个小空腔，即为肠腔，肠壁为单层柱状上皮细胞，是内胚层形成的消化管。

五、注意事项

1. 常规处理的涡虫整体装片标本不能显示神经系统以及焰细胞等原肾系统。神经系统只有通过银染法处理才能显示。

2. 由于横切面是连续切片，切到不同的部位其结构有一定的差异，因此必须在对其整体结构充分理解的基础上观察横切面。

六、实验作业

1. 在涡虫生活的水环境中，白昼时应于何处寻找涡虫？

2. 与腔肠动物比较，扁形动物具有哪些进步性特征？这些特征有何进步性意义？

3. 扁形动物的哪些特征为动物由水生进化到陆生奠定了基本条件？说明理由。

七、课后拓展

1. 王美华，王庆仙．涡虫作为模式动物的研究进展[J]．中国实验动物学报，2025，33（07）：1073-1081.

2. 黄小娟，周通，张祺婧，等．中国涡虫的分类概况及分科检索表[J]．四川动物，2024，43（4）：470-480.

（周春花）

实验七

华支睾吸虫和猪带绦虫

一、实验目的和要求

1. 通过对华支睾吸虫和猪带绦虫的观察，了解吸虫纲和绦虫纲的基本特征以及由于寄生生活方式所引起的形态结构变化。

2. 认识一些其他医学吸虫和绦虫。

二、实验内容

1. 观察华支睾吸虫整体染色装片。

2. 观察猪带绦虫头节、成熟节片和孕卵节片装片。

3. 示范日本血吸虫、布氏姜片虫、肝片吸虫、牛带绦虫。

三、实验材料和用具

实验材料：华支睾吸虫整体装片，猪带绦虫头节、成熟节片和孕卵节片装片，日本血吸虫、布氏姜片虫、肝片吸虫、牛带绦虫装片。

实验用具：显微镜，解剖镜。

四、实验操作与观察

1. 观察华支睾吸虫整体染色玻片标本

（1）外形观察　先用放大镜观察外形（图 7-1），华支睾吸虫成虫体形狭长，背腹扁平，为叶片状或瓶状，前端尖细，后端略钝，体表无棘。虫体大小一般为(10～25)mm×(3～5)mm。最前端有一圆盘状的口吸盘，中间的圆孔为口；在身体前端的 1/3 处有一圆形的腹吸盘（注意与口吸盘的差别），口吸盘略大于腹吸盘，体之末端为一排泄孔。

（2）内部构造观察（图 7-2）

① 消化系统：口位于口吸盘中央，内通富有肌肉的膨大部分（咽）。咽后接短的食管，食管之后分为两支盲肠，沿身体两侧向后延伸，直达身体末端，无侧支，无肛门。

② 排泄系统：排泄管为左右两条略弯曲且有许多分支的管子。末端为焰细胞，两条管在身体后部汇合成排泄囊（或称中央排泄管），由末端的排泄孔通向体外。

③ 生殖系统：华支睾吸虫为雌雄同体。

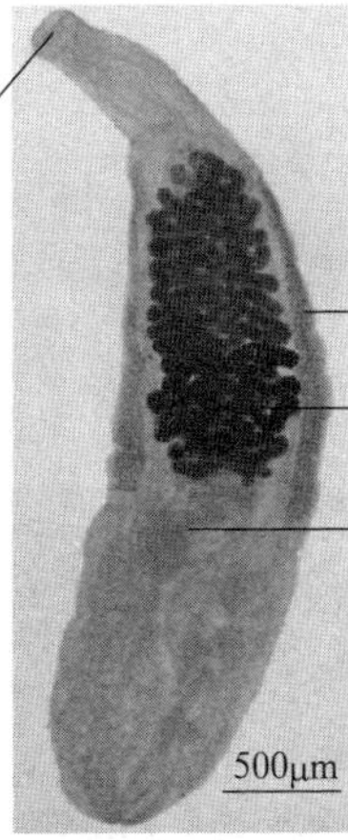

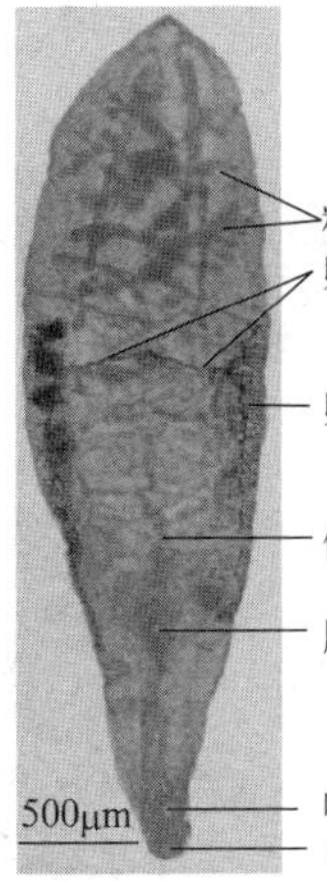

图 7-1 华支睾吸虫整体装片　　图 7-2 华支睾吸虫整体装片（口腹吸盘明显）

雌性生殖器官在虫体中后部，有一圆而略呈 3 叶状的卵巢，较小，位于精巢前体中线处。向前通出一短的输卵管，与卵模（成卵腔）相接。卵模周围有一簇单细胞腺，称梅氏腺（或称卵壳腺）。卵模向前与弯曲的子宫（带状）相连。子宫内充满了卵（转高倍镜观察 1 个虫卵的形状）。雌生殖孔开口于腹吸盘的前方。卵巢后方有一较大的而略呈椭圆形的结构，与输卵管相连，此处为受精囊。在受精囊之前，由输卵管通出一小细管，直接开口于体外，此为劳氏管。身体两侧有许多卵黄腺，位于两侧盲肠的外方，由左、右卵黄管汇入一根短的卵黄总管与输卵管相连。

彩图

雄性生殖器官位于雌性生殖器官的后方，有 1 对分支的精巢，树枝状，作前后排列，位于虫体后端，占全身的 1/3 左右。各伸出 1 条细的输出管（输精小管）向前汇合为 1 条输精管，再向前膨大为贮精囊，于腹吸盘前与雌性生殖孔并列开口，此为雄性生殖孔。

2. 观察猪带绦虫头节、成熟节片和孕卵节片装片

（1）头节装片的观察　取一头节装片置于低倍镜下观察（图 7-3），可见头节呈球形，有 4 个杯状的吸盘分布于四周，头顶是 1 个圆锥形的顶突，周围着生小钩一圈。头节之后为不分节的颈节，有形成新节片的能力。

（2）成熟节片的观察　取成熟节片装片用放大镜观察其形状，然后在低倍镜下移动观察（图 7-4），可见如下内部结构：在节片两侧各有 1 条纵行的管状结构，即纵排泄管。每个节后缘有 1 条横排泄管，与纵排泄管相连。在纵排泄管外侧各有 1 条染成灰色的纵神经索，在横排泄管的附近有横神经连接两侧的纵神经索。节片内备有 1 套完整的雌雄生殖器官，但消化系统完全退化。

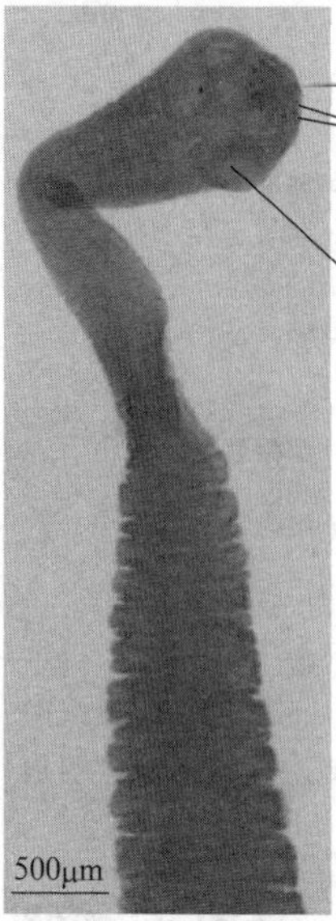

图 7-3　猪带绦虫头节装片

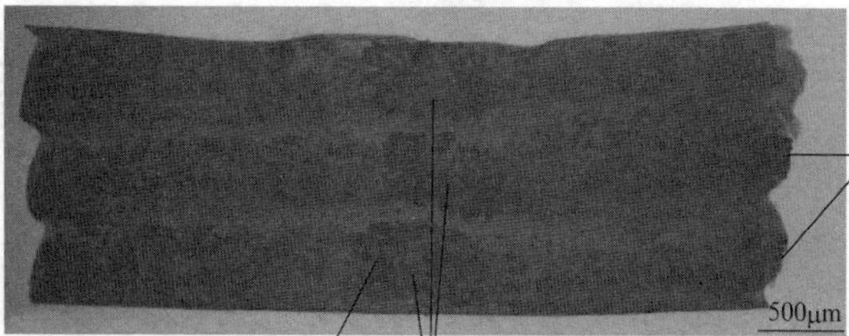

图 7-4　猪带绦虫成熟节片装片

（3）孕卵节片的观察　节片长大于宽的 2 倍以上，排泄系统、精巢、卵巢等结构均退化，整个节片被子宫所充满（图 7-5）。子宫分支多，每侧有 7～13 支，其内充满受精卵。此种节片可随时脱落，随粪便排出体外。除子宫外，尚可见到阴道、生殖腔等痕迹。

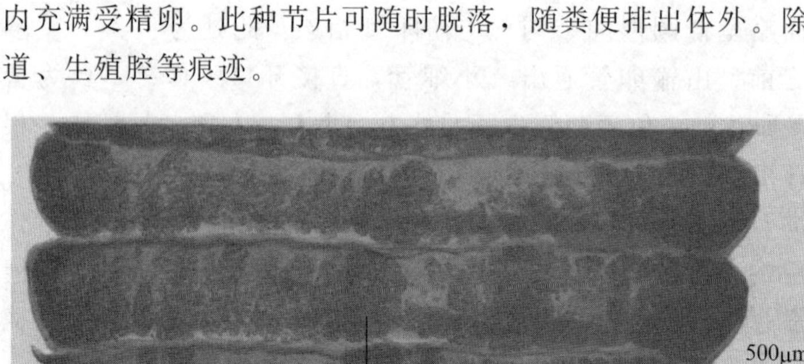

彩图

图 7-5　猪带绦虫孕卵节片装片

3. 示范日本血吸虫、布氏姜片虫、肝片吸虫、牛带绦虫

（1）日本血吸虫　属吸虫纲，复殖亚纲。日本血吸虫为雌雄异体，这是和其他吸虫的不同之处。雌体呈线形，雄虫乳白色，粗短弯曲，体表光滑，口吸盘在体前端，腹吸盘离口吸盘较近，突出如杯状。雄体腹吸盘之后的腹面两侧卷折，形成一沟，为抱雌沟，为合抱雌体之用。在腹吸盘之后的背侧体内有 7 个精巢，如算珠串状排列，由输精管、贮精囊通到腹吸盘下方的雄性生殖孔。口吸盘的中央有一口，下接食管，在腹吸盘背侧分为 2 支肠管，以后又合并为一盲管。雌虫

较雄虫细长，前端较细，后端粗圆，口吸盘与腹吸盘等大。卵巢长椭圆形，在虫体中部，其下端有1条输卵管，沿体一侧向前行，在卵巢前端与卵黄管相联合。再向前为卵模，卵模周围有梅氏腺，由此向前，与子宫相连。子宫直达腹吸盘一侧开孔，称雌性生殖孔。消化道在腹吸盘背面也分成2支，在卵巢后方又合为1条盲管（图7-6）。

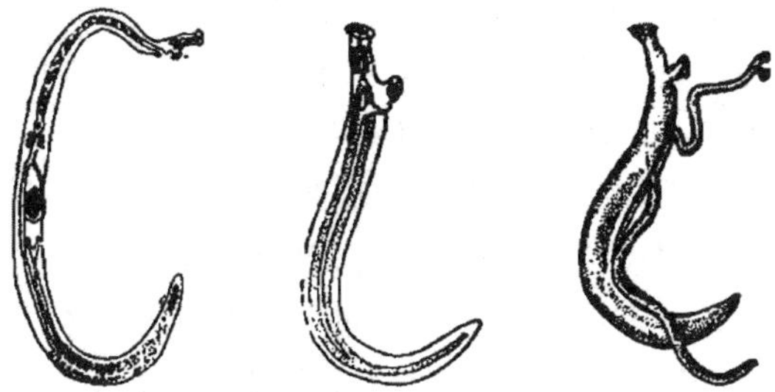

图7-6 日本血吸虫

1—雌虫；2—雄虫；3—雌雄合抱

（2）布氏姜片虫 属吸虫纲，复殖亚纲，为人体中较大的寄生虫。虫体肥大、鲜红色，扁平状似姜片，背面稍凸，腹面扁平，长卵圆形，前端略狭，后端较宽，虫体长20～75mm、宽8～20mm、厚0.5～3.0mm，体表有小棘。口吸盘位于体前方，直径约0.5mm。腹吸盘距口吸盘很近，直径2～3mm。口位于口吸盘底部，咽小，食管短，下接左右两肠支，两肠支伸达虫体后端。睾丸分支前后排列，分支甚多状如珊瑚，位于虫体后2/3的两肠支之间，每个睾丸发出一输出管向前行，在虫体前1/3处合并为输精管，进入由肌质构成呈袋状的阴茎囊后，扩大为贮精囊，连接射精管，周围有单细胞的前列腺，其末端为肌质发达的阴茎，开口于腹吸盘前面的生殖腔后方。卵巢分支，呈树枝状，位于虫体中部睾丸的前方偏右侧，卵巢与输卵管相连，在输卵管上有一劳氏管，开口于虫体的背面，输卵管连接卵模，外围有球形单细胞的梅氏腺。卵模连接长而弯曲的子宫，位于卵巢与腹吸盘之间，开口于生殖腔左方。生殖腔向体外的开口为生殖孔。卵黄腺位于腹吸盘后的虫体两侧，呈颗粒状，各有一卵黄管，左右2条在体中部合为卵黄囊，然后通入输卵管（图7-7）。

图7-7 布氏姜片虫成虫

（3）肝片吸虫（羊肝蛭） 属吸虫纲，复殖亚纲。虫体的前端略呈圆锥形，体扁如柳叶状，生活时呈棕红色，固定后变成灰白色。其大小随宿主不同和发育情况而异，一般长 20～35mm、宽 8～13mm。前端有 1 个三角形的头锥，锥底突然变宽形成"肩"。肩部以后逐渐变窄。体表有棘。口吸盘位于头锥的前端，在肩的水平处腹面中线上有腹吸盘，两吸盘之间有生殖孔。口吸盘底部的口下接咽和短的食管，两肠管向左右两侧分开，直达体后端。每条肠管内外两侧都有许多分支，外侧的分支特别发达。睾丸 2 个，前后纵列于虫体的中后部。每个睾丸各有 1 条输出管，2 条输出管上行汇合成 1 条输精管，通到贮精囊，再到射精管，其末端为阴茎。在贮精囊、射精管和阴茎外包有阴茎囊，在贮精囊和阴茎之间有前列腺。1 个呈鹿角状分支的卵巢，位于腹吸盘后方的右侧。卵模位于紧靠睾丸前方的虫体中央。在卵模与腹吸盘之间为盘曲的子宫，内充满褐色的虫卵。子宫和卵巢均与卵模相通，卵模外包有梅氏腺。卵黄腺分布于虫体两侧，由许多褐色小滤泡组成。左右 2 条卵黄管汇合为 1 条卵黄总管通入卵模。无受精囊。

（4）牛带绦虫　属绦虫纲，带形科。成虫乳白色，扁长如带，较厚，透明，前端较细，向后渐扁阔。成虫长 4～8m，有节片 1000～2000 个，头节略呈方形，直径 1.5～2.0mm，有 4 个吸盘，无顶突，无小钩，颈部纤细，直径仅约头节之半。近颈部的幼节，节片短而宽；中部的成节近方形，末端的孕节则为长方形。成熟节片卵巢分两叶，妊娠节片子宫分支每侧 15～30 支。每一成节具雌雄生殖器官各一套。睾丸 150～200 个，输精管向一侧横走，在纵排泄管外侧经阴茎囊开口于生殖腔。阴道在输精管的后方。卵巢在节片后 1/3 的中央，卵巢只分 2 叶，子宫前端常可见短小的分支。卵黄腺位于卵巢之后。孕节中充满虫卵的子宫向两侧分支，子宫分支较整齐，每侧 15～30 支，支端多有分叉。每一孕节中约含 4 万个虫卵。人会误食含牛囊尾蚴的牛肉而感染。成虫寄生于人的小肠，引起牛绦虫病（图 7-8）。

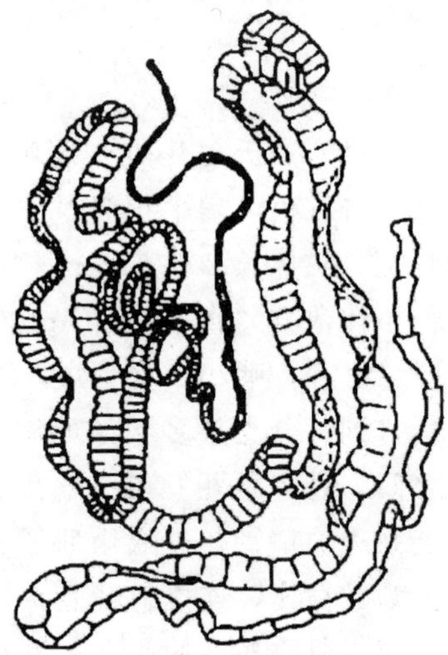

图 7-8　牛带绦虫成虫

五、注意事项

1. 显微镜使用

开始观察时先用低倍镜定位感兴趣区域，再切换到高倍镜以获得更清晰的细节图像。调整焦距时动作要轻柔，避免损坏镜头或玻片。

2. 安全与卫生

由于涉及到生物样本，所有操作应在实验室规定的生物安全等级下进行，穿戴适当的个人防护装备（如手套、实验服）。

六、实验作业

1. 绘制华支睾吸虫全形图，并注出各部名称；猪带绦虫成熟节片图，并注出各部名称。

2. 吸虫和绦虫的形态结构是如何与其寄生生活相适应的？

七、课后拓展

1. Hong ST，Fang Y. *Clonorchis sinensis* and clonorchiasis，an update［J］. Parasitology international，2012，61（1）：17-24.

2. 周必英. 猪带绦虫重组抗原研究进展［J］. 中国人兽共患病学报，2014，30（4）：418-422.

（黄晓晨）

实验八
猪蛔虫及其他假体腔动物

一、实验目的和要求

1. 了解猪蛔虫的形态结构及假体腔动物的一般特征，认识一些常见假体腔动物种类。

2. 学习几种常见寄生蠕虫卵的检查方法。

二、实验内容

1. 观察猪蛔虫浸制标本的外部形态和内部结构。

2. 观察猪蛔虫横切面玻片标本。

3. 观察其他假体腔动物——蛲虫、钩虫、铁线虫、轮虫等。

4. 检查几种常见寄生蠕虫卵。

三、实验材料和用具

实验材料：猪蛔虫浸制标本、猪蛔虫横切面玻片标本。

实验用具：显微镜、解剖镜、放大镜、解剖器械、蜡盘、大头针、载玻片、盖玻片。

四、实验操作与观察

（一）猪蛔虫的外形观察

取雌、雄蛔虫浸制标本用清水冲洗、浸泡，除去药液后置于蜡盘中，用肉眼和放大镜观察。蛔虫体呈细长圆筒形，前端稍钝圆，前端中央有口，后端稍尖；体表光滑，有明显环纹。雌雄异形，雌蛔虫体较粗大，后端不弯曲，肛门开口于腹面近体末端，生殖孔开口于体前端腹面约 1/3 处；雄虫较小，后端向腹面弯曲，有两根交合刺，常由泄殖腔孔中伸出。

1. 口

有 3 个突起的唇，背面的 1 个较大称背唇，腹面的 2 个较小称腹唇。在背唇的两侧各有 1 个感觉乳突，腹唇只有 1 个乳突，位于腹唇外缘中央处。

2. 体线

在身体的背侧、腹侧及两侧的正中各有 1 条细线。背面的线较细，隐约可见；腹面的线呈白色，较明显；两侧的线较粗，呈褐色，很明显。

（二）猪蛔虫的内部解剖和观察

取雌、雄蛔虫置蜡盘中，从身体背部略偏背中线处剪开。用镊子拉开两侧的体壁，以大头针将蛔虫钉在蜡盘上，稍加水，便于观察。

1. 体线

背、腹面的正中分别有 1 条背线和腹线，两侧各有 1 条侧线。

2. 消化系统

简单，为一长扁形直管，由口、咽、肠、直肠及肛门组成。口孔位于虫体顶端，下连食管、肠管。雌虫消化道末端开口于尾部腹面的肛门，雄虫消化道末端开口于泄殖腔。

3. 排泄系统

排泄管 2 条，分别位于侧线中。

4. 生殖系统

生殖系统为雌雄异体。

(1) 雄性　雄虫生殖系统为单管型，体中部近前端有一细长、弯曲的管状精巢，包括睾丸、输精管、射精管，由较短的输精管与较粗大的管状贮精囊相通。贮精囊连接细直的射精管，其末端雄孔开口于泄殖腔中，泄殖腔内伸出两根镰刀状的交合刺。

(2) 雌性　雌虫生殖系统为双管型，两套细管状生殖系统盘绕在虫体的后 2/3 部分。每管包括卵巢、输卵管、子宫。子宫粗管状，体中部近后端有 2 条细长、弯曲的管状卵巢，各通入输卵管，再通入较粗大的子宫。两个子宫与单一的阴道相连通向阴门，阴门位于虫体前 1/3 和中 1/3 交界处的腹面，子宫内充满大量虫卵。

(三) 猪蛔虫横切片玻片标本观察 (图 8-1)

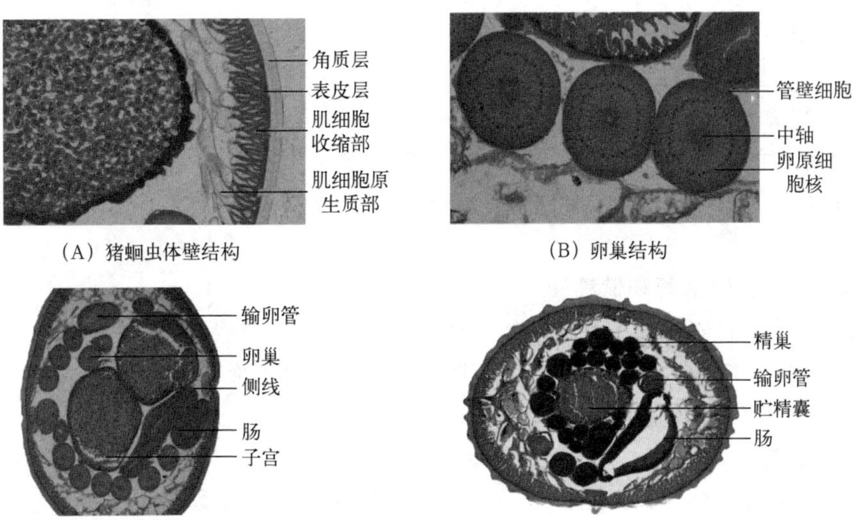

(A) 猪蛔虫体壁结构　(B) 卵巢结构

(C) 雌猪蛔虫横切　(D) 雄猪蛔虫横切

图8-1　猪蛔虫横切片

彩图

1. **角质膜**

身体表面一层非细胞构造的膜。

2. **表皮层**

位于角质膜内侧，细胞界限不分明，仅可见颗粒状的细胞核及纵行纤维。

3. **体线**

体线有4条，纵行，由表皮层向内增厚形成。

（1）背线及腹线　细，在身体背面及腹面的正中，两者形状完全相同。背、腹线的内侧膨大呈圆形，内含背神经及腹神经。腹神经比背神经粗，可以此区分背、腹线。

（2）侧线　位于体两侧。其内侧有一圆孔，即排泄管。

4. **肌肉层**

肌肉层较厚，被4条体线分隔成4个部分，每个部分由许多纵肌细胞组成。纵肌细胞分成两部分：

（1）收缩部　位于基部，含横行纤维，富有弹性，能收缩。

（2）原生质部　位于端部，含原生质和细胞核。

5. **肠**

肠为体腔中央一扁圆形的管道，由单层柱状上皮细胞组成。肠中间的空隙为肠腔。

6. **假体腔**

肠与体壁之间的空腔。

7. **卵巢、输卵管和子宫**

在雌性的假体腔中可见形似车轮的卵巢，卵巢中心为轴，周围有辐射状排列的卵原细胞。输卵管较粗，圆形，轴已消失。子宫更粗，圆形，有明显的空腔，内含卵。

8. **精巢、输精管和储精囊**

在雄性的假体腔中染色较深，管径较小的是精巢。输精管较粗，圆形，含颗粒状精细胞。储精囊更粗，圆形，有明显的空腔，含条形精子。

（四）其他假体腔动物的观察

1. **蛲虫**

寄生于人的盲肠、阑尾、结肠等部，虫体前端侵入肠黏膜。呈世界性分布，儿童感染较为普遍。虫体白色，细线头状，雌虫较长，后端细尖；雄虫较短，尾部卷曲。妊娠雌虫多于夜间移行于肛门和会阴附近皮肤上产卵。虫体角皮具有横纹，头端角皮膨大，形成头翼。体两侧角皮突出如嵴，称侧翼。口囊不明显，口孔周围有3片唇瓣。咽管末端膨大呈球形，称咽管球。雌虫大小为(8～13)mm×(0.3～0.5)mm，虫体中部膨大，尾端直而尖细，其尖细部分约为虫体长的1/3。生殖系统为双管型，前后两子宫汇合通入阴道，阴门位于体前、中1/3交界处腹面正中线上，肛门位于体中、后1/3交界处腹面。雄虫微小，大小为(2～5)mm×(0.1～0.2)mm，体后端向腹面卷曲，具有尾翼及数对乳突，生殖系统为单管型，泄殖腔开口于虫体尾端，有1根交合刺。

2. **十二指肠钩虫**

寄生于人的小肠内。成虫虫体细长，线状，略弯曲，体长约1cm，半透明，活时为肉红色，死后呈灰白色。虫体前端较细，顶端有一发达的口囊，由坚韧的角质构成，内有切器。为雌雄异体，雌虫较雄虫略粗长，尾直；雄虫尾端膨大，为角皮延伸形成的膜质交合伞。十二指肠钩虫口囊呈扁卵圆形，其腹侧缘有钩齿2对，外齿一般较内齿略大，背侧中央有一半圆形深凹，两侧微突起。美洲钩虫口囊呈椭圆形。其腹侧缘有板齿1对，背侧缘则有1个呈圆锥状的尖齿。钩虫的咽管长度约为体长的1/6，其后端略膨大，咽管壁肌肉发达。肠管壁薄，由单层上皮细胞构成，内壁有微细绒毛，利于氧及营养物质的吸收和扩散。

3. **铁线虫**

成虫自由生活于土壤或淡水沟渠中，体长为30～100cm，体型似细绳状。与线虫的圆虫类相似，但无背线、腹线与侧线。前端钝圆，体表角质坚硬。雄虫尾端叉状，呈倒“V”字形，分叉部分的前腹面为泄殖孔。雌虫尾部尖锥状。消化管幼虫期存在，而成虫期则退化。雄体的精巢和雌体的卵巢数目多，成对排列于身体的两侧。生活时体呈深棕色。卵产于水中，幼虫寄生于节肢动物的血腔内，将成熟时离开寄主，回到水中生活。

（五）几种常见寄生蠕虫卵的检查

1. **蛔虫卵的检查**

检查蛔虫卵时，盛粪便的容器应洁净，粪便要新鲜且量不宜太少；鉴别虫卵时，要与气泡、脂肪滴、孢子等杂物区别开来。由于蛔虫产卵量大，采用直接涂片法，查一张涂片的检出率为80%左右，查3张涂片的检出率可达95%。对直接涂片阴性者，也可采用沉淀集卵法或饱和盐水浮聚法，检出效果更好。虫卵为椭圆形，棕黄色，大小为(45～75)μm×(35～50)μm，卵壳表面常附有一层粗糙不平的蛋白质膜，因受胆汁染色而呈棕黄色，卵内有一圆球形的卵细胞。未受精的卵形状不规则，一般为长椭圆形，大小为(88～94)μm×(39～44)μm，卵内含有许多折光性较强的卵黄粒。

（1）直接涂片法　在载玻片的中央，滴加生理盐水1～2滴；用竹签取粪便少许混合盐水涂抹均匀，以透过粪膜见到玻片下面的字迹为度；直接或复加盖玻片，放到显微镜下，用低倍镜依次检查虫卵。

（2）饱和食盐水浮聚法　用竹签取蚕豆大小的粪便，置于青霉素瓶内，先加少量饱和盐水，用竹签将粪块研碎，混合均匀，续加饱和盐水至瓶口，用载玻片覆盖瓶口，使其与液面接触，静置15min左右后，将载玻片平提迅速向上反转，镜检虫卵即可。

2. **蛲虫虫卵的检查**

虫卵大小为(50～60)μm×(20～30)μm，卵壳无色透明，蛋白质膜光滑。普通显微镜下观察的卵壳一侧较平，一侧稍凸，两端不等宽，虫卵的立体构型呈近似椭圆形的不等面三角体。虫卵自虫体排出时，卵壳内细胞多已发育至蝌蚪期胚。

肛拭法检查虫卵：因为蛲虫一般不在人体肠道内产卵，所以粪便检查虫卵的阳性率极低。蛲虫病诊断主要用透明胶纸肛拭法、牛皮纸长方形孔胶带纸粘贴法及棉签拭子法等。应用肛拭法检查要注意以下几点：因为蛲虫一般在夜间移行至肛门处产卵，所以检查的最佳时间是在清晨解便前或洗澡前进行；蛲虫卵检出率一般是随着检查次数的增多而提高。

3. **钩虫虫卵的检查**

虫卵椭圆形，壳薄，无色透明。大小为(56～76)μm×(36～40)μm，随粪便排出时，卵内细胞多为2～4个，卵壳与细胞间有明显的空隙。若粪便放置或钩虫病患者便秘过久，钩虫虫卵内细胞可继续分裂为多细胞期。十二指肠钩虫卵与美洲钩虫卵极为相似，不易区别。

(1) 直接涂片法　方法简便，但每克粪便中虫卵数少于400个时易漏检。在虫卵数为1200个左右时，亦有漏检的可能。镜检时钩虫卵应与另一种寄生于肠、胃的寄生虫——东方毛圆线虫的虫卵相区别，后者大小为(80～100)μm×(40～47)μm，较钩虫卵长、大，长圆形，一端钝圆，一端较尖，卵内细胞发育较早，新鲜粪便中的虫卵一般多已发育为10～20个细胞阶段。

(2) 加厚涂片法　涂片厚度为直接涂片法的5～10倍，检出率可较之高出10%～15%，但虫卵易变形，致使初学者不易辨认，由于该方法中有透明剂，卵壳灰色透明，壳间隙不甚明显，卵细胞有时也透明。

(3) 饱和食盐水浮聚法　钩虫卵的密度（相对密度1.060）比饱和食盐水的密度（相对密度1.200）轻，浮聚效果好，其检出率远较直接涂片法高，约为5.6倍，故为检查钩虫卵常用的方法。15%或20%食盐水（相对密度都在1.100以上）、饱和硝酸钠溶液（相对密度1.400）等均可采用。

五、注意事项

1. 在蛔虫外形观察时，背唇和腹唇不容易区分，雌性生殖孔不易找到时，注意外部观察和内部解剖观察相结合，有利于辨识这些结构。解剖前一定要分清蛔虫的背腹面，确保沿背中线剪开体壁。

2. 沿蛔虫身体背部向前剪开体壁时，剪刀尖向上避免伤及内部结构，且从虫体末端向前约2cm处插入剪刀尖。

3. 并非每张装片都能看到生殖系统的所有器官，可通过观察多张装片，全面了解各器官的结构。

六、实验作业

1. 绘制蛔虫的横切面图和常见寄生蠕虫卵的略图。

2. 假体腔动物的一般特征有哪些?

七、课后拓展

1. Zhou C, Lei Y, Zhao S, et al. Human-type and pig-type *Ascaris* hybrids found in pigs [J]. Veterinary Parasitology, 2022, 302: 109646.

2. 周春花, 彭卫东. 我国 G2 型人蛔虫和猪蛔虫的遗传多样性 [J]. 中国人兽共患病学报, 2012 (11): 1093-1097.

(周春花)

其他彩图

实验九 环毛蚓及其他环节动物

一、实验目的和要求

1. 通过对环毛蚓的外形和解剖观察，了解环节动物门的基本特征及环毛蚓对穴居生活的适应。

2. 认识环节动物门其他各纲代表动物，了解它们形态构造上的异同。

二、实验内容

1. 观察环毛蚓的外形。

2. 解剖和观察环毛蚓的内部。

3. 观察环毛蚓横切片玻片标本。

4. 观察其他各纲代表动物。

三、实验材料和用具

实验材料：性成熟的环毛蚓活体或浸制标本，环毛蚓横切片玻片标本，双齿围沙蚕、金线蛭、颤蚓等浸制标本。

实验用具：显微镜、解剖镜、放大镜、解剖盘或蜡盘、解剖剪、大头针、镊子、擦镜纸等。

四、实验操作与观察

（一）环毛蚓的外形观察

将活的环毛蚓置于蜡盘中，观察其外部形态和运动情况。如为浸制标本，应以清水冲洗、浸泡，以除去药液，置蜡盘上或手执在解剖镜（或放大镜）下观察。

1. 外形

环毛蚓圆、长，由许多环节组成，环节之间有节间沟，每节上又有浅环纹；各节中央环上有一圈刚毛。用手轻轻抚摸蚯蚓，向前和向后抚摸感觉有何不同，思考其原因。身体可分为前、后端及背、腹面。

2. 前、后端

性成熟的环毛蚓在第14～16节有棕红色隆肿的环带（即生殖环带），此端即为前端。环带上无刚毛。体前端第1节为围口节，其腹面中间是口，口的背侧有肉质的口前叶。无环带的一端为后端，其末端纵裂状开口，即为肛门。

3. 背、腹面

体色深暗的一面即背面。除前几节外，背中线上节间沟处有背孔，背孔的起始位置因种类而异。将环毛蚓背面擦干后，以手指轻轻捏压其体两侧，可见液体自节间沟背中线处冒出，此处即背孔。体色浅淡的一面即腹面，在第（7/8）～（8/9）节间沟的两侧有受精囊孔 2～3 对。第 14 节腹中线上有 1 个雌性生殖孔。第 18 节腹面两侧各有 1 个雄性生殖孔。在受精囊孔与雄性生殖孔的附近常有小而圆的生殖乳突。

（二）环毛蚓的内部解剖和观察

用左手执环毛蚓，以中指和食指夹住前端，大拇指和其余手指拿着标本中段，用解剖剪在 1/3 处的背中线略偏处先剪一小口，再将剪刀尖头略深入，分别向前向后将体壁剪开。

1. 隔膜

在体腔中相当于外面节间沟处有一层膜即隔膜，将体腔分隔成许多小室，前 10 节较厚。

2. 消化系统

由以下几部分构成：口、口腔位于第 1～3 节内，在体前端。咽位于第 4～5 节内，梨形，肌肉较发达。食管位于第 6～8 节内，细长形。嗉囊位于第 9 节前部，不明显。砂囊位于第 9～10 节内，球状，囊壁富肌肉，有磨碎食物的功能。胃位于第 11～14 节内，细长管状。自第 15 节向后均为肠，在第 27 节向前伸出 1 对盲肠，为角状盲管。

3. 循环系统

为闭管式，因血液中含血红素，故血管呈黑红色。主要观察以下几个部分：背血管位于肠的背面正中央，是 1 条由后向前行的血管。心脏为连接背、腹的血管，有 4～5 对（心脏数目及所在位置因种而异），分别在第 7、第 9、第 12、第 13 节内，用镊子将砂囊轻轻拉向一侧即可看到。腹血管为肠腹面的 1 条略细的血管，由前向后行，从第 10 节起有分支通到体壁上。食管侧血管为 1 对较细的血管，位于体前端消化管两侧。向后行至第 15 节时，左右两支向下绕过消化管和腹神经索愈合为 1 条神经下血管。神经下血管为 1 条很细的血管，位于腹神经索之下，小心移开肠道和腹神经索即可看到。

4. 生殖系统 雌雄同体

雄性生殖系统在背面首先看到的是 2 对贮精囊，位于第 11、第 12 节内。小心摘除消化管，保留隔膜，即可见到精巢囊 2 对，位于第 10、第 11 节内，紧贴于该节后方隔膜之前，在腹神经索的两侧，椭圆形。每囊包含 1 个精巢和 1 个精漏斗。用解剖针挑破精巢囊，用细流水冲去囊内物质，在解剖镜下可见囊前方内壁上有一小白点状物即精巢，囊内后方花朵状的结构即精漏斗，由此向后与输精管相通。贮精囊 2 对，位于第 11、第 12 节内，紧接在精巢囊之后，大而明显，呈分叶状，自然状态下包围着胃。输精管，细线状，同侧的前、后输精管汇合成 1 条，两侧输精管在第 12 节之后并行，向后通到第 18 节处，与前列腺管汇合，由雄性生殖孔通出。前列腺发达，为 1 对大而呈分叶状的腺体，前列腺管为红色，在第 18 节与输精管汇合。

雌性生殖系统有卵巢 1 对，在第 13 节的前缘。紧贴于第 12/13 节隔膜之后方，腹神经索的两侧，绒球状。卵漏斗 1 对，在第 13/14 节隔膜之前，腹神经索的两侧，呈喇叭状。输卵管 1 对，极短，在第 14 节内汇合后，共同开口于第 14 节的雌性生殖孔。受精囊 2～3 对，在第 7～9 节内的腹壁两侧，每一受精囊由一囊和一盲管组成，盲管末端为纳精囊，开口于前节间的受精囊孔。

5. 排泄系统

环毛蚓的排泄器官为小肾管，数目极多。用镊子取体壁上的绒毛状物，置于载玻片上，加 1 滴水，盖上盖玻片，在显微镜下观察，可见一个个迂回弯曲的小管，为体壁小肾管。取第 15 节以后隔膜上的小肾管按以上方法观察，还可看到迂管的内端有漏斗状的肾口，开口于体腔。

6. 神经系统

用解剖针和镊子小心摘除口腔管和咽部肌肉以及残存的消化管后观察：脑在第 3 节前部，横置，白色橄榄形。位于咽的背面，由双叶神经节构成。围咽神经由脑分向两侧，围绕咽的神经。咽下神经节为两侧围咽神经在咽下方汇合处的神经节。腹神经索，链状，由咽下神经节向后通出。每节都有膨大的神经节，由它们发出神经分支到体壁和内脏器官。

（三）环毛蚓横切片玻片标本观察（图 9-1）

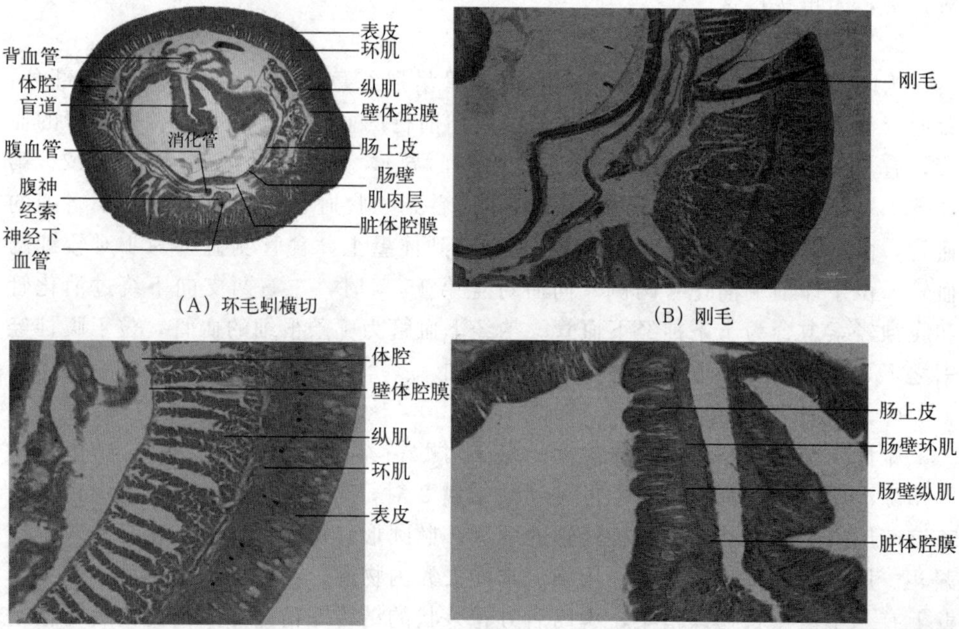

（A）环毛蚓横切　（B）刚毛

（C）体壁局部放大　（D）肠壁局部放大

图9-1　环毛蚓横切片

彩图

1. 体壁

可分 5 层。最外层为角质层，是体表一层非细胞构造的薄膜。角质层内为表皮，它来源于外胚层，主要由单层柱状上皮细胞组成，其中还有少数腺细胞和感觉细胞。表皮之下为一薄层环肌，紧帖环肌的是很厚的一层成束的纵肌。体壁的最内层为壁体腔膜，由单层扁平细胞组成。

2. 肠壁

最外层为一层排列不整齐的细胞，称为黄色细胞，即脏体腔膜。紧接其内是纵肌和环肌。最内层为单层柱状上皮细胞（肠上皮），来源于内胚层。肠壁背面自盲肠之后下凹成一纵向凹陷，称为盲道，以增加消化及吸收的表面积。

3. 真体腔

体壁和肠壁之间的空腔，四周由黄色细胞所包围，中胚层来源的壁体腔膜和脏体腔膜构成真体腔的体腔膜。血管、神经、肾管及生殖器官等均位于真体腔内，观察时可依盲道所在部位区分背腹。肠的背面有一背血管，腹面有一腹血管，腹血管之下有一实心结构的神经索，神经索下方有一神经下血管。

（四）其他各纲代表动物观察

1. 双齿围沙蚕（*Perinereis aibuhitensis*）

双齿围沙蚕隶属多毛纲，游行目，沙蚕科，围沙蚕属。体呈长蠕虫形，翻吻的第 9 区有 2～3 个扁三角形齿，其余各区均为圆锥形齿。栖于泥沙滩潮间带上区，为潮间带及河口区优势种。最大者环节数可达 230 多节，体长 27cm，体宽 1cm，横断面为圆形或略扁，俗称海蜈蚣或海蚂蟥。其在海水增养殖生产和海洋渔业上都有重要的经济意义，俗称“万能钓饵”。

2. 金线蛭（*Whitmania laevis*）

金线蛭属蛭纲。生活于稻田、池塘、水流较缓的河流中。体扁平，背面隆起，前端较细，后端略粗。体表有许多横纹为体环，由若干个体环合成 1 个体节，全身共 27 个体节。体前端两侧有 5 对小黑点状的眼（第 1、第 2、第 3、第 5、第 8 体环上）。体前、后端腹面各有一个吸盘，后吸盘较大，口在前吸盘的中央，肛门在后吸盘的背面体节的末端。

3. 颤蚓（*Tubifex* sp.）

颤蚓属寡毛纲，生活于淡水水体的泥沙底质中。背刚毛自第 2 节开始生长，每束 4～8 条，腹刚毛每束 3～6 条。环带位于第 9～12 节，雄孔 1 对在第 11 节，雌孔 1 对在 11/12 节间，受精囊孔 1 对在第 10 节。颤蚓能忍耐有机物污染引起的缺氧，随着淤泥中有机物的增加，某些耐污种类个体数量能够猛烈增加，因此常被用作水体受到有机物污染的指示生物。

五、注意事项

1. 沿环毛蚓身体背面向前剪开体壁时，剪到第 3～4 体节处要倍加小心，不要剪断脑神经节。剪开蚯蚓体壁时，剪刀尖头应微向上翘，以防戳破消化管壁使其内泥沙外溢而影响观察。

2. 用解剖针划开肠管与体壁之间的隔膜联系，将体壁尽量向外侧拉伸，使两侧体壁完全平展，再以大头针固定。左右两边大头针应交错，并使针头向外倾斜以免妨碍观察。观察中应加适量的水湿润标本，以免干燥萎缩。

3. 精巢囊、卵巢、卵漏斗等位于身体腹面，紧贴神经索两侧，较难观察，故应细心切断隔膜（特别是体前部肌肉质很厚的隔膜）与体壁之间的联系，摘除消化管，神经系统和生殖系统方可清晰地暴露。

六、实验作业

1. 绘制环毛蚓横切面图。

2. 从胚层分化与组织器官进化关系的角度，用简图及简要的表格、文字将水螅、涡虫、蛔虫及环毛蚓的横切面组织结构上的差异作比较，理解动物进化过程的几个重要阶段。

3. 根据实验观察，思考总结环毛蚓的哪些特征反映了对穴居生活的适应，并加以说明。

七、课后拓展

1. Zhao F，Huang Z，Tang L，et al. Comparative genomics of three non-hematophagous leeches（*Whitmania spp.*）with emphasis on antithrombotic biomolecules［J］. Frontiers in Genetics，2025，16：1548006.

2. 王建国，黄恢柏，杨明旭，等. 庐山地区底栖大型无脊椎动物耐污值与水质生物学评价［J］. 应用与环境生物学报，2003，9（3）：279-284.

（周春花、谢广龙）

其他彩图

实验十
河蚌及其他双壳纲动物

一、实验目的和要求

1. 通过对河蚌外形及内部解剖的观察，了解双壳纲和软体动物门的主要特征。

2. 认识双壳纲一些常见和重要的经济种类。

二、实验内容

1. 观察河蚌的活体。

2. 解剖和观察河蚌的内部。

3. 示范双壳纲常见和重要的经济种类。

三、实验材料和用具

实验材料：河蚌。

实验用具：显微镜、培养缸、解剖镜、解剖器具、解剖盘、10mL 注射器、载玻片、盖玻片、滴管、炭末水悬浊液。

四、实验操作与观察

（一）河蚌的活体观察

1. 外形

河蚌壳分左右两瓣，等大，近椭圆形，前端钝圆，后端稍尖，背缘互相铰合，腹缘分离。将河蚌的铰合部朝上，缘向下，后端抵着观察者面的腹部，位于左侧的称为左壳，位于右侧的称为右壳。壳背方隆起部分为壳顶，略偏向前端（图 10-1）。壳表面以壳顶为中心而与壳的腹缘相平行的弧线称为生长线。两壳在背部相连的地方为角质、褐色、富有弹性的韧带。

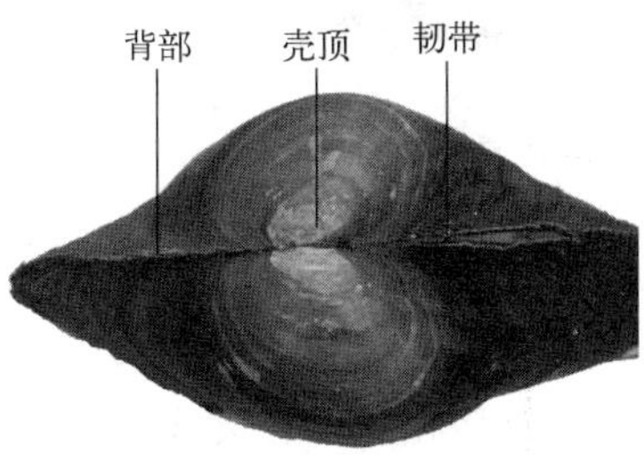

彩图

图 10-1　河蚌外形背面观

2. 运动与呼吸

在安静无振动情况下，观察生活在培养缸中的河蚌，可见河蚌左右贝壳被撑开，斧足从壳缝中伸出。如果振动培养缸，可见河蚌斧足缩回，紧闭双壳。在河蚌的后端用滴管轻轻滴入数滴炭末水悬浊液，可看到炭末随着水流从近腹侧的入水孔被吸入蚌体内，不久又看到它随着水流从近背侧的出水孔排出来。

（二）河蚌的解剖和观察

用手术刀柄自两壳腹面中间合缝处平行插入，扭转刀柄，将壳稍撑开，然后用镊子柄取代刀柄，取出手术刀。将镊子柄用力移近闭壳肌处，撑开缝隙，再以刀锋紧贴左贝壳内表面切断前、后闭壳肌及其附近的肌肉，将镊子柄取出。揭开左贝壳，即可观察内部结构。

1. 原位观察

揭开贝壳后，可见河蚌无头部，由外套膜包围内脏团。在身体的前、后端各有一大束肌肉柱，分别为前闭壳肌和后闭壳肌。前、后闭壳肌内侧背方各有一小束肌肉，为缩足肌。紧贴前闭壳肌内侧腹方的一小束肌肉，为伸足肌。可在揭开的贝壳内表面见到这几束肌肉的断面痕迹。在柔软身体外部的左右两侧各有一半透明的膜状构造，称为外套膜。外套膜与内脏团之间形成的腔，称为外套腔。外套膜的后缘部分合抱形成 2 个短管状构造，腹方的为入水管，背方的为出水管。用解剖针轻轻地插入出、入水管，看它们分别通向哪里。贝壳内面跨于前、后闭壳肌痕之间，靠近贝壳腹缘的弧形痕迹称外套线，是外套膜边缘附着的地方。掀开一侧外套膜，可见连于内脏团腹方的斧状肌肉质的足（图 10-2）。

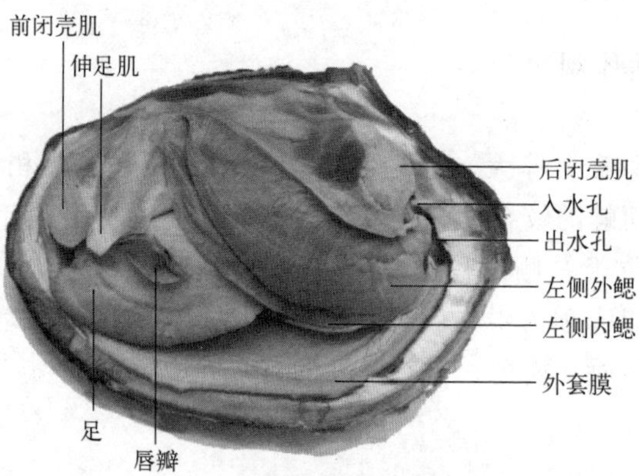

彩图

图 10-2 雌河蚌去除外套膜后的内部结构

2. 呼吸系统（图 10-3）

（1）鳃瓣　将外套膜向背方揭起，可见足与外套膜之间、足后缘的两侧各有 2 片鳃瓣，靠近外套膜的 1 片为外鳃瓣，靠近足部的 1 片为内鳃瓣。用剪刀剪取一小片鳃瓣，置于显微镜下观察，看其表面是否有纤毛在摆动。有时成熟的雌蚌外鳃瓣特别肥大，这是因为外鳃瓣也是受精和受精卵发育成钩介幼虫的场所。取

1 滴内容物在显微镜下观察，有可能看到钩介幼虫。

（2）鳃小瓣　每一鳃瓣由 2 片鳃小瓣合成，外方的为外鳃小瓣，内侧的为内鳃小瓣。内、外鳃小瓣在腹缘及前、后缘彼此相连，中间则有瓣间隔把它们分开。

（3）瓣间隔　为连接两鳃小瓣的垂直隔膜，它把鳃小瓣之间的空腔分隔成许多鳃水管。

（4）鳃丝　用手术刀切取一薄片鳃于载玻片上，置低倍镜下观察，可见鳃小瓣有许多背腹纵向排列的细丝即鳃丝。转高倍镜观察，可见到丝间隔。

（5）丝间隔　是鳃丝间相连的部分。其间不相连部分形成鳃小孔，水由此进入鳃水管。

（6）鳃上腔　为内、外鳃小瓣之间背方的空腔，用镊子挑开鳃背方的薄膜即可见到。水由鳃水管经鳃上腔向后至出水管排出。

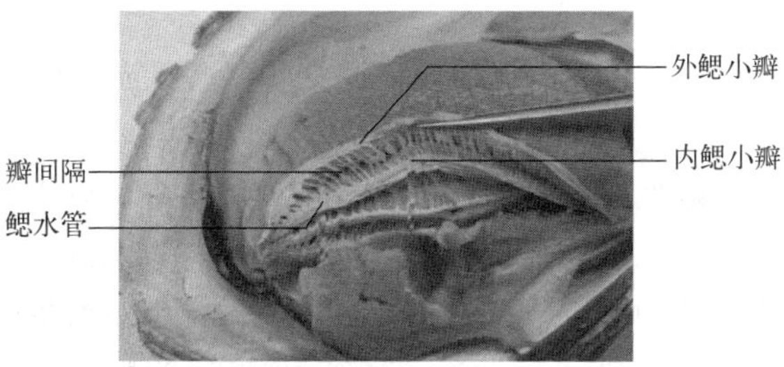

彩图

图 10-3　河蚌鳃的结构

3. 循环系统

（1）心脏（图 10-4）　位于围心腔内，用眼科镊轻轻提起围心膜，用眼科剪小心地从背面剪开围心膜，可见心脏由 1 心室 2 心耳组成。

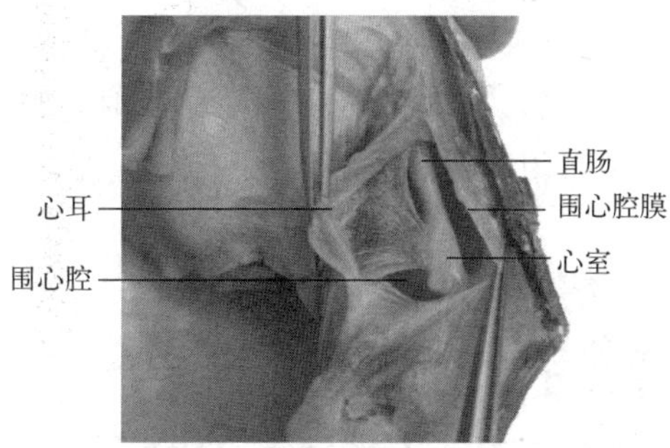

图 10-4　河蚌心脏的结构

心室：为 1 个长圆形富有肌肉的囊，能收缩，其中有直肠贯穿。

心耳：在心室腹方左右侧各 1 个，为三角形薄壁囊，也能收缩。

（2）动脉干　由心室向前及向后发出的血管，沿肠的背侧前行的为前大动脉；沿直肠腹侧后行的为后大动脉。

4. 排泄系统

排泄系统由肾脏和围心腔腺组成。

(1) 肾脏（图 10-5） 1 对，位于围心腔腹面左右两侧，由肾体及膀胱构成。沿着鳃的上缘剪除外套膜及鳃，即可见到。

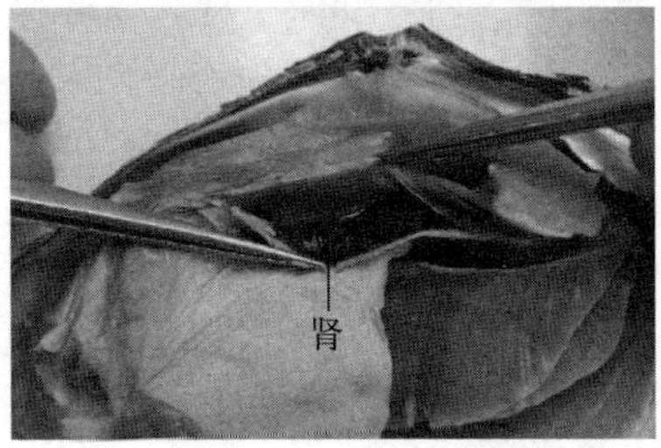

图 10-5 河蚌的肾脏

肾体：紧贴于鳃上腔上方，为肾脏的腹侧，呈黑褐色、海绵状。其前端以肾口开口于围心腔前部腹面，可用解剖针通探察看，也可将肾脏取下浸入水中，在体视显微镜下寻找肾口。

膀胱：将肾脏浸入水中，可见膀胱位于肾体背方，薄膜状，末端有排泄孔，很小，开口于内鳃瓣的鳃上腔，与生殖孔接近并位于其背方。

(2) 围心腔腺 位于围心腔前端两侧，分支状，略呈赤褐色。

5. 生殖系统

河蚌为雌雄异体。雌性、雄性生殖腺均位于内脏团中。以手术刀除去内脏团的外表组织，可见白色的腺体（精巢）或黄色的腺体（卵巢），左右两侧生殖腺各以生殖孔开口于排泄孔的前下方。自制装片，显微镜下观察生殖细胞的形态。

6. 消化系统

(1) 口 位于前闭壳肌腹侧，横裂缝状，两侧各有 2 片内外排列的三角形唇瓣。

(2) 食管 口后的 1 个短管。

(3) 胃 食管后稍膨大的部分。

(4) 肝 胃周围的黄绿色腺体。

(5) 肠 接于胃后，盘曲在内脏团内，试以眼科剪小心剖开，找寻其走向（图 10-6）。小肠后为直肠，直肠折向背方，穿过围心腔中的心室到后闭壳肌后缘，最后以肛门开口于后闭壳肌背方的出水管附近。

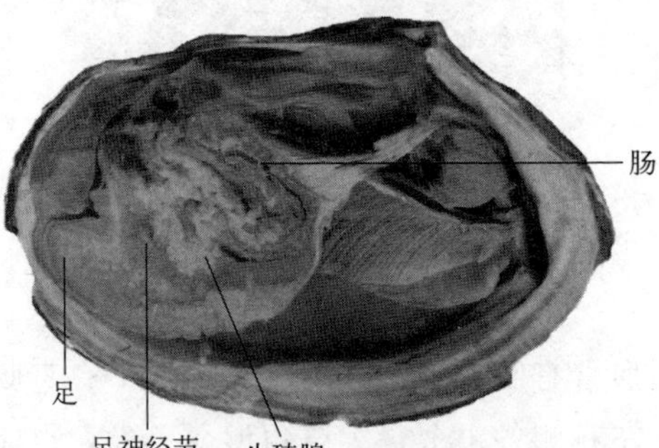

图 10-6 河蚌内脏团纵剖

彩图

7. 神经系统

主要由 3 对神经节组成，其间有神经索相连。

（1）脑神经节（图 10-7） 1 对，位于前闭壳肌和伸足肌之间。用尖头镊子小心撕去该处少许结缔组织，并轻轻掀起伸足肌，即可看到淡黄色的神经节。

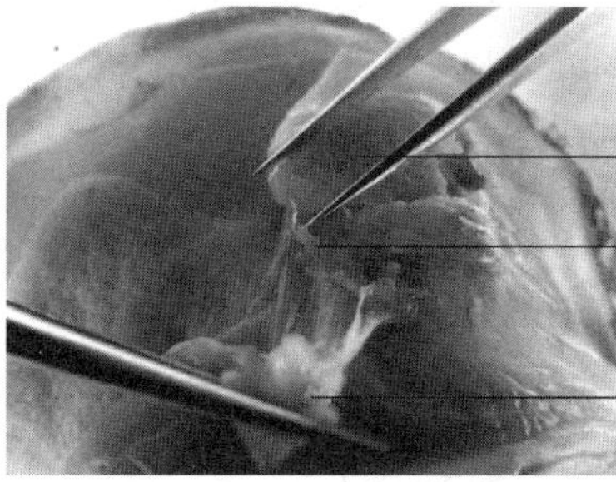

彩图

图 10-7 河蚌的脑神经节

（2）足神经节 1 对，包埋在靠近足前 1/3 处的内脏团中，淡黄色。用解剖刀从足开始将整个内脏团纵剖开即可看到。

（3）脏神经节（图 10-8） 1 对，蝴蝶状，紧贴于后闭壳肌腹面，扁平，淡黄色。用尖头镊子小心撕去该处表面的一层组织膜即可看到。

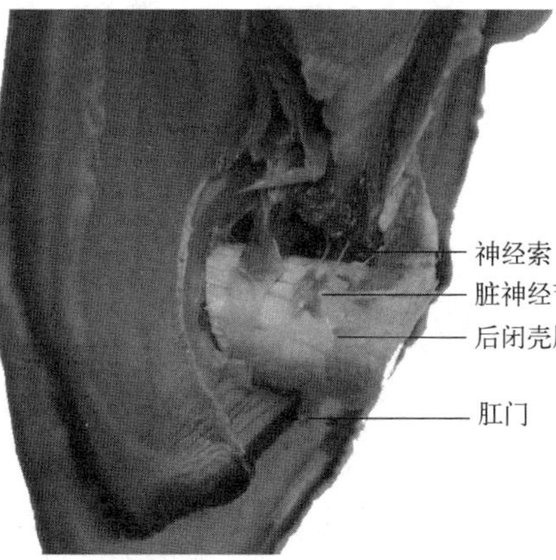

图 10-8 河蚌的脏神经节

（三）双壳纲常见和重要的经济种类示范

1. 三角帆蚌（*Sinohyriopsis cumingii*）

三角帆蚌是淡水双壳类软体动物，属双壳纲、蚌科、帆蚌属。广泛分布于湖南、湖北、安徽、江苏、浙江、江西等。壳厚而扁平，后背缘向上扩展成三角形帆状翼。右壳有拟主齿和侧齿各两枚，左壳有两枚拟主齿和一枚大的侧齿。三角帆蚌的珍珠层厚，光泽强，是当前人工育珠的良种。

2. 背瘤丽蚌（*Lamprotula leaii*）

背瘤丽蚌是我国国家二级保护动物，别名麻皮蚌、麻歪歪，是蚌科丽蚌属的一种。背瘤丽蚌的壳面布满瘤状结节，结节多联成条状，并与后背部的粗肋接呈“人”字形。幼壳壳面呈绿褐色，老壳则变成暗褐色或暗灰色。背瘤丽蚌肉可食，肉和壳粉可作为家禽、家畜的饲料。壳厚，为制造纽扣、人工育珠用的珍珠核以及贝雕工艺品的优质原料，也入中药，称珍珠母。

3. 毛蚶（*Arca subcrenata*）

毛蚶俗称毛蚬子、泥蚶、麻蚶子。贝壳中形，两壳膨胀，左壳大于右壳；壳顶部膨大，位于背部中央之前；壳的前部短，壳表有31～34条规则的放射肋，肋平，肋间沟有生长刻纹；左壳的刻纹较粗糙；壳表被以毛状棕色壳皮，在边缘处的肋间沟内更明显。前后闭壳肌发达，肉可供使用。毛蚶是蚶科中重要的经济种类，也是中国北部沿海主要的经济贝类之一，已开展较大规模的人工养殖。

4. 缢蛏（*Sinonovacula constricta*）

缢蛏是双壳纲帘蛤目贝类动物，生活在海洋之中，为常见的海鲜食材。壳薄，黄绿色，略呈长方形，壳顶低，足强大圆柱形，入水管和出水管发达且较长，肉可供食用，经加工干制成为蛏干。喜欢生活在有淡水流入的河口附近，是我国沿海常见的一种软体动物。

五、注意事项

1. 解剖河蚌时要小心，避免被贝壳划伤手。解剖时建议移除左壳，这样便于观察。

2. 排泄孔、生殖孔和心孔比较难观察到，大家一定要耐心仔细。

3. 河蚌鳃和神经系统的解剖是本实验的难点，动作应轻柔，可通过小心剥离前缩足肌附近、后闭壳肌下方、足与内脏团交界处的组织来寻找各神经节。

六、实验作业

1. 绘制河蚌的内部构造图。

2. 根据钩介幼虫所在雌蚌的部位，探讨它们将通过何种路径从雌蚌中排出。

七、课后拓展

1. 舒凤月，王海军，王洪铸．长江中下游湖泊软体动物的多样性及分布现状（英文）[J]．生态科学，2008，(5)：437-438.

2. 吴小平，梁彦龄，王洪铸，等．蚌科钩介幼虫的比较形态学研究　Ⅱ．六个种幼虫的形态 [J]．水生生物学报，2000，(03)：252-256.

（舒凤月、谢广龙）

实验十一
圆田螺及其他腹足纲动物

一、实验目的和要求

1. 通过对圆田螺外形及内部解剖的观察，了解腹足纲和软体动物门的主要特征。

2. 认识腹足纲的一些常见种类。

二、实验内容

1. 观察圆田螺的外形。

2. 解剖和观察圆田螺的内部。

3. 示范腹足纲常见种类。

三、实验材料和用具

实验材料：活体及浸制圆田螺标本、常见示范种类。

实验用具：显微镜、培养缸、解剖镜、解剖器具、解剖盘、蜡盘。

四、实验操作与观察

（一）圆田螺的外形观察

1. 螺壳外形

圆田螺贝壳大型，单个，呈圆锥形，右旋，即将壳顶向上，壳口朝向观察者，壳口位于壳轴的右侧。壳质薄，坚固；壳面多呈褐色，具有明显的生长纹；6～7个螺层，壳顶尖锐，体螺层膨大，螺旋部高度大于壳口高度；壳口卵圆形，外唇薄，内唇外翻贴覆于体螺层上，轴缘略扭转；脐孔呈缝状，位于轴旋褶的后方；厣角质，褐色，卵圆形。

体螺层：底部最大的一个螺层，头部和足部主要藏于其中。

壳口：体螺层的开口。

螺旋部：壳口上缘至壳顶的部分，动物内脏盘存于此处，由多个螺层组成。

壳顶：壳的顶端，贝壳最先形成的部分。

缝合线：螺层与螺层之间的界线。

壳轴：螺层旋转所围绕的中心轴。

生长线：壳表面与壳口平行而与缝合线垂直的细线。

脐：壳轴底部留下的凹陷。

内唇：壳口的内缘。

外唇：壳口的外缘。

厣：足分泌的角质的薄片。当头足缩回壳内时，可盖住壳口。

2. 软体部外形

解剖用的圆田螺最好先行麻醉，使其头、足伸出壳外，身体各部分松弛，以便观察和解剖。轻轻敲破螺壳，并细心将其剥离。采用三点法将其固定在蜡盘上：一根大头针将头部固定，使之偏向体左侧；另一针固定足末端，使之偏向右侧；再用一针固定外套膜的增厚部分。用解剖针轻轻的分离各器官：软体部分头、足、内脏团和外套膜等部分。

（1）头部：明显。

吻：肉质，位于头部前端。

口：口位于吻的腹面。

触角：1对，位于吻基部两侧；雄性的右触角特化，短而粗，为交配器官。雄性生殖孔位于其顶端。

眼：1对，位于触角基部外侧隆起上。

头后部两侧有褶状的颈叶，左侧的形成入水管，右侧的形成出水管。

（2）足部：位于身体腹面，宽大、扁平、肌肉质。厣位于其后部背面。

（3）内脏团：位于足的背面。

（4）外套膜：薄而透明的膜状物。紧贴着体螺层内壁，覆盖于内脏团上方。前端宽而厚、色深，形成领，围绕着头部和足部；腹面大部分与足部肌肉块及壳轴肌等愈合在一起。

（5）外套腔：外套膜与头部、足部及内脏团之间的空腔。

（6）肛门：位于外套腔内右侧壁前缘。

（7）肾孔：位于肛门附近。

（8）雌性生殖孔：位于肾口下方一管状物顶端。

（9）入水孔和出水孔：头部后面两侧体壁凸起形成的皱褶与外套膜边缘分别围成入水孔和出水孔，其中，左侧开口为入水孔，右侧为出水孔，较大。

（二）圆田螺的内部结构

把外套膜剪开，逐次观察下列内部器官。

1. 呼吸系统

鳃1个，栉齿状，由一排三角形的叶片组成。位于外套腔的左侧，紧密地与外套膜壁相连。鳃前端基部有一条黄色的线状物，称为嗅检器，为嗅觉器官。

2. 生殖系统

雌雄异体，卵胎生。

① 雌性生殖系统：由卵巢、输卵管、蛋白腺、受精囊、子宫及雌性生殖孔组成。

卵巢：小，浅黄褐色，位于直肠前部右侧，与之平行，呈略微弯曲的扁平带状。

输卵管：卵巢之后细长的管道，为一弯曲的腺质管道。

受精囊：为输卵管末端与蛋白腺连接处略膨大形成的一个小囊，是卵子受精的场所。

蛋白腺：白色，肾形，位于卵巢和输卵管的右侧，末端与子宫相连。

子宫：大，位于输卵管之后，生殖季节常内含胚螺。

雌性生殖孔：开口于外套腔内一管状物末端，和肛门并列。

② 雄性生殖系统：由精巢、输精管、储精囊、射精管和雄性生殖孔构成。

精巢：黄色，较大，弯月形。在阵螺层外套腔右侧。由许多小管组成，内含精子。

输精管：精巢后很短的一段管道。

储精囊：联接于输精管与阴茎之后。比输精管粗、长。

射精管：位于右触角内。

雄性生殖孔：开口于右触角顶端。

3. 排泄系统

肾：淡黄色，呈三角锥形。位于外套腔底部、围心腔前边、直肠左边。

输尿管：从肾体右侧伸出，与直扬平行，一侧与子宫壁愈合。

肾孔：肛门稍后处。

4. 循环系统

心脏：位于直肠上方的围心腔内。由 1 心室、1 心耳组成。心室大，肌肉质，在心耳的后方，心耳壁薄。

主动脉：由心室前端发出的一根血管。出鳃静脉：进入心耳的血管。

5. 消化系统

口：位于头部，前端吻的腹面。

咽：口后方膨大的部分。内含齿舌，着生在两个卵圆形的薄片状舌软骨上。取出齿三压片后在显微镜下观察小齿的数目和排列方式。

食管：咽后细长的管道。

胃：食管后膨大的部分。

肠：与胃相连，向前折行。

直肠：位于肠的后方，折向后行。

肛门：直肠末端的开口，位于外套腔内。

唾液腺：在咽与食管相连处的背侧脑神经节之上，有管入咽。

肝脏：位于胃的周围，扭曲盘旋于内脏团的顶端。

6. 神经系统

脑神经节：1 对，大而对称，位于咽后方两侧，两神经节间有一粗短的神经相连。

侧神经节：1 对，小而不对称，位于脑神经节的后方、食管两侧。

足神经节：1 对，对称，长形，位于咽下方、足内近上表面。

脏神经节：1 对，小而对称，位于食管的末端处。

侧脏神经连索：侧、脏神经节之间的连索，扭成“8”字形。

（三）腹足纲常见种类示范

1. 褐带环口螺（*Cyclophorus martensianus*）

褐带环口螺贝壳中等大小，壳质较厚，坚固，呈低圆锥形。有 5 个螺层，螺旋部呈低的圆锥形。体螺层膨大，其下部呈圆球形。壳顶钝，缝合线深，各螺层凸出。壳面光滑，有光泽具有褐色雾状花纹和环带，在体螺层周缘下方有一条较宽的棕褐色环带，其环带宽度常随个体而不同。壳口呈圆形、周缘完整、增厚。厣角质、圆形，厣具有螺旋形的环纹，微内陷。本种生活在石灰岩丘陵地带、木丛、草丛中，多腐殖质的地方。

2. 同型巴蜗牛（*Bradybaena similaris*）

同型巴蜗牛贝壳中等大小，壳质厚，坚实，呈扁球形。有 5～6 个螺层，前几个螺层缓慢增长，略膨胀，螺旋部低矮。体螺层增长迅速、膨大。壳顶钝，缝合线深。壳面黄褐色，红褐色或梨色，有稠密而细致的生长线，在体螺层周缘或缝合线上，常有一条暗褐色色带，有些个体无此色带。壳口呈马蹄形，口缘锋利，轴缘上部和下部略外折，略遮盖脐孔。脐孔小而深，呈洞穴状。本种在个体形态大小、颜色等有较大的变异。

3. 湖北钉螺（*Oncomelania hupensis*）

湖北钉螺俗称钉螺、有肋钉螺。个体较小，壳高 6～7mm，宽 2～3mm，壳厚，坚固，外形近长圆锥形。具 6～9 个螺层，各螺层均膨胀，螺旋部高。壳顶尖，缝合线较深。壳面淡灰色，并具有粗、细相间的纵肋，其中粗纵肋排列稀疏，而细纵肋则排列稠密。壳口近卵圆形，周边完整，具有黑色框边。厣核多偏于内侧下方。是日本血吸虫的中间宿主。

4. 福寿螺（*Pomacea canaliculata*）

福寿螺又名大瓶螺、苹果螺，个体较大，有完整的螺旋形贝壳；贝壳黄褐色或深褐色，表面光滑；螺体右旋，呈圆锥状，体螺层膨大，螺旋部极小。厣为褐色角质薄片，具同心圆生长纹。福寿螺是广州管圆线虫的中间宿主。原产于南美洲的热带和亚热带地区，1981 年引入中国，被列入中国第一批外来入侵物种名单。

五、注意事项

1. 解剖圆田螺时要小心，不要损坏内部器官。

2. 观察圆田螺内部结构时，要注意各器官的自然位置和彼此的关系。

六、实验作业

1. 绘制圆田螺内部构造图。

2. 比较腹足纲和双壳纲动物适应不同的生活方式和在形态上产生的差异。

七、课后拓展

1. 欧阳珊，韩莹莹，谢广龙，等．江西井冈山自然保护区陆生贝类多样性［J］．动物学杂志，2012，47（3）：59-65.

2. 舒凤月，王海军，崔永德，等．长江流域淡水软体动物物种多样性及其分布格局［J］．水生生物学报，2014，38（1）：19-26.

（谢广龙）

本章彩图

实验十二
克氏原螯虾及其他甲壳动物

一、实验目的和要求

1. 通过观察克氏原螯虾的外形及内部结构，了解甲壳动物在形态结构上的主要特征。

2. 认识甲壳纲的一些常见种类。

二、实验内容

1. 克氏原螯虾的外形及内部结构——附肢、各器官、系统。

2. 甲壳纲各重要类群代表动物——水蚤、剑水蚤、藤壶、对虾、中华绒螯蟹、三疣梭子蟹等种类的展示。

三、实验材料和用具

实验材料：克氏原螯虾活体或标本，水蚤、剑水蚤、藤壶、中华绒螯蟹、三疣梭子蟹等浸制标本或活标本。

实验用具：解剖器具、放大镜、解剖盘。

四、实验操作与观察

（一）外部形态观察

克氏原螯虾身体分为头胸部和腹部，体被几丁质外骨骼，呈深红色或红黄色，夹以棕色斑纹（图 12-1）。

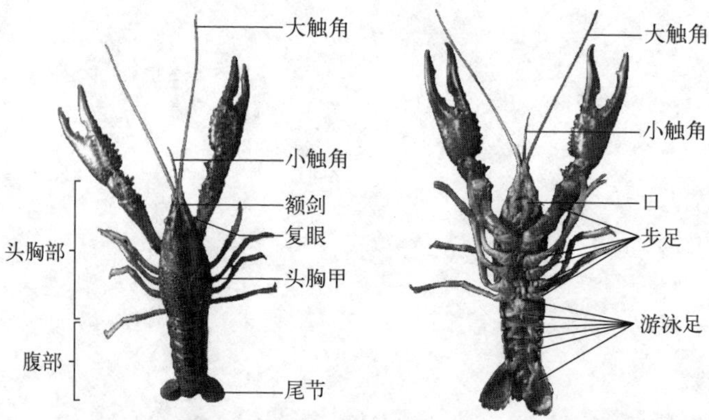

（A）克氏原螯虾外形背面观　（B）克氏原螯虾外形腹面观

图 12-1　克氏原螯虾外形

彩图

（1）头胸部　由头部（6 节）和胸部（8 节）愈合而成，外被头胸甲，头胸甲前端中央向前伸出一额剑，其边缘有锯齿。头胸甲的近中部有一弧形横沟，称为颈沟，为头部和胸部的分界线。颈沟以后，头胸甲两侧部分称鳃盖，鳃盖下方与体壁分离形成 1 个腔，称为鳃腔。额剑两侧各有一可活动的眼柄，其顶端着生复眼。

（2）腹部　腹部短而背腹扁，分为明显的 6 节，各节的外骨骼可分为背面的背甲、腹面的腹甲及两侧下垂的侧甲。观察体节间如何连接。第 6 腹节末端还有一锥形尾节，背面有 2 对短小的活动刺，腹面正中有 1 纵裂缝，为肛门。

（3）附肢　除第 1 体节和尾节无附肢外，螯虾共 19 对附肢。多数附肢为双肢型，其形态结构随着生部位和功能的不同而不同。

左手持虾，使其腹面向上，右手持镊从最后 1 对附肢依次向前将左侧附肢一一摘下。摘取时用镊子钳住附肢基部，垂直拔出，保持其完整性又不要损伤内部器官。将摘下的附肢依次排列在硬纸板上，用放大镜从前向后观察。

① 头部附肢共 5 对（图 12-2）

彩图

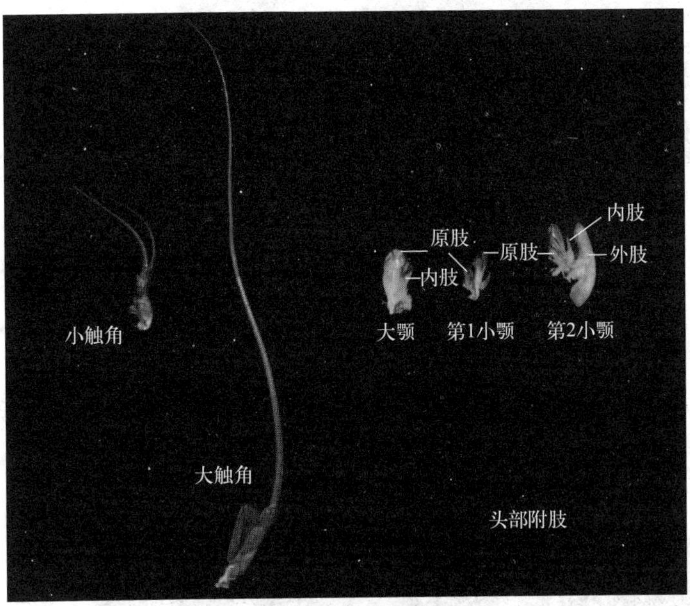

图 12-2　克氏原螯虾头部附肢

a. 小触角：原肢分为 3 节，末端有 2 根短须状触鞭，触角基部背面有一凹陷容纳眼柄，凹陷内侧丛毛中有平衡囊。

b. 大触角：原肢 2 肢节，基节的基部腹面有排泄孔。外肢呈片状，内肢成一细长的触鞭。

c. 大颚：原肢坚硬，形成咀嚼器，分为扁而边缘有小齿的门齿突和齿面有小突起的臼齿突；内肢形成大颚须，外肢消失。

d. 小颚：2 对，扁平呈叶状，原肢内叶形成 2 个小颚突起，内肢演变成不分节的小颚须。第 1 对外肢完全退化，第 2 对外肢发达，形成扁平宽大的呼吸板，称颚舟叶。

② 胸部附肢共 8 对

a. 颚足：3 对，第 1 对颚足外肢基部大，末端细长，内肢细小。外肢基部有一薄片状肢鳃。第 2、3 对颚足内肢发达，分 5 节，屈指状，外肢细长。足基部都有羽状的足鳃和关节鳃。3 对颚足和头部附肢大颚、小颚参与虾口器的形成（图 12-3）。

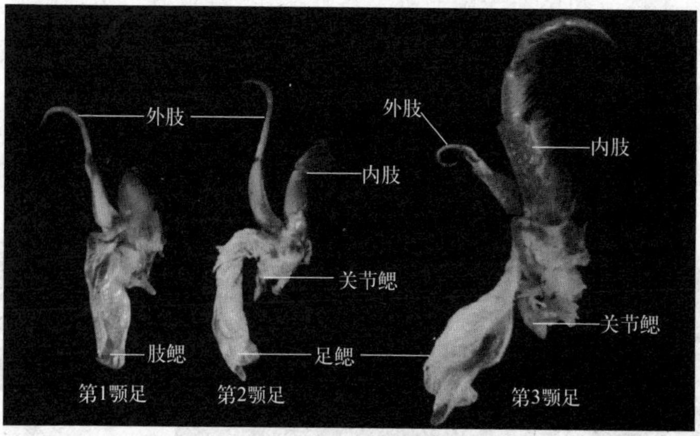

彩图

图 12-3 克氏原螯虾的颚足

b. 步足：5 对，原肢 2 节，称为基节和底节。内肢发达，分为座节、长节、腕节、掌节和指节 5 节，外肢退化，足基部具鳃。前 3 对步足末端为钳状，后 2 对为爪状。克氏原螯虾第 1 对步足为螯足，是捕食和御敌的器官（图 12-4）。雄虾的第 5 对步足基部内侧各有一雄性生殖孔，用解剖针将第 5 对步足朝外轻压，可见明显的雄性生殖孔；雌虾的第 3 对步足基部内侧各有一雌性生殖孔，第 4 对和第 5 对步足之间、腹面中央有一受精囊孔。

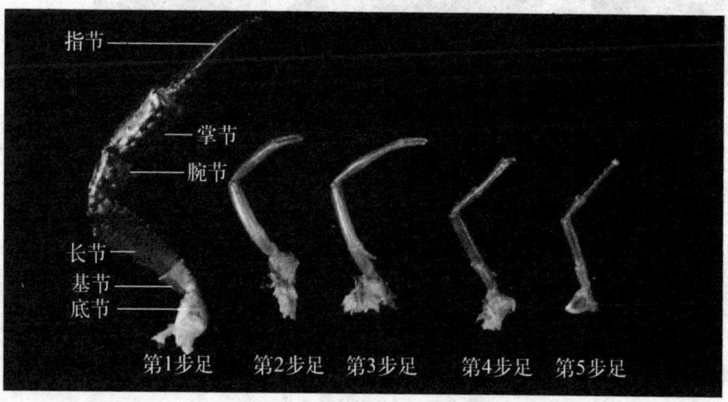

图 12-4 克氏原螯虾的步足

③ 腹部附肢共 6 对：前 5 对扁平片状，称游泳足，原肢 2 节。前 2 对腹肢，雌雄有别。雄虾第 1 对腹肢变成管状交接器，第 2 对腹肢形态有所特化；雌虾第 1 对腹肢细小，外肢退化；第 3、第 4、第 5 腹肢形状相同，内、外肢细长而扁平，密生刚毛。尾肢为腹部第 6 对附肢，粗壮，内外肢均宽大，与尾节构成尾扇（图 12-5）。

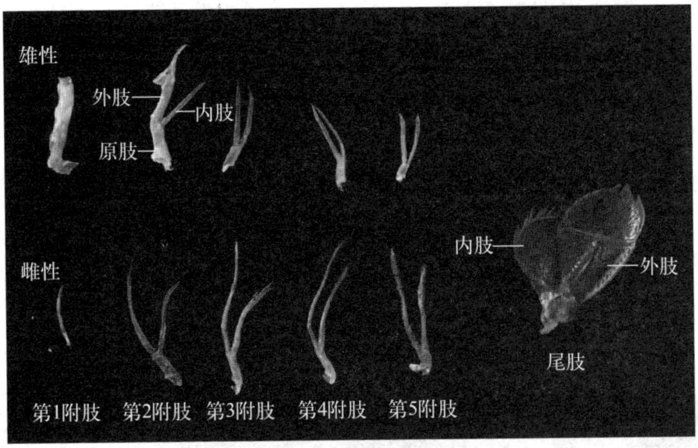

图 12-5 克氏原螯虾腹部附肢

（二）内部解剖与观察

用剪刀将克氏原螯虾左侧头胸甲的下半部剪开并移去，可见鳃腔内的鳃。小心分离头胸甲上半部与其下器官的连接部分，完全移去左侧头胸甲，进行如下观察。

（1）呼吸器官　结合已摘下的左侧附肢上鳃的着生情况，原位用镊子稍作分离并同时观察。克氏原螯虾的第 1 颚足有 1 对薄片状肢鳃，第 2、3 颚足和第 1～4 步足基部各有 1 对羽状的足鳃，第 2、3 颚足的足与体壁的关节膜上有一关节鳃，在第 3 颚足和第 1～4 步足的基部有关节鳃（图 12-6）。

图 12-6 克氏原螯虾的鳃

彩图

观察完呼吸系统后，用镊子自头胸甲后缘至额剑处，仔细地将头胸甲与其下面的器官剥离开；再用剪刀自头胸甲前部两侧到额剑后剪开并移去头胸甲，切勿损伤内部器官。然后用剪刀自前向后，沿腹部两侧背板和侧板交界处剪开腹甲，用镊子略掀背板，观察肌肉附着于外骨骼内的情况。最后小心地剥离背板和肌肉的联系，移去背板进行观察。

（2）肌肉　为成束的横纹肌，往往成对。注意肌肉的着生位置。

（3）循环系统　开管式，主要观察心脏和动脉。心脏位于头胸部后端背侧的围心窦内，为半透明、多角形的肌肉囊，用镊子轻轻撕开围心膜即可见到。用放大镜观察心的额背面、侧面和腹面，可见 3 对心孔。用镊子轻轻提起心，其前方和后下方连着的略呈白色的半透明小管为动脉。心脏向前发出 1 条短而粗的胸上动脉，胸上动脉向前分出 5 条细而透明的动脉，从中间到两侧依次为 1 条眼动脉、1 对触角动脉和 1 对肝动脉（图 12-7）。心脏向后发出 1 条腹上动脉。腹上动脉位于后肠背方，与后肠并行贯穿整个腹部。腹上动脉基部向腹部分出 1 条动脉，称胸直动脉，通向腹面的动脉。

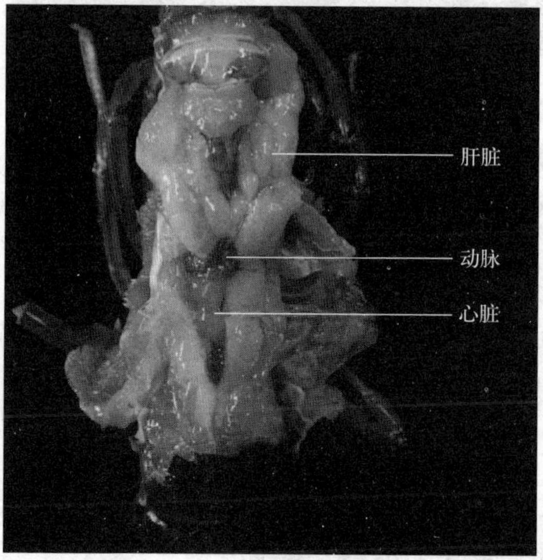

彩图

图 12-7　克氏原螯虾的心脏

（4）生殖系统（图 12-8）

雄性：精巢 1 对，白色，后部愈合为 1 个。轻轻提起精巢，可见每侧精巢向侧下方发出 1 条细长的输精管，雄性生殖孔位于第 5 对步足基部内侧。

雌性：卵巢 1 对，后部愈合为 1 个。卵巢大小、颜色和形状随发育时期的不同有很大差别。每侧卵巢发出 1 条短小的输卵管，其末端开口于第 3 对步足基部内侧的雌性生殖孔。在第 4、5 对步足间的腹板上，有一椭圆形乳突，中有一纵行开口，为受精囊孔，内为受精囊。

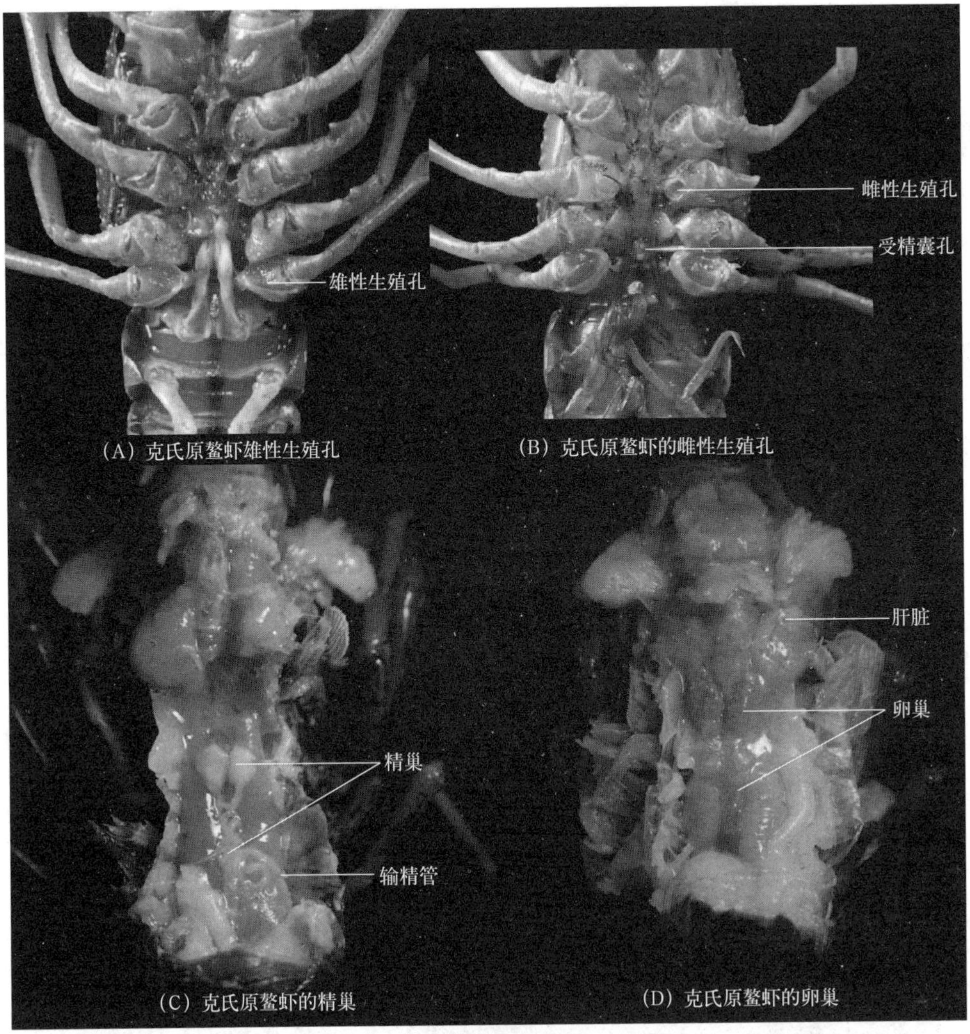

图 12-8 克氏原螯虾的雄性（A）和雌性（B）生殖孔以及精巢（C）和卵巢（D）

（5）消化系统　用镊子轻轻移去生殖腺，可见其下方左右两侧各有一团黄色腺体，即为肝脏。剪去 1 侧肝脏，可见肠管前接囊状的胃。胃可分为位于体前端的壁薄的贲门胃（透过胃壁可看到胃内有深色食物）和其后较小、壁略厚的幽门胃。剪开胃壁，观察贲门胃内由 3 个钙齿组成的胃磨及幽门胃内刚毛着生的情况。将胃轻轻提起，可见其前方有一短的食管，连于口腔。幽门胃后接短的中肠，中肠后为贯穿整个腹部的后肠，位于腹上动脉腹面，略粗（通过肠壁可见内有深色食物残渣），以肛门开口于尾节腹面（图 12-9）。

彩图

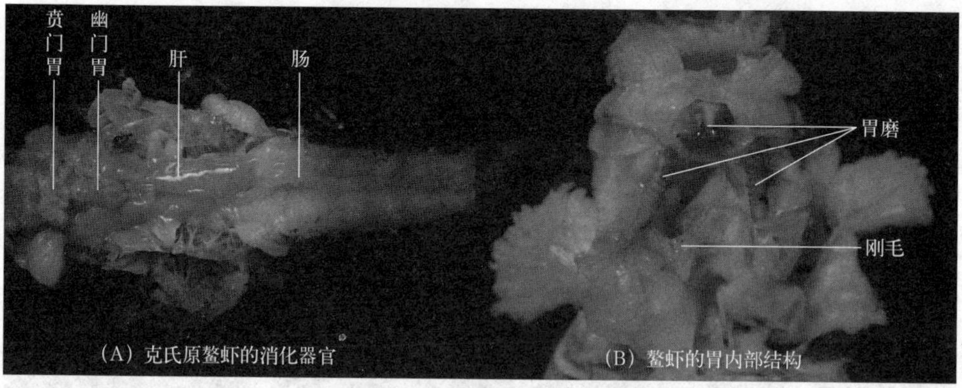

图 12-9　克氏原螯虾的消化系统（A）以及胃内部结构（B）

（6）排泄系统　摘除胃和肝脏，在头部腹面大触角基部外骨骼内方，可见到一团扁圆形腺体即触角腺，为成虾的排泄器官。生活时呈绿色，故又称绿腺，浸制标本常为乳白色，它自宽大而壁薄的膀胱伸出的短管开口于大触角基部腹面的排泄孔（图 12-10）。

彩图

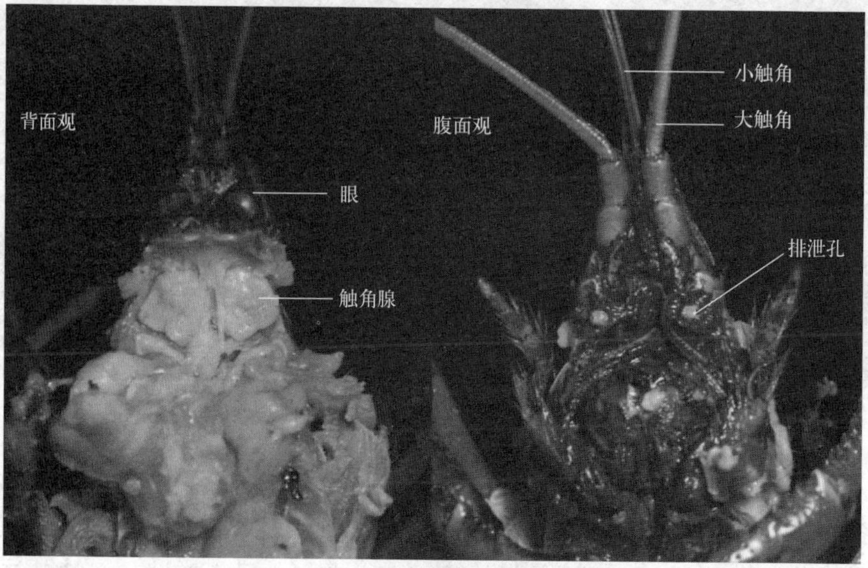

图 12-10　克氏原螯虾的排泄系统

（7）神经系统　除保留食管外，将其他内脏器官和肌肉全部除去，小心地沿中线剪开胸部底壁，便可看到身体腹面正中线处有 1 条白色索状物，即为虾的腹神经链，它由 2 条神经干愈合而成。克氏原螯虾有 11 对神经节。用镊子在食管左右两侧小心地剥离，可找到 1 对白色的围食管神经。沿围食管神经向头端寻找，可见在食管之上，两眼之间有一较大白色块状物，为食管上神经节或脑神经节。围食管神经绕到食管腹面与腹神经链连接处有一大白色结节，为食管下神经节（图 12-11）。

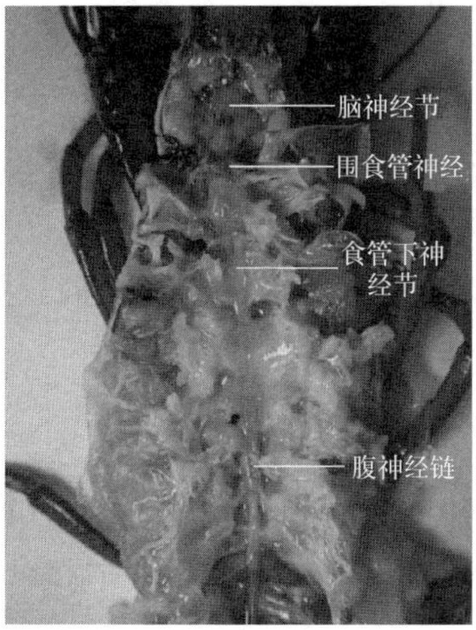

彩图

图 12-11 克氏原螯虾的神经系统

（三）甲壳纲常见种类

1. 水蚤（*Daphnia*）

水蚤为鳃足亚纲，为淡水池塘常见种类，是鱼类的天然饵料。身体侧扁，除头部外，都包在体两侧的两片卵圆形甲壳内。两甲壳在背部愈合，尾缘延长成一壳刺。头部有 1 个较大的黑色复眼和 1 个极小的单眼。触角 2 对，第 1 对甚小，位于吻端；第 2 对位于头部两侧，特别发达，双肢型，具羽状刚毛，为主要运动工具。胸肢 5 对，叶状；背侧有一较大的孵育室（即育儿囊），腹部小而弯曲，心脏位于胸部前端背面，观察活标本，可见心脏不停地跳动。

2. 剑水蚤（*Cyclops*）

剑水蚤为桡足亚纲。为淡水池塘常见种类。体较小，分头胸部与腹部。头胸部前端背中央有一单眼，第 1 触角较第 2 触角长大，均为单肢型，雄体的都弯曲成抱握肢，胸肢 5 对。腹部圆柱形，无附肢，雌体腹部两侧常挂有 1 对卵囊。末端有一分枝的尾叉，其上有刚毛。

3. 中华绒螯蟹（*Eriocheir sinensis*）

中华绒螯蟹为软甲亚纲，为我国著名的淡水蟹。头胸甲略呈圆形或椭圆形，其前缘和两侧各有 4 个小齿，眼柄和触角生于额的两侧。腹部较退化，折叠在头胸部的腹面。第 1 对步足较大，呈钳状，其上长有绒毛；其余步足扁平，末端呈爪状。腹肢较退化，藏在脐内侧，雌性共 4 对，第 1 对已退化；雄性只有前 2 对，且已特化为交接器。

4. 三疣梭子蟹（*Portunus trituberculatus*）

三疣梭子蟹为软甲亚纲。头胸甲呈梭形，前侧缘各有 9 个锯齿，最后 1 个最大而左右突出，头胸甲稍隆起，具散在颗粒和3个显著隆起，螯足发达，前缘具4个锐刺。第1对步足强大，长节后缘末端有一刺，第5对步足较扁宽，指节呈片状。为重要食用种。

五、注意事项

1. 解剖过程中去除头胸甲和腹部背板时，应仔细剥离甲壳与附在其内缘的肌肉及其他内脏器官，以防损坏内部器官。

2. 观察和移除附肢要按照附肢的排列顺序从前到后依次进行，摘取附肢时，要用大镊子夹住附肢基部，与虾体垂直拔下。

六、实验作业

1. 绘制克氏原螯虾外形图（侧面观），注明各部结构名称。

2. 将克氏原螯虾腹肢分别取下后，按照着生的相对位置粘在白纸上，并标注各部分的名称。

3. 比较虾和蟹形态、结构的异同。

七、课后拓展

1. 罗艺涓，张泽慧，高健，等. 克氏原螯虾（*Procambarus clarkii*）对新鲜和不同分解腐烂程度的沉水植物摄食选择性研究［J］. 湖泊科学，2022，34（4）：1262-1270.

2. 张智泓，张广凯，佟金，等. 克氏原螯虾头胸部外骨骼微观结构和摩擦磨损特性［J］. 农业工程学报，2018，34（7）：52-58.

3. Watling L，Derby C D，Chang E S，et al. Reproductive Biology：The Natural History of the Crustacea，Volume 6［M］. New York：Oxford University Press，2013.

（谢广龙）

实验十三
蝗虫

一、实验目的和要求

通过对棉蝗的外形观察及内部解剖，了解昆虫的一般特征。

二、实验内容

1. 观察棉蝗的外形。
2. 解剖棉蝗的内部。

三、实验材料和用具

实验材料：棉蝗的浸制标本。

实验用具：体视显微镜、手持放大镜、解剖剪、镊子、大头针、蜡盘、铅笔等。

四、实验操作与观察

1. 棉蝗的外形观察

棉蝗的身体分为头、胸、腹 3 部分。头部 6 节，包括 1 对触角、3 对口肢及单、复眼，是感觉和取食的中心；胸部 3 节，每节有 1 对胸足，在第 2、第 3 胸节背侧各有翅 1 对，是运动中心；腹部一般由 11 节组成，是内脏器官所在地，为代谢及生殖中心（图 13-1）。

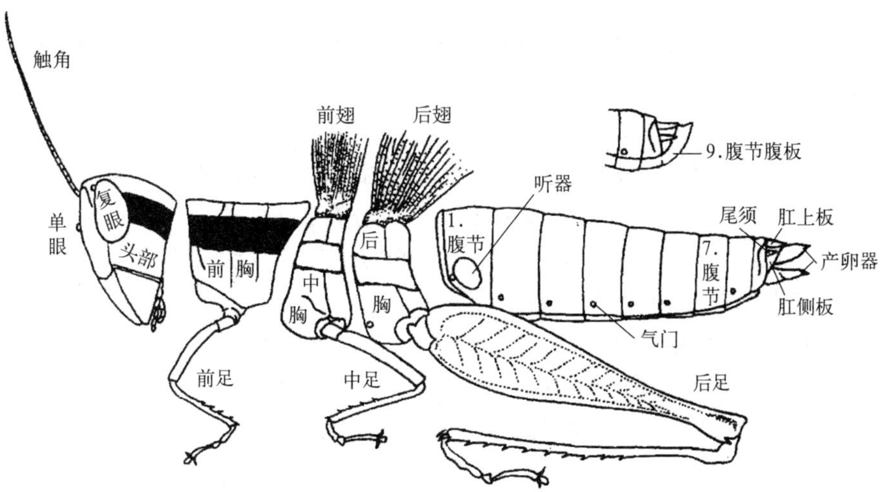

图 13-1　棉蝗外形模式图（自堵南山）

右上角示雄体腹部末端

(1) 头 成虫的头部有 1 对触角和复杂的口器，通常有复眼和单眼。触角 1 对，位于复眼内侧的前方，细长呈丝状。触角基部第 1 节称柄节，第 2 节称梗节，第 3 节称鞭节。鞭节又分为许多亚节。

昆虫在头顶上方左右两侧有 1 对复眼，由许多小眼集合而成。每个小眼的表面具有 1 个角膜，是六角形凸镜，角膜下连接有圆锥形的晶体。在角膜和晶体这些集光器的下端连着视神经。视神经感受集光器传入的光点而感觉光的刺激，造成“点的影像”，无数的小眼点的影像组成“镶嵌的影像”，能分辨物体的大小和形状。

单眼通常 3 个，排列于头顶与复眼之间。只有 1 个角膜透镜，只能感光不能视物。

棉蝗为原始型的咀嚼式口器，适于取食固体食物。由上唇、上颚、下颚、下唇和舌 5 部分组成。

① 上唇：为头部凸出部，悬挂在上唇基下非附肢的 1 个垂片，内壁为内唇。可以前后活动，形成口器的上盖。

② 上颚（大颚）：1 对，位于上唇之后，呈三角形，具坚硬的齿，适于切碎和咀嚼。

③ 下颚（小颚）：1 对，位于上颚后方，由轴节、基节、内颚叶、外颚叶及下颚须组成。用于助食和感觉作用。

④ 舌：在下颚间为 1 个袋形构造，非附肢结构，上有唾液腺导管开口，有味觉与搅拌食物的作用。

⑤ 下唇：1 对，位于下颚后方，左右愈合形成口器的底盖，可防止食物外溢。

(2) 胸部 胸部由前胸、中胸和后胸组成，胸部背面有 2 对翅，胸部两侧面有 3 对胸足。

① 外骨骼：为几丁质，分为背板、腹板和侧板。

a. 背板：前胸背板发达，呈马鞍形，向两侧和后方延伸。中胸背板和后胸背板在前胸背板下方，呈方形，表面有沟，可分为若干小骨片。

b. 腹板：前胸腹板呈方形，较小。中胸腹板和后胸腹板合成 1 块，但明显可分。每块腹板均有沟，可分为若干骨片。

c. 侧板：前胸侧板位于背板下方前端，退化为三角形骨片。中胸侧板和后胸侧板发达，有纵、横沟将每侧板分为 3 块骨片。

② 附肢：胸部各节依次着生前足、中足和后足各 1 对。足细长，适于疾走，称为步行足。每足分基节、转节、腿节、胫节、跗节和前跗节。跗节又分为 3 节，第 1 节较长，有 3 个假分节，第 2 节短，第 3 节较长。前跗节包括爪 1 对，爪间有一中垫。胫节上生有小刺，注意其排列形状和数目。后足强大，腿节、胫节发达，适于跳跃，为跳跃足。

③ 翅：2 对，有暗色条纹，各翅贯穿翅脉。前翅革质，形长而狭，休息时覆盖在背上。后翅扇形，宽大，膜质，翅脉明显，休息时折叠而藏于前翅之下。注意观察其脉相。

（3）腹部由 11 个体节组成，末端生有外生殖器，雌雄异体。

① 外骨骼：每节由背板与腹板组成，侧板退化为连接腹板的侧膜。第 1 腹节与后胸紧密相连，雄体第 9、第 10 腹节背板、腹板合并，其间有一浅沟。雌体第 9、第 10 节无腹板，第 8 节腹板在后端延伸成导卵突起。雄体第 9、第 10 腹节腹板愈合，顶端形成生殖下板。第 11 节背板组成背部三角形的肛上板。两侧各有 1 片三角形的肛侧板。第 10 节后缘两侧各有一尾须。

② 外生殖器：雌棉蝗的外生殖器为一产卵器，雄棉蝗则为一交配器。

a. 产卵器：雌虫第 8 节腹板特长，其后缘的剑状突起称导卵突起，导卵突起后有 1 对尖形的产卵腹瓣；在背侧肛侧板后也有 1 对尖形的产卵瓣，为产卵背瓣。产卵背瓣和腹瓣构成产卵器。

b. 交配器：为 1 对钩状的阴茎。如将第 9 腹板向下压，即可以看到。

③ 听器：位于第 1 腹节的两侧。

④ 气门：共 10 对。胸部 2 对，1 对在前胸侧板和中胸侧板交接处，1 对在中胸侧板及后胸侧板交界处，略呈椭圆形。腹部 8 对，分别位于第 1～8 节腹板下缘前方。

2. 棉蝗的内部解剖

昆虫通常具有较发达的感觉器官和神经系统，出现了收缩能力较强的横纹肌。取棉蝗 1 只，先剪去足和翅；然后自腹末沿背中线左侧向前剪开体壁至头部上颚。观察体壁之下、内脏表面，均有肌肉着生，以胸部肌肉最为发达。沿腹部的侧膜自后向前剪开，小心取下腹部背板，边解剖边观察。注意剪动时剪刀尽量上翘，以免损坏内脏。最后将虫体放入蜡盘内，用镊子分开虫体，用大头针斜插固定，加水浸没虫体，依次观察消化系统、呼吸系统、循环系统、排泄系统、神经系统、生殖系统的位置和结构。

（1）消化系统　先观察消化道的位置，可见其纵贯于体腔之中；然后用剪刀剪断咽喉和肛门，抽出消化道观察前肠、中肠和后肠。可见前肠由咽喉、食管、嗉囊、前胃组成；中肠为简单直管，又叫胃，在前肠交界处向前、向后各伸出指状的胃盲囊 6 个，盖在嗉囊和前胃之上；后肠又可分为回肠、结肠和直肠。

（2）呼吸系统　观察身体两侧自气门开始向内伸达内脏表面及身体各部的白色纤细的多分支小管，分布于内部器官和肌肉中，为气管。在内脏背面两侧有许多膨大的气囊。撕取胸部肌肉，放在载玻片上，加 1 滴水，置于显微镜下观察，可看到许多小型螺旋管，即气管。其内壁形状如何？有何功能？在内脏背面两侧有许多膨大的气囊，有利于气管内空气的进出。

（3）循环系统　把剪下的腹部背板翻起，观察其内壁，可见中央线上有一细长的管状构造，即心脏。心脏按节有若干膨大的部分，为心室。心室两旁附有扇形翼状肌。用镊子夹去右侧背壁内面的背隔翼肌，可观察到背血管。

（4）排泄系统　在中肠和后肠交界处有许多细长的盲管分布于血体腔中，称为马氏管，为棉蝗的排泄器官。

（5）神经系统　将消化道和生殖系统去除后，用镊子和解剖针移去腹面的肌肉和脂肪体，可清晰地见到纵贯于腹面中央的白色呈链状结构的腹神经索，胸部有 3 个神经节，腹部有 5 个神经节。然后剪除头壳顶部，用镊子小心去除胸部及头部的外骨骼和肌肉，但保留复眼和触角，可见棉蝗的脑由前脑、中脑和后脑组成，前脑两侧着生有视叶（图 13-2）。

① 脑在两复眼之间，为淡黄色的块状物。注意观察脑发出的主要神经，各通向哪些器官。

② 围食管神经为自脑发出的 1 对神经，绕过食管后，各连于食管下神经节。

③ 腹神经索在消化道之上的腹中线上，由两条神经组成，在一定部位合成神经节，并分出神经通向其他器官。数一下有多少个神经节，各在什么部位。

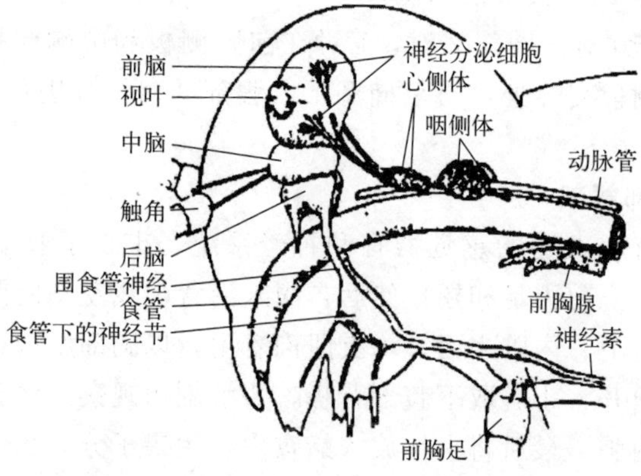

图 13-2　昆虫头部及前胸部神经内分泌系统

（6）生殖系统　棉蝗为雌雄异体。解剖时注意观察生殖腺即雌性的卵巢和雄性的精巢是骑跨在腹部消化道的背面，雌性的输卵管在消化道的两侧下伸到腹面汇合为总输卵管并从腹末的产卵孔通到体外，同样雄性的输精管在消化道的两侧下伸到腹面汇合为射精管通到体外。

① 雌性生殖系统：卵巢 1 对，位于腹部消化管的背方，由许多自中线斜向后方排列的卵巢管组成。卵巢两侧有 1 对纵行的输卵管，两输卵管在身体后端消化管腹方汇合成 1 条总输卵管，总输卵管末段为阴道，开口于产卵腹瓣之间的生殖孔。自阴道背方通出一弯曲小管，其末端形成一囊状构造，为受精囊。

② 雄性生殖系统：主要由精巢、输精管和射精管组成。精巢 1 对，位于内脏器官的背方，左右相连成为一长圆形结构，由许多精巢小管组成。精巢腹面两

侧向后伸出1对小管，为输精管。输精管绕过直肠以后，在虫体腹面汇合成单一的射精管，最后再曲向背方，穿过生殖下板上部的肌肉成为一阴茎，开口于生殖下板的背面。

五、注意事项

1. 确认棉蝗浸制标本均处于良好状态。处理福尔马林泡制的标本时穿戴好实验室工作服、手套等个人防护装备。

2. 进行内部解剖时，按照正确的步骤进行，首先剪去足和翅，然后从腹末沿背中线左侧向前剪开体壁至头部上颚。操作过程中尽量保持剪刀上翘，以免损坏内脏。

六、作业与思考

1. 绘制棉蝗的外形侧面观图，注明各部分名称。

2. 绘制棉蝗的内部构造，示消化、排泄和生殖系统。

七、课后拓展

石旺鹏，谭树乾. 蝗虫生物防治发展现状及趋势[J]. 中国生物防治学报，2019，35（3）：307-324.

（黄晓晨、谢广龙）

本章彩图

实验十四

文昌鱼及其他脊索动物

一、实验目的和要求

通过对文昌鱼、七鳃鳗、柄海鞘的外形观察和内部解剖，理解脊索动物门的主要特征。了解脊索动物的各亚门的区别。

二、实验内容

1. 观察文昌鱼、七鳃鳗的外部形态和内部结构。
2. 示范柄海鞘成体及幼体的外形和内部结构。

三、实验材料和用具

实验材料：文昌鱼、七鳃鳗、柄海鞘的浸制标本，文昌鱼的整体染色封片和过咽部横切片，七鳃鳗正中矢状切面和横断面切片，柄海鞘幼体装片。

实验用具：显微镜、实体显微镜、解剖器、解剖盘、培养皿。

四、实验操作与观察

观察文昌鱼浸制标本时，用镊子轻轻拨动文昌鱼身体的上、下、左、右、前、后部分，勿伤体表。观察文昌鱼、柄海鞘幼体装片时，放在低倍显微镜下观察，较高倍时注意勿使镜头压毁装片。

（一）文昌鱼（*Branchiostoma belcheri*）——头索动物亚门代表动物

1. 外形观察

取1尾浸制标本，置盛水的培养皿内，用放大镜或解剖镜观察（图14-1）。

（1）体型　文昌鱼身体半透明，左右侧扁，两端尖细，呈梭形，形似小鱼，但无头与躯干部之分，身体前端腹面有触须。在体前部约2/3段，背面较窄，腹面较宽。

（2）肌肉　透过皮肤可见身体两侧的肌肉，其肌节呈“＜”形排列，约60对。两肌节之间较透明的部分为肌隔，60个左右。两侧肌节排列互不对称，便于文昌鱼在水平方向做弯曲运动。

（3）生殖腺　成熟的文昌鱼标本，透过皮肤可见身体两侧肌节腹方，各有1列方形结构，即生殖腺。雄性生殖腺呈乳白色，雌性生殖腺呈淡黄色。观察生殖腺有多少对，是否为26对左右。

（4）鳍和腹褶　观察文昌鱼的背侧，沿背中线有一纵行低矮的皮肤褶，为背鳍，背鳍向后沿尾部边缘扩展成为尾鳍。转动标本使腹面向上，可见尾鳍在腹面向前延伸至体后 1/3 处，此为肛前鳍。肛前鳍前方，身体腹面两侧有 1 对纵行皮肤褶，即为腹褶。

(5) 腹孔和肛门　在腹褶和肛前鳍交界处有一孔，即腹孔或围鳃腔孔。在尾鳍与肛前鳍交界处偏左侧有一孔，为肛门。

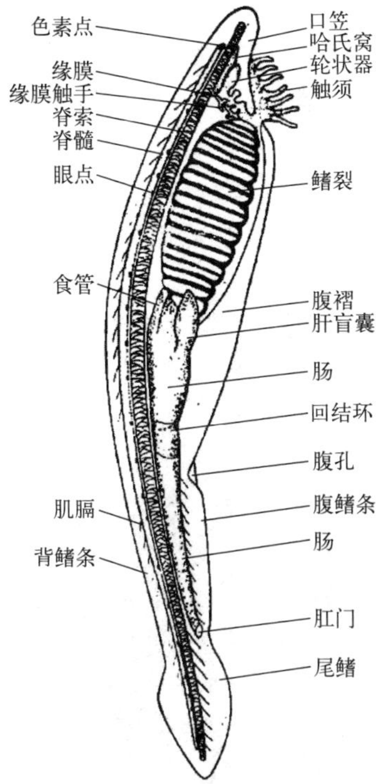

图 14-1　文昌鱼的纵切图

2. **整体装片观察**

取一文昌鱼整体染色装片，置解剖镜或低倍显微镜下，先观察标本的前端。

(1) 口笠与前庭　身体前端腹面，有一由薄膜围成的漏斗状结构，为口笠；口笠的内腔称前庭。

(2) 触须与轮器　口笠边缘的成排的须状突起，称为触须。前庭的底部周围壁上有由纤毛上皮构成的指状突起，称为轮器。

(3) 口　为前庭底部的开口。口的外围有一薄膜称为口缘膜，其上有十余条缘膜触手。

(4) 咽　口后为一纺锤形的咽，咽的两侧有左右成对的斜行鳃裂。每侧鳃裂与鳃裂之间的咽壁为鳃隔。咽的外部被一大空腔环绕，此腔为围鳃腔。鳃裂开口于围鳃腔，围鳃腔以腹孔与外界相通。

(5) 肠　为咽后方的直管，前端比较粗大，后端渐细，末端开口于近身体末端的肛门。

(6) 肝盲囊　在肠管前部腹面向前右方伸出一盲囊，称为肝盲囊。思考肝盲囊有何功能。肝盲囊后部的肠管有 1 段壁厚、染色深的部位，称为回结环，是消化作用最活跃的部位。

(7) 脊索　为紧靠消化管背方的一略呈黄色的棒状物。左右移动装片观察，可见脊索纵贯身体全长，前端可达口笠背方身体最前端，起支撑作用。

(8) 神经管　位于脊索背方的 1 条较细的纵行长管，比脊索稍短。其前端有一黑色斑点，称为眼点，但无视觉作用。管侧壁上有一纵列黑色小点，称为脑眼，有感光作用。

3. 横切面切片观察

取经过肝盲囊部的横切面切片，在低倍显微镜下观察（图 14-2）。

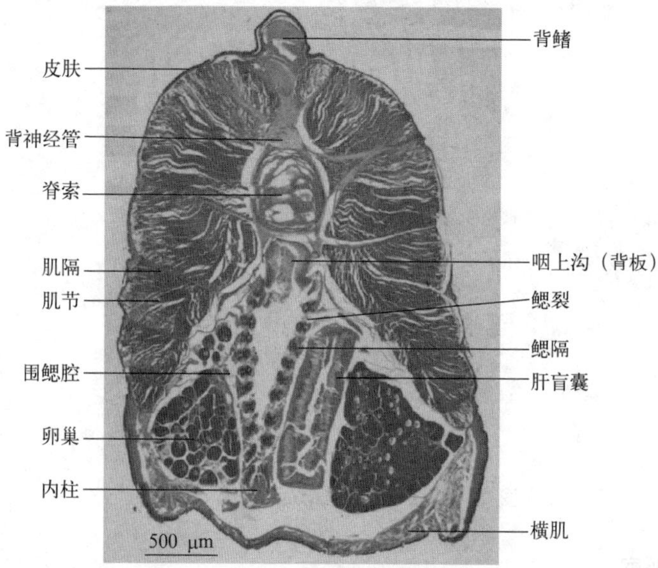

彩图

图 14-2　文昌鱼过肝盲囊部横切图

(1) 皮肤　由表皮和真皮组成。表皮位于身体最外层，由单层柱状上皮细胞组成。真皮为表皮之下极薄的 1 层胶状物质。

(2) 背鳍　为背中央的突起部分，内有卵圆形的鳍条切面。

(3) 肌节　肌节的横断面呈方圆形，位于身体的背部和两侧，背部的较厚，近腹侧渐薄。肌节之间有肌隔分开。为什么在 1 个横切面切片中有许多肌节？身体腹侧左右腹褶之间还有薄层横肌。横肌有何作用？

(4) 神经管　位于背鳍条腹方，背部左右肌节之间，其横断面呈卵圆形或梯形，管中央的孔为神经管腔。文昌鱼的神经管腔并未完全封合，背中线留有裂隙，仔细观察。

(5) 脊索　位于神经管腹方，横断面呈卵圆形，较粗大，其周围有较厚的脊索鞘；脊索鞘向背方延伸包围神经管。

(6) 咽　为脊索腹方呈长椭圆形的1个大腔。咽壁染色深的部分为鳃隔，因鳃隔呈斜行排列，所以在横切面上可见到许多鳃隔。两鳃隔之间的空隙即鳃裂。咽的背中线处有一深槽，为咽上沟。腹中线处也有一深槽为内柱（咽下沟）。咽上沟和内柱在文昌鱼咽内收集和运送食物方面有何作用？

(7) 围鳃腔　围绕咽部的空腔。

(8) 体腔　横切面上能见到的体腔仅为围鳃腔和背方两侧各有一不规则的空腔，及内柱下的狭小空隙。

(9) 肝盲囊　位于咽的右侧，为一卵圆形的中空结构。

(10) 生殖腺　位于围鳃腔两侧，形大而着色深的结构。如是精巢，则呈条纹状；如是卵巢，则呈块状，细胞核大而明显。

(二) 七鳃鳗（Petromyzon）——圆口纲代表动物

1. 外部形态

取七鳃鳗浸制标本，置解剖盘内，观察其外部形态。体呈长圆柱形似鳗，皮肤光滑无鳞。身体可分头、躯干和尾3部分，但头与躯干无明显分界，尾侧扁（图14-3）。

(A) 雌性

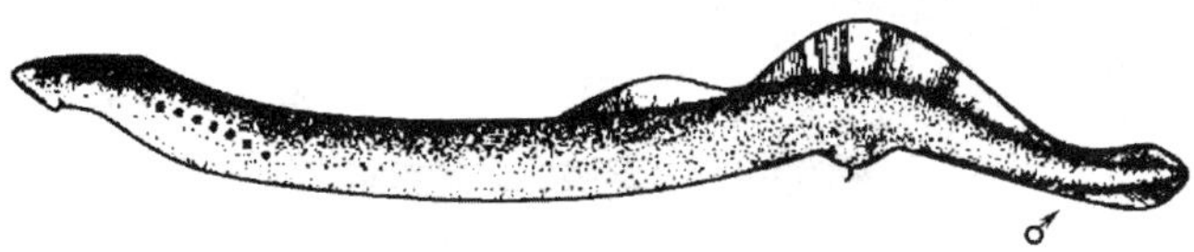

(B) 雄性

图 14-3　七鳃鳗的外形示意图

(1) 鳍　体后部有2个背鳍和1个尾鳍；2个背鳍分离，但第2背鳍与尾鳍背侧相连续。鳍内有细长平行的软骨支持。无偶鳍，原形尾。

(2) 口漏斗　为头部前端斜向腹面开口的1个大形杯状结构。其边缘有很多乳头状突起，称唇触指。内壁具有褐色的角质齿，基部有一突起，即舌。舌上也有角质齿。

(3) 单鼻孔　位于头背面正中央，与嗅囊相通。鼻孔后方皮肤上有一小椭圆形色稍淡的斑点，此处皮下有松果眼。

(4) 眼　1对，位于头部两侧，无眼睑，只有1层半透明的皮肤膜覆盖。

(5) 外鳃孔　为位于眼后方左右各7个椭圆形的孔。

(6) 肛门和泄殖孔　在体后部约1/4处，即躯干与尾部交界处的腹中线上有一肛门。紧接肛门后方有一小乳头状突起，为泄殖孔，泄殖孔开口于此突起上。

2. 内部解剖

在七鳃鳗右侧第 7 鳃孔的后方切断，取其前段，再沿鼻孔中线作一正中矢状剖面，或观察已制备好的正中矢状切面示范标本（图 14-4）。

（1）消化系统　舌位于口漏斗基部，舌后方有舌软骨，舌软骨背腹方有舌肌。舌背方为口，口后一长腔为口腔。口腔渐向腹面倾斜，其后部为咽，咽分背、腹管两管，背管较细，为食管，食管直接通入肠管。

（2）呼吸系统　咽所连背、腹管两管中，腹管较粗，为呼吸管。呼吸管口有若干条触手，相当于头索动物的缘膜，管末端为盲端，管壁左右两侧各有 7 个内鳃孔。每个内鳃孔通 1 鳃囊，每 1 鳃囊经外鳃孔与外界相通。用解剖针分别从外鳃孔和内鳃孔探入鳃囊，可触到囊壁。将一鳃囊剪开，用放大镜观察，可见囊内壁的鳃褶。

（3）脊索　消化管背方一较粗的褐色棒状物即脊索，其断面呈圆形，周围围有脊索鞘；脊索鞘向上包围脊索背方的神经管。

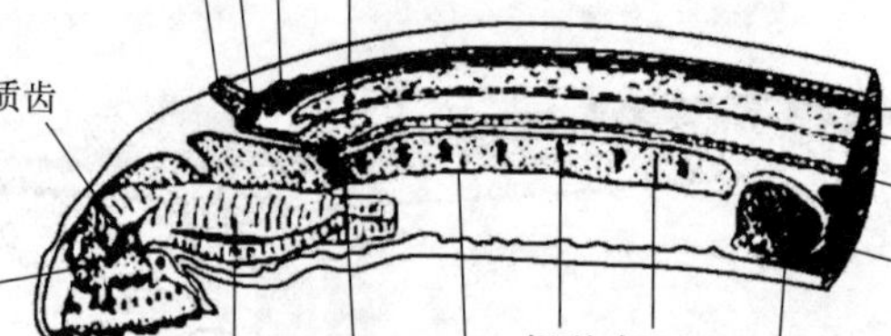

图 14-4　七鳃鳗的内部结构

（4）神经管　神经管前端膨大的脑，位于脊索前端的背方，脑后方为脊髓。

（5）脊椎　雏形脊椎在脊索背方脊髓两侧，为许多成对的淡白色小软骨片。

五、注意事项

（一）柄海鞘（*Styela clava*，尾索动物亚门代表动物）观察

1. 外形

观察柄海鞘成体浸制标本。体呈长椭圆形，外被以坚韧的背囊。身体基部有一柄用以附着于其他物体上，另一端有两个相距不远的孔：位置较高的一个是入水孔，另一个是出水孔。

2. 内部解剖

观察柄海鞘成体的解剖标本，注意其脊索及神经管已退化。

（二）柄海鞘幼体观察

在显微镜下观察柄海鞘幼体封片标本。幼体形似蝌蚪，体前端有附着突起，

后部具侧扁的尾，尾的中轴为脊索。

六、注意事项

1. 对于浸制标本，在观察过程中应小心操作，使用镊子轻轻拨动标本的不同部位，防止损伤体表。

2. 实验结束后，及时清洗使用的工具和器材，特别是显微镜镜头需要特别注意清洁，防止残留物影响下次使用效果。

七、实验作业

1. 绘制文昌鱼过咽部的横切面图，标明各部位名称。
2. 七鳃鳗的成体和幼体如何进行呼吸？
3. 通过观察，说明头索动物亚门、尾索动物亚门和圆口纲有哪些共同特征。
4. 试述文昌鱼的摄食和消化过程。肝盲囊有什么作用？

八、课后拓展

张士璀. 文昌鱼演化生物学：追溯脊椎动物起源［M］. 北京：科学出版社，2020.

（黄晓晨）

其他彩图

实验十五
鲫鱼的解剖

一、实验目的和要求

1. 了解鲫鱼的外部形态特征，包括体型、体色、鳍的形态和分布等，认识硬骨鱼的身体结构与水生生活方式的适应关系。

2. 掌握硬骨鱼解剖的基本操作方法，学会观察硬骨鱼的内部器官构造。

3. 掌握硬骨鱼内部器官的结构和功能，通过观察内部各个器官系统的形态、位置和结构特点，进一步理解器官和系统如何协同工作，以维持鲫鱼的生命活动。

二、实验内容

1. 观察鲫鱼的外部形态。

2. 解剖和观察鲫鱼的内部。

3. 观察鲫鱼的骨骼系统。

三、实验材料和用具

实验材料：鲫鱼成鱼。

实验用具：解剖盘、解剖刀、解剖剪、镊子等常规动物解剖工具。

四、实验操作与观察

（一）鲫鱼的外部形态观察

取一条活体鲫鱼，观察其外部形态。鱼体由头、躯干、尾和鳍四部分组成，硬骨鱼的头部为鳃盖后缘之前的部分。鳃盖后缘至肛门之间为躯干部，躯干部之后至尾鳍基的部分为尾部。

1. 头部

头部从外部形态上可以辨认出上颌、下颌、鼻孔（包括前鼻孔和后鼻孔）、眼、鳃盖骨。

头部可以分为以下几个部分。

（1）头部侧面观

吻：眼前缘到头部最前端。

眼上部：眼的上方部分。

眼下部（峡部）：眼后下方到前鳃盖骨后缘。

眼后部：眼的后方部分。

（2）头部背面观

吻背面：眼前缘前方部分。

眼间隔：两眼间部分。

2. 躯干部和尾部

躯干部和尾部合起来称为鱼体（有时将除鳍外的头、躯干和尾部合称为鱼体）。鱼体侧中线附近称为体侧，上方为背侧，下方为腹侧。体侧有侧线，通常为一条。侧线多沿躯干部前端延伸至尾鳍。

3. 鳍

鱼类鳍条通常有背鳍、胸鳍、腹鳍、臀鳍和尾鳍。其中背鳍、臀鳍和尾鳍不是成对分布的，称为奇鳍，胸鳍和腹鳍是成对分布的，称为偶鳍。尾鳍上叶和下叶对称，为正尾型（大部分硬骨鱼类尾鳍皆为正尾型）。

4. 皮肤

体表有皮肤，表皮上覆盖有圆鳞。侧线上的鳞为侧线鳞。表皮黏液细胞发达，能分泌黏液，可以在游泳时减小水的摩擦力，调节渗透压，缓和表皮的物理损伤。

（二）鲫鱼的内部解剖和观察

观察完外部形态后，用钝器（如解剖刀柄）迅速敲击鲫鱼头部，使其脑部受重创而死亡。也可用解剖针插入头部顶骨，破坏其脑部直至死亡。

将鲫鱼处死后放入解剖盘，腹面向上。用剪刀从肛门沿腹中线向前剪开，直至鳃盖后缘。再从鳃盖后缘向背侧剪到脊柱，然后用镊子轻轻提起左侧体壁肌肉，用剪刀将其与脊柱分离，剪去左侧体壁，暴露内脏器官。观察消化系统、呼吸系统、循环系统、泌尿系统、生殖系统等各大系统的器官组成、器官的位置和形态。

1. 消化系统

消化系统由消化器官、消化管和消化腺组成。消化器官主要进行捕食、咀嚼和过滤饵料生物等物理性活动。消化管进行化学消化吸收，消化腺分泌消化液。

摄食器官包括颌、齿、口或口腔、咽齿和鳃耙。消化管分为食道、胃喝肠。消化腺包括肝脏和胰脏，肝脏分泌消化液储存于胆囊。

（1）口腔　鲫鱼口腔内无齿，也无消化腺，不在口腔内进行消化。剪去鳃盖和部分上颌后，可见鲫鱼的口腔腔底后半部有舌，呈三角形，舌不能活动。

（2）咽　咽部向前连接口腔，向后连接食道，左右两侧各有 5 对鳃裂通鳃腔，是一段较为狭窄的通道。鳃耙呈细长状，紧密排列在鳃弓内侧。第 1～4 对鳃弓内缘生有两排鳃耙，第 5 对鳃弓为单排鳃耙，并生有咽喉齿。咽喉齿有三列。第 1 列 3 齿都比较大，第 2 和第 3 列各有一枚较小的齿。

（3）食道　消化管的最前部，位于咽腔和胃之间一段较短的消化道，内侧有黏膜包被。

（4）胃　储存和消化食物的器官，胃壁与其他消化管壁相比更厚，有很强的伸缩性。胃包括与食道相连的贲门部、储存食物的盲囊部、与肠相连的幽门部。

（5）肠　鲫鱼的肠较长，没有明显的大小肠之分，盘曲在腹腔内。

（6）肝胰脏　鲫鱼的肝脏分叶不明显，覆盖在鳔的前腹面。胰脏为弥散性腺体，分布在肝脏和肠之间的额系膜上，合称为肝胰脏。

（7）胆囊　深绿色椭圆形，大部分包埋在肝胰脏内。肝脏分泌的胆汁在胆囊内浓缩，食物进入消化道后，胆汁通过输胆管运至肠道前端。

2. 呼吸系统

（1）鳃　鲫鱼的鳃位于咽两侧，由5对鳃弓组成。鳃弓的内侧着生鳃耙，外侧着生鳃丝。鳃丝是鳃的主要呼吸部分，由许多鳃小片组成。鳃丝上有丰富的毛细血管，血液在其中流动。鳃小片是气体交换的场所，其壁很薄，只有一层上皮细胞，氧气能透过这层细胞进入血液，二氧化碳则从血液排出至水中。

（2）鳔　硬骨鱼类特有的器官，为消化管的一部分膨出，起源于用于呼吸空气的呼吸囊。在肺鱼类和多鳍鱼类中有辅助呼吸的作用，在大部分现生鱼类中主要起到浮力调节和听觉辅助的作用。为白色袋状器官，位于腹腔背面，通过改变内部气体量来实现浮力调节。

3. 循环系统

循环系统包括一静脉窦、一心房、一心室以及动脉球、腹大动脉、入鳃动脉、出鳃动脉。剪开围心腔即可见心脏。

（1）静脉窦　为心房和心室后侧的暗红色长囊，前端与心房相通。体内循环的血液经静脉窦流回心脏。

（2）心房　位于静脉窦前方，为暗红色薄囊。

（3）心室　位于心房前，淡红色，倒圆锥形，壁厚，肌肉发达。心室收缩时，将血液压入动脉圆球。

（4）动脉球　为硬骨鱼类所特有（与软骨鱼类相比，多数硬骨鱼类动脉圆锥退化，动脉球发达）。位于腹大动脉基部，是心室向前延伸的膨大部分。由平滑肌构成，无有节律的搏动，但因其强大的弹性，可以保证腹侧主动脉血液的流动。

（5）腹大动脉　自动脉球延伸出来的粗大血管，管壁较厚，有一定的弹性，位于左右鳃腹面中央。

（6）入鳃动脉　由腹大动脉分支而来，进入鳃部后，不断分支形成更细小的血管，最终形成毛细血管网分布在鳃丝和鳃小片上。

（7）出鳃动脉　由鳃部的毛细血管汇集而成，从鳃部发出后逐渐汇集成较大的血管，将经过气体交换后的血液输送到身体其他部位。

（8）背大动脉　位于身体背侧，从鳃部后方开始，沿着脊柱的腹侧向后延伸，贯穿整个鱼体。

（9）静脉　与动脉伴形分布。

(10) 脾　属淋巴器官，位于胃后部背面，由韧带附着于消化管上，椭圆形。

4. 排泄系统

鲫鱼的排泄系统由肾、输尿管和膀胱组成。

(1) 肾　左右对称，沿腹腔背壁的脊柱腹缘纵向分布，深红色。鲫鱼肾脏由两部分组成，前部为头肾，不具有排出废物和盐分的作用。中后部为肾本部（起自第 4、5 脊椎之下，至第 16 脊椎下方）。

(2) 输尿管　由各肾发出的一根细管，沿腹腔背壁向后走，近末端处汇合后进入膀胱。

(3) 膀胱　输尿管最末端，为暂时储存尿液的囊状器官。

5. 生殖系统

由精巢、输精管（雄性）和卵巢、输卵管（雌性）组成。

(1) 精巢　为雄性生殖腺，由精巢系膜悬系于腹腔背壁，位于鳔的腹面。性成熟时为白色，未成熟时为淡红色。

(2) 输精管　在精巢后端，为精囊壁延续而成，连接精巢和生殖孔开口。

(3) 卵巢　为雌性生殖腺，由卵巢系膜悬系于腹腔背壁。囊状，成熟卵细胞由卵巢腔经输卵管排出（封闭卵巢）。

(4) 输卵管　输卵管后端的管状结构，为输送成熟卵子的通道。左右输卵管汇合后通入泄殖窦。

6. 骨骼系统

观察鲫鱼的骨骼标本，掌握硬骨鱼类骨骼的组成、分布和功能。

硬骨鱼类骨骼系统包括外骨骼和内骨骼。外骨骼是位于体表的鳞片和鳍条，内骨骼位于体内，用于保护脑和脊髓等中枢神经系统及内脏等重要器官。鱼类的内骨骼可分为中轴骨骼和附肢骨骼。

(1) 中轴骨骼

① 头骨：构成了脑颅（保护中枢神经系统和感觉器官）和咽颅（支持上下颌、舌和鳃）。

② 脊椎：包被脊髓和脊索，起保护作用。

(2) 附肢骨骼

① 肩带：固定在头骨上，支持胸鳍。

② 腰带：不与脊柱相连，支持腹鳍。

③ 支鳍骨：支持各鳍条。

7. 神经系统

观察完骨骼标本后，用恰当的方法打开骨骼，暴露出脑和脊髓，观察鲫鱼的中枢神经系统和周围神经系统。

(1) 脑　从背面观察，鲫鱼的脑分为左右两个半球，从前往后分为端脑、间脑、中脑、小脑和延脑。端脑的前端为嗅叶，与嗅觉相关。中脑在背面形成一对视叶，为视觉中心。小脑是视叶后部的膨大部分，主要功能是控制鱼体运动和保持平衡。

（2）脊髓　位于椎管内，从内到外依次由中心管、灰质和白质构成。

五、注意事项

1. 尽量选择新鲜的成鱼，以保证组织结构完整，便于观察。

2. 解剖时从肛门处开始，沿腹中线剪开。剪去体侧肌肉时要加倍小心，避免损伤重要器官。

3. 按顺序观察各器官的位置、形态、结构，如需进一步观察某个器官，要先小心分离周围组织。

六、实验作业

1. 绘制鲫鱼的消化系统图。

2. 根据观察到的外部形态和内部器官结构，思考总结鱼类适应水生生活的特征。

七、课后拓展

孙伟，柳素娉，吴罡等. 鱼类游动机理研究进展［J］. 大连海洋大学学报，2024，39（4）：698-707.

（宋雪琳）

其他彩图

实验十六
牛蛙的解剖

一、实验目的和要求

1. 通过对蛙外形和内部构造的观察，了解两栖类的主要特征。

2. 验证并认识两栖类由水生到陆生的适应性变化。

3. 学习并掌握牛蛙的处死、解剖及器官分离等实验操作，培养规范的解剖技术。

二、实验内容

1. 观察牛蛙皮肤及其切片。

2. 观察牛蛙的外形并进行内部解剖。

三、实验材料和用具

实验材料：牛蛙皮肤切片、活体牛蛙等。

实验用具：显微镜、解剖镜、放大镜、解剖盘或蜡盘、解剖剪、大头针、镊子、擦镜纸等。

四、实验操作与观察

（一）牛蛙的皮肤及其切片观察

牛蛙皮肤裸露，腺体丰富。皮肤粗糙，色素细胞丰富。背面皮肤黄绿或深绿，腹面皮肤光滑、黄绿或近白色。

1. 肉眼观察牛蛙皮肤

用手抚摸牛蛙活体的皮肤，有黏滑感，其黏液由皮肤腺所分泌以保持皮肤的湿润。观察皮肤内的血管分布状况，注意皮肤与皮下肌肉的连接程度。

2. 显微镜观察牛蛙的皮肤切片

取牛蛙皮肤切片，在低倍镜下观察，先辨别表皮和真皮，然后以高倍镜观察其构造。

（1）表皮　由多层上皮细胞组成，分成 2 层，即角质层和生长层。角质层在表皮之最外层，是由死的角质化的扁平上皮细胞组成，能不断脱落；生长层由活的上皮细胞组成，注意各层生长层细胞的形状差异。

（2）真皮　位于表皮之下，主要由结缔组织组成，紧靠表皮的真皮内有 1 层色素细胞；在真皮的结缔组织内，还可看到皮肤腺、血管、神经、平滑肌等结构。

（二）牛蛙的外形观察

将活蛙静伏于解剖盘内，观察其身体，可分为头、躯干和四肢 3 部分，颈部不明显。蛙体无尾巴。全身中轴对称，略成纵扁纺锤形状，硕大粗短。跪坐时背部隆起。从外形上比较，牛蛙比我国常见蛙类大得多（图 16-1）。

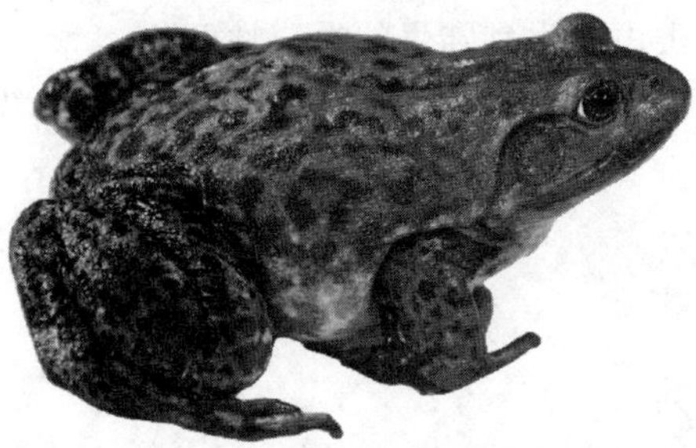

彩图

图 16-1　牛蛙的外形

1. 头部

牛蛙头部位于躯体的前端，宽而扁平，略呈三角形。此构造在水中游泳时可减少阻力。头部着生有口、眼、鼓膜、鼻、声囊（雌蛙无）等器官。

2. 躯干部

牛蛙的躯干部自颈部至体后端正中部分，为全身最大的部分，粗短而宽厚。背侧有两条从眼后至后肢基部的明显隆起的背侧褶。体腹部十分膨大而柔软。泄殖腔开口于躯干末端，兼司排泄和生殖之用。躯干内部包容了心、肺、胃、肠、肝、胆、胰脏、肾脏、膀胱、生殖器官等全部内脏。

3. 四肢

牛蛙的四肢着生在躯干部外侧，分前肢一对，后肢一对，通称“四肢”。牛蛙前肢粗而短，具有四趾，各自分开，趾间无蹼，趾端无爪。牛蛙后肢大腿及胫部的肌肉特别发达，具五趾，趾间有蹼相连，在水中游泳时可增加推力，有利于快速游泳。

（三）牛蛙的内部解剖及观察

使用毁髓法处死蛙，即用左手食指按压其头部前端，右手自两眼间的中线向后划，触到凹陷的枕骨大孔，将解剖针从枕骨大孔插入搅动，并向后搅动损毁脊髓，直到蛙后肢及肌肉完全松弛（图 16-2）。将蛙处死后进行如下观察。

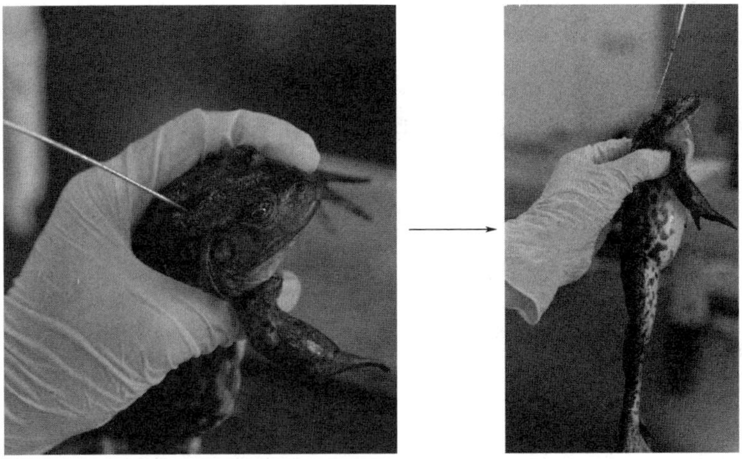

图 16-2 毁髓法处死牛蛙

1. 口咽腔

口咽腔为消化系统和呼吸系统前端的共同通道（图 16-3）。

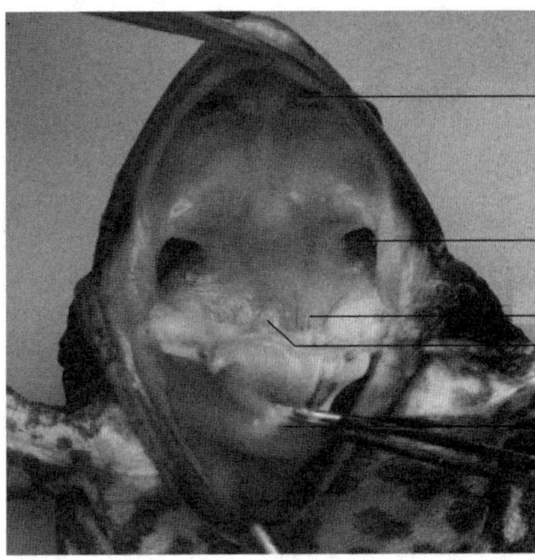

彩图

图 16-3 牛蛙的口咽腔

（1）舌 左手持镊将蛙的下颌拉下，观察口咽腔底部中央有一柔软的肌肉质舌，其基部着生在下颌前端内侧，舌尖向后伸向咽部。右手用镊子轻轻将舌从口腔内向外翻拉出展平，可看到牛蛙的舌尖分叉，用手指触舌面有黏滑感。右手持剪剪开左右口角至鼓膜下方，使口咽腔全部暴露出来。

（2）内鼻孔 1 对椭圆形孔，位于腔顶壁近吻端处。取一鬃毛从外鼻孔伸入，可见鬃毛由内鼻孔穿出。

（3）齿 沿上颌边缘有 1 行细而尖的颌齿，齿尖向后；在 1 对内鼻孔之间有两丛细齿，为犁齿。

(4) 耳咽管孔　位于腔顶壁两侧，颌角附近的 1 对大孔。用镊子由此轻轻插入，可通到鼓膜。

(5) 喉门　为舌尖后方腹面的具有纵裂的圆形突起。内由 1 对半圆形杓状软骨支持，两软骨间的纵裂为喉门，是喉气管室在咽部的开口。

(6) 食管口　喉门的背侧，咽底的皱襞状开口。

观察完口咽腔后，蛙腹面向上置于解剖盘内，展开四肢。左手持镊，夹起腹面后腿基部之间泄殖腔稍前方的皮肤，右手持剪剪开一切口，由此处沿腹中线向前剪开皮肤，直至下颌前端。然后在肩带处向两侧剪开并剥离前肢皮肤；在股部作一环形切口，剥去皮肤至足部。

2. 肌肉系统

(1) 下颌表层肌肉

① 下颌下肌：位于下颌腹面表层的一薄片状肌肉，构成口腔底壁的主要部分。肌纤维横行于两下颌骨间，中线处有一腱，将它分为左右两半。

② 颏下肌：位于下颌的前角，为一小片略呈菱形的肌肉，其前缘紧贴下颌联合，肌纤维横行。

(2) 腹壁表层肌肉

① 腹直肌：位于腹部正中、幅度较宽的肌肉，肌纤维纵行，起于耻骨联合，止于胸骨。该肌被其中央纵行的结缔组织白线（腹白线）分为左右两半，每半又被横行的 4～5 条腱划分为几节。

② 腹斜肌：位于腹直肌两侧的薄片肌肉，分内外两层。腹外斜肌纤维由前背方向腹后方斜行。轻轻划开腹外斜肌可见到其内层的腹内斜肌，腹内斜肌纤维走向与腹外斜肌相反。

③ 胸肌：位于腹直肌前方，呈扇形。起于胸骨和腹直肌外侧的腱膜，止于肱骨。

(3) 前肢肱部肌肉　肱三头肌位于肱部背面，为上臂最大的 1 块肌肉。起点有 3 个肌头，分别起于肱骨近端的上、内表面，肩胛骨后缘和肱骨的外表面，止于桡尺骨的近端。肱三头肌是伸展和旋转前臂的重要肌肉。

(4) 后肢肌肉

① 股薄肌：位于大腿内侧，几乎占据大腿腹面的一半，可使大腿向后伸屈和小腿伸屈。

② 缝匠肌：位于大腿腹面中线的狭长带状肌。肌纤维斜行，起于髂骨和耻骨愈合处的前缘，止于胫腓骨近端内侧。收缩时可使小腿外展，大腿末端内收。

③ 股三头肌：位于大腿外侧最大的 1 块肌肉，可将蛙体由腹面翻到背面来观察。起点有 3 个肌头，分别起自髂骨的中央腹面、后面以及髋臼的前腹面，其末端以共同的肌腱越过膝关节止于胫腓骨近端下方。收缩时，可使小腿前伸和外展。

④ 股二头肌：一狭条形肌肉，介于半膜肌和股三头肌之间且大部分被它们覆盖。起于髋骨背面正当髋臼的上方，末端肌腱分为两部分，分别附着于股骨的远端和胫骨的近端。收缩时能使小腿屈曲和上提大腿。

⑤ 半膜肌：位于股二头肌后方的宽大肌肉，起于坐骨联合的背缘，止于胫骨近端。收缩时能使大腿前屈或后伸，并能使小腿屈曲或伸展。

⑥ 腓肠肌：小腿后面最大的 1 块肌肉，起点有大小 2 个肌头，大的起于股骨远端的屈曲面，小的起于股三头肌止点附近，其末端以一跟腱越过跗部腹面，止于跖部。收缩时使小腿屈曲和伸足。

⑦ 胫前肌：位于胫腓骨前面。起于股骨远端，末端以两腱分别附着于跟骨和距骨。收缩时能伸直小腿。

⑧ 腓骨肌：位于胫腓骨外侧，介于腓肠肌和胫前肌之间。起于股骨远端，止于跟骨。收缩时能伸展小腿。

⑨ 胫后肌：位于腓肠肌内侧前方。起于胫腓骨内缘，止于距骨。收缩时能伸足和弯足。

⑩ 胫伸肌：位于胫前肌和胫后肌之间。起于股骨远端，止于胫腓骨，收缩时能使小腿伸直。

解剖：左手持镊子将两后肢基部之间的腹直肌后端提起，右手用剪刀沿腹中线稍偏左自后向前剪开腹壁，注意不要损毁位于腹中线上的腹静脉，剪至剑胸骨处，再沿剑胸骨的左、右侧斜剪，剪断乌喙骨和肩胛骨。用镊子轻轻提起剑胸骨，仔细剥离胸骨与围心膜间的结缔组织，不要损伤围心膜，然后剪去胸骨和胸部肌肉。将腹壁中线处的腹静脉从腹壁上剥离开，再将腹壁向两侧翻开。可见位于体腔前端的心脏，心脏两侧的肺囊，心脏后方的肝脏，以及胃、膀胱等器官。

3. 消化系统（图 16-4）

（1）肝脏　牛蛙肝脏有左、中、右三叶，位于体腔前端、心脏的后方，由较大的左、右两叶和较小的中叶组成，中叶背面、左右两叶之间有绿色圆形胆囊。用镊子夹起胆囊，轻轻向后牵拉，可见胆囊前缘向外发出 2 根胆囊管，1 根与肝管连接，接收肝脏分泌的胆汁，1 根与总输胆管相接，胆汁经总输胆管进入十二指肠。提起十二指肠，用手指挤压胆囊，可见有暗绿色胆汁经总输胆管而入十二指肠。

（2）食管　将心脏和左叶肝脏推向右侧，可见心脏背方有一乳白色与胃相连的食管。

（3）胃　牛蛙胃膨大呈袋形，是消化管中最膨大的部分，位于牛蛙体腔的左侧，紧接于食道之后。胃连接食道一端的称为贲门，连接肠道一端称为幽门，有括约肌控制幽门。牛蛙胃壁很厚，从外向内由浆膜层、肌肉层、黏膜下层、黏膜层组成。肌肉层的肌纤维伸缩力特强，弹性好。饱食时胃体会极大膨胀，其容纳食物时最大体积比空胃时大 10 倍左右。黏膜层中含有很多管状的胃腺，胃腺分泌胃液，分泌的胃液含有盐酸和胃蛋白酶，有助食物加速消化。

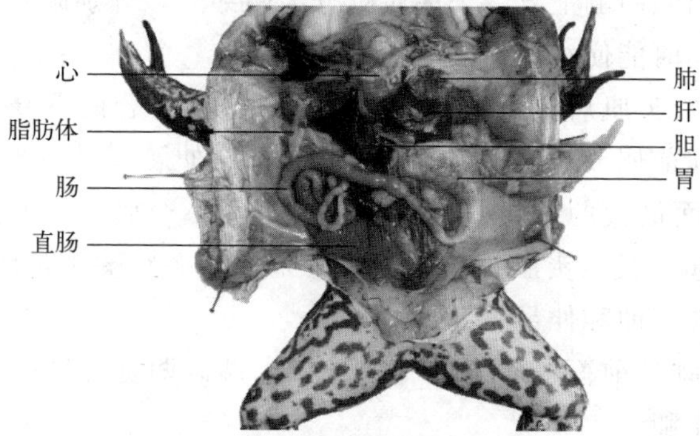

彩图

图 16-4　牛蛙的主要内脏器官

(4) 肠　牛蛙肠分小肠和大肠两部分。小肠起于幽门之后，在体腔内几经盘曲之后通入体腔后端正中膨大而陡直的大肠。小肠肠径自头至尾几乎一致，肠壁比胃壁薄许多，但构造与胃壁差不多，从外向内同样由浆膜层、肌肉层、黏膜下层、黏膜层组成。小肠是牛蛙主要的消化吸收器官。在胆汁、胰腺等消化液的参与作用下，消化食物，吸收其营养。大肠短而直，又称直肠，是吸收水分和形成粪便的场所，开口于泄殖孔腔，排出粪便。

(5) 胰脏　牛蛙胰脏为淡红色或黄白色的管状腺，外形不规则，位于胃小弯与十二指肠之间弯曲处的系膜上，为 1 条淡红色或黄白色的腺体。将肝、胃和十二指肠翻折向前方，可看到胰脏的背面，总输胆管穿过胰脏，并接受胰管通入。但胰管细小，一般不易看到。胰脏是牛蛙的主要消化腺，其分泌的胰液由胰管汇集与贯穿其中的胆总管连通后一并输入十二指肠。牛蛙的肝脏、胰脏都较发达，分泌的胆汁和胰液较多，因而肠道对食物消化吸收能力较强。

(6) 脾　在直肠前端的肠系膜上，为一红褐色球状物。脾是一淋巴器官，与消化无关。

4. 呼吸系统（图 16-4）

蛙经肺和皮肤呼吸。肺呼吸的器官有鼻腔、口咽腔、喉气管室和肺，其中鼻腔和口咽腔已观察过。

(1) 喉气管室　左手持镊轻轻将心脏后移，右手用钝头镊子自咽部喉门处通入，可见心脏背方一短粗略透明的管道，即喉气管室，其后端通入肺。

(2) 肺　牛蛙肺是由一对富有弹性的构造较为简单的薄壁盲囊组成，位于体腔前端心脏两侧为 1 对粉红色、近椭圆形的薄壁囊状物，剪开肺壁可见其内表面呈蜂窝状，密布微血管。肺盲囊内壁呈蜂窝状，从而增加了与空气的接触面积，囊壁具有丰富的微血管，便于进行气体交换。牛蛙肺的膨胀和收缩能力都比较大。在肺肌纤维的作用下，吸气时肺迅速膨胀，便于吸入较多新鲜空气；呼气时肺收缩得很小，便于气体排出。牛蛙的肺是牛蛙呼吸的主要器官。但由于其构造简单，无法为运动提供充分的氧气。

5. 泄殖系统

牛蛙为雌雄异体，观察时可互换不同性别的标本。将消化管移向一侧，仔细观察以下结构。

（1）泌尿系统

① 肾脏：牛蛙的肾是一对暗红色、长椭圆形的器官，位于体腔后部，紧贴背壁脊柱的两侧，为1对红褐色长而扁平的器官。将其表面的腹腔膜剥离开，即清楚可见。肾的腹缘有1条橙黄色的肾上腺，为内分泌腺体。牛蛙体内多余的水分主要通过肾脏过滤后形成尿液并通过肾两侧的输尿管下行，流入泄殖腔，再进入膀胱。肾脏是牛蛙排泄系统中的主要器官。

② 输尿管：由两肾的外缘近后端发出的1对壁很薄的细管，向后伸延，分别通入泄殖腔背壁。

③ 膀胱：牛蛙膀胱是牛蛙尿液的储存囊，中空如壶，位于体腔后端腹面中央，连附于泄殖腔腹壁的1个两叶状薄壁囊。膀胱被尿液充盈时，其形状明显可见，当膀胱空虚时，用镊子将它放平展开，也可见其形状。牛蛙膀胱开口于泄殖腔。平时，泄殖腔末端的括约肌收缩得很紧，可防止输尿管输送来的尿液流出，逐渐将尿液贮存于膀胱内，待充满时再经泄殖腔排出体外；排尿时，由于腹肌骤缩，膀胱受压，即将尿排出。用手捉蛙，手捏蛙腹既使牛蛙腹肌收缩又会给膀胱加压，因而牛蛙被捉时极易排尿。

④ 泄殖腔：为粪、尿和生殖细胞共同排出的通道，以单一的泄殖腔孔开口于体外。沿腹中线剪开耻骨，进一步暴露泄殖腔。剪开泄殖腔的侧壁并展开腔壁，用放大镜观察腔壁上输尿管、膀胱，以及雌蛙输卵管通入泄殖腔的位置。

（2）雄性生殖系统（图16-5）

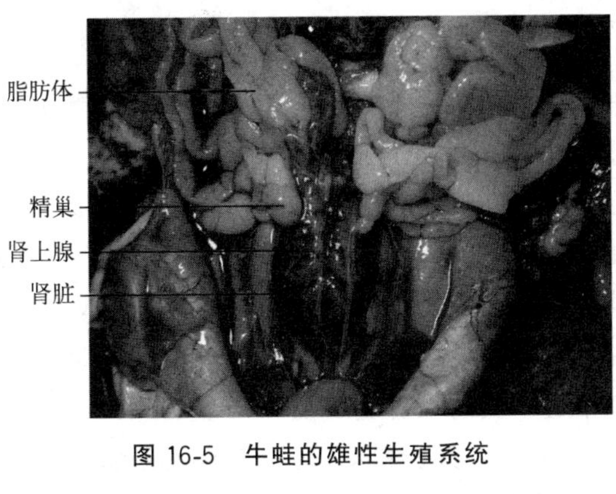

彩图

图16-5 牛蛙的雄性生殖系统

① 精巢：位于肾脏腹面内侧，1对，近白色、卵圆形，大小随个体和季节的

不同而有所差异。

② 输精小管和输精管：用镊子轻轻提起精巢，可见由精巢内侧发出许多细的输精小管，它们通入肾脏前端，雄蛙的输尿管兼输精的作用。

③ 脂肪体：位于精巢前端的黄色指状体，其体积在不同季节变化很大。

（3）雌性生殖系统（图 16-6）

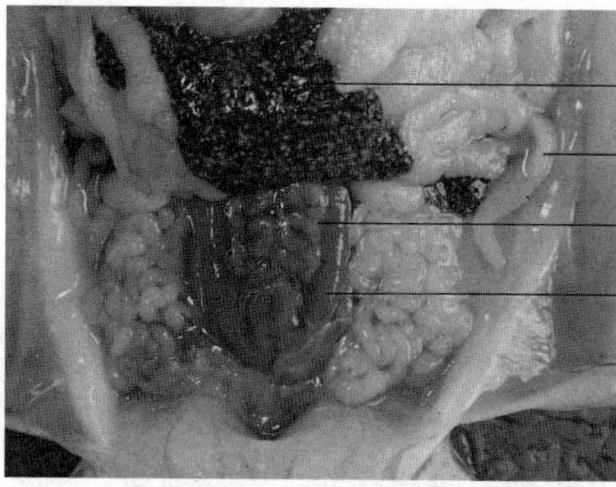

彩图

图 16-6　牛蛙的雌性生殖系统

① 卵巢：位于肾脏前端腹面，为 1 对长囊状、多褶的雌性生殖器官，形状、大小因季节不同而变化很大。在生殖季节极度膨大，内有大量黑色卵，未成熟时淡黄色。

② 输卵管：位于输尿管外侧，为 1 对长而迂曲的乳白色管。以喇叭状开口于体腔，后端在接近泄殖腔处膨大成囊状，称为“子宫”。

③ 脂肪体：脂肪体虽不是雌性牛蛙直接的生殖器官，但它负责供应卵子发育的养料，是卵子营养源器官，位于卵巢前方，是一对黄色的内含大量脂肪的组织。

6. 循环系统

（1）心脏（图 16-4）　心脏位于体腔前端胸骨背面，被包在围心腔内，其后是红褐色的肝脏。在心脏腹面用镊子夹起半透明的围心膜并剪开，心脏便暴露出来，从腹面观察心脏的外形及其周围血管。

① 心房：为心脏前部的 2 个薄壁、有皱襞的囊状体，左右各一。

② 心室：连于心房之后的厚壁部分，1 个，圆锥形，心室尖向后。在两心房和心室交界处有明显的冠状沟，紧贴冠状沟有黄色脂肪体。

③ 动脉圆锥：由心室腹面右上方发出的 1 条较粗的肌质管腔，颜色淡。其后端稍膨大，与心室相通。其前端分为 2 支，即左右动脉干。

用镊子轻轻提起心尖，将心脏翻向前方，观察心脏背面。

④ 静脉窦：位于心脏背面，为一暗红色、三角形的薄壁囊。静脉窦 2 个前角分别连接左、右前大静脉，后角连接后大静脉，开口于右心房。在静脉窦的前

缘左侧，有很细的肺静脉注入左心房。

（2）动脉系统 取血管注射标本，仰置于解剖盘中，去除腹壁，找到心脏，仔细观察由此分出的动脉。全部动脉都起始于动脉圆锥前方的动脉干，动脉干前端分成左右 2 支，穿过围心囊后，每支又分成 3 支，两两对称，分别形成颈动脉弓、体动脉弓、肺皮动脉弓。颈动脉弓位于内侧，输送血液到头部，很快又分成较细的外颈动脉和较粗的内颈动脉，内颈动脉基部有一颈动脉腺。体动脉弓位于中间，供给身体大部血液。体动脉弓先伸向外方，再环绕食管而转向背方，顺背壁在第 6 椎体处两弓会合成背大动脉，然后又分出腹腔肠系膜动脉、尿殖动脉、后肠系膜动脉、髂总动脉等。肺皮动脉弓在颈动脉腺后部分成 2 支，向后者为肺动脉，向前又转入背方者为皮动脉，通入皮肤。

（3）静脉系统 找到静脉窦之后，在其前两角可以看到 1 条很粗而壁很薄的血管即前大静脉，前大静脉是由收集头部及身体前端血之外颈静脉、无名静脉及锁骨下静脉汇合而成。静脉窦的后面接受后大静脉的血液流回心脏，成体无尾类，后主静脉已消失，由后肢来的股静脉分背、腹 2 支，背支和臀静脉合成肾门静脉，出肾后的肾静脉入后大静脉，腹支形成腹静脉与消化道来的肝门静脉相汇合，出肝形成肝静脉进入后大静脉。再找到与左心房相连的一粗血管，在离左心房不远处即分为 2 支，即左、右静脉。皮静脉中含有多氧血是进入前大静脉的。

7. 神经系统

（1）中枢神经系统 在枕骨大孔处用尖的剪刀向前插入枕骨大孔，剪开头骨，用镊子剥去骨片，观察脑。端脑分为嗅叶和大脑半球两部分，间脑为大脑半球后方一个小而凹的菱形区域，顶壁薄，背面有一小突起，称为松果体，腹面由前往后可观察到视交叉、脑漏斗、脑垂体等结构。中脑主要为一对圆形的视叶，小脑紧贴在视叶之后，呈狭带状。延脑内有呈三角形的菱形窝，亦称为第 4 脑室。

（2）周围神经系统 包括由脑分出的 10 对脑神经、由脊髓分出的脊神经及位于脊柱两旁的交感神经干。

① 脊神经：去净胸腹腔中的内脏，可看到每 2 个椎骨之间都通出一对脊神经，有些脊神经集合成臂神经丛和腰荐神经丛，分别进入前、后肢。

② 交感神经：牛蛙的交感神经系统是分别位于脊柱两旁的深灰色的交感神经干，交感神经干包括许多串联的交感神经节，每个交感神经节都接受 1 根或更多的脊神经所分出的交感支，借此可与中枢神经系统相连。

五、注意事项

1. 安全操作

在进行牛蛙麻醉和解剖时，需佩戴手套、护目镜等防护装备，避免接触乙醚、氯仿等麻醉剂，防止吸入有害气体或液体接触皮肤和眼睛。解剖过程中使用解剖剪、镊子等工具时，注意动作轻柔，避免划伤手指或其他身体部位。操作完成后，及时清洗双手和实验器材，确保实验环境和个人卫生。

2. 动物伦理与尊重生命

牛蛙是实验对象，需遵循动物伦理原则，尊重生命。在麻醉和解剖过程中，确保操作规范，避免不必要的痛苦。麻醉时，确保牛蛙完全失去知觉后再进行解剖，解剖结束后，妥善处理牛蛙尸体，避免随意丢弃。

3. 实验操作规范

解剖时，严格按照实验指导书的步骤进行操作，注意观察细节，避免损坏重要器官和组织。在使用显微镜观察皮肤切片时，调整好焦距，避免损坏镜头和玻片标本。实验过程中，保持实验台的整洁，避免污染标本和器材。实验结束后，及时清理实验台，归还实验器材至指定位置。

六、实验作业

1. 绘制蛙消化系统结构图，标注各部分结构名称。

2. 简述牛蛙皮肤的结构特点及其在呼吸和保护方面的作用。

3. 根据实验观察，分析牛蛙的哪些特征反映了对陆生生活的适应，哪些特征反映了对水生生活的适应，并举例说明。

七、课后拓展

1. 董志华，赵佳琪，张亚峰，等. 非洲爪蟾与牛蛙骨骼标本制作及结构比较［J］. 中南农业科技，2023，44（2）：113-116＋123.

2. 翟少华，贾钦瑞，李淑娴，等. 牛蛙皮肤显微及超微结构研究［J］. 野生动物学报，2018，39（1）：105-109.

3. 作红，彭沙沙，钟圣伟，等. 牛蛙皮肤显微结构与组织化学研究［J］. 中国兽医学报，2015，35（3）：438-443.

4. 宋晶，陈祎宁，刘晓玲，等. 牛蛙不同体部皮肤的组织学研究［J］. 畜牧与饲料科学，2016，37（1）：24-27.

5. 李洋，金磊，李昌春，等. 黑斑蛙、虎纹蛙和牛蛙皮肤的比较组织学［J］. 安徽师范大学学报（自然科学版），2009，32（5）：466-470.

6. 王剑，谌剑波，吴建云，等. 牛蛙心肝肺联合铸型的设计与制作［J］. 西南师范大学学报（自然科学版），2007，（5）：79-81.

7. 杨冬梅，许乐仁，谢华兴，等. 牛蛙的解剖组织学观察［J］. 山地农业生物学报，2007，（2）：179-182.

（简少卿）

实验十七
家鸽的解剖

一、实验目的和要求

1. 通过对家鸽骨骼系统的观察，认识鸟类骨骼系统的基本结构和特化现象，以及其适应飞翔生活的主要特征。

2. 掌握解剖鸟类的方法，认识鸟类身体基本结构及各系统的基本特征。

二、实验内容

1. 观察家鸽外形。

2. 观察家鸽骨骼系统。

3. 解剖家鸽和内部器官。

三、实验材料和用具

实验材料：家鸽整体骨骼标本、活家鸽。

实验用具：解剖器具、解剖盘、水盆、水。

四、实验操作与观察

（一）家鸽外部形态观察

1. 家鸽外部形态

家鸽身体呈纺锤形，体外被羽，具流线型的外部。身体可分为头、颈、躯干、尾、附肢等部分。头前端具角质喙，上喙基部两侧各有 1 个外鼻孔（鸽上喙基部的皮肤隆起称为蜡膜，外鼻孔位于蜡膜下方两侧，图 17-1）。食性和取食方式不同的鸟，其喙的形态不同。眼具活动的眼睑及半透明的瞬膜。眼后下方有被耳羽掩盖的耳孔。颈长，活动性大。尾部短，其背面两侧突起的皮下有尾脂腺，尾基腹面有泄殖腔孔。前肢特化为翼，后肢跗跖部被角质鳞，具 4 趾，趾端具爪，鸟类趾的形态因生活方式而异。

2. 家鸽羽毛观察

羽毛从结构上可分三种类型。

（1）正羽（翮羽） 飞羽是典型的正羽。中央有一根向尖端渐细的羽轴。两侧有平行排列的羽枝，形成内外两个羽片。体视显微镜下可见羽枝上有平行排列的羽小枝，羽小枝间由羽小钩勾连成片。羽片左右两侧不对称，较小的是内羽片，较大的是外羽片。羽轴下半部无羽枝，中空，称为羽翮。下端伸入皮肤内。羽轴末端有小孔，称为下脐；羽轴上半部实心，有羽枝，称为羽干。在羽翮与羽干之间的羽轴上也有一小孔称为上脐。

(2) 绒羽　位于正羽下，翮甚短，羽轴细长，不明显，羽枝柔软，松散似绒。羽小钩退化。绒羽保温力强，和保持体温有关。幼鸟全身被覆绒羽，成鸟中游禽及猛禽的绒羽特别发达，家鸽缺少这种羽毛。

(3) 纤羽　细长，发状，仅羽轴发达。羽轴顶端可有极不发达的羽片。在嘴角旁或在拔去正羽和绒羽后的鸟体较易看见，数量较少。

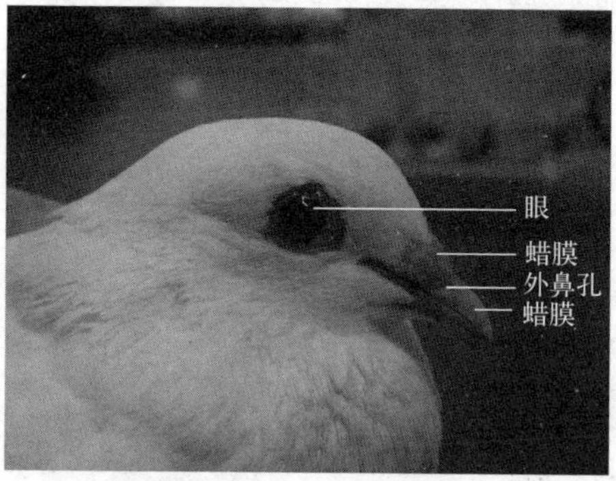

彩图

图 17-1　家鸽的头部

(二) 家鸽骨骼系统观察

参照家鸽整体骨骼标本，逐一认识家鸽骨骼系统的主要骨骼及关节（图 17-2）。

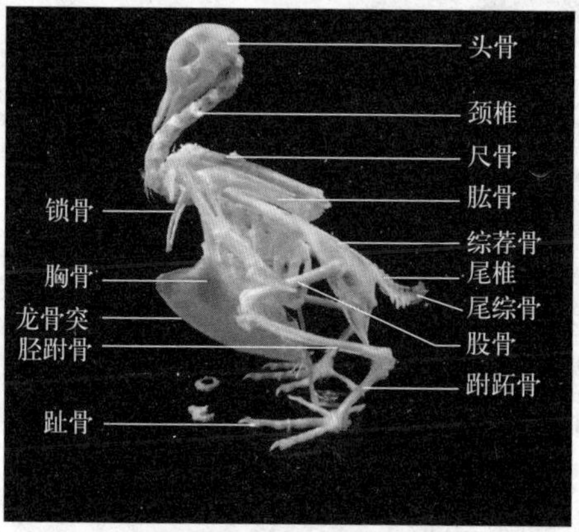

图 17-2　家鸽骨骼系统

1. 头骨

头骨大都很薄，骨片间几乎没有缝隙。前部为颜面部，由上、下颌形成喙，不具牙齿。后部为顶枕部，腹方有枕骨大孔，并有单一枕髁。

2. 脊柱

脊柱分为 5 部分，即颈椎、胸椎、腰椎、荐椎和尾椎。椎体为异凹型。

(1) 颈椎　13～14 枚，彼此分离，第 1、2 枚颈椎特化为寰椎和枢椎。鸟类椎体为马鞍形，旋转自如，因此头部可以做大角度的旋转。另外，颈椎最后2枚椎体有游离肋骨，但末端没有抵达胸骨，借此可以识别颈椎和胸椎的分界。

(2) 胸椎　5枚，彼此愈合并与腰椎愈合，每枚胸椎上有一对肋骨，这些肋骨和胸骨以关节相接。每一肋骨又分为两部分：胸肋和椎肋，二者也有可以运动的关节。这样构成的胸廓有很大的活动性。另外，前一肋骨还借一钩状突压在后一肋骨上，增强了胸廓的牢固性。胸骨上有大龙骨突，是飞翔肌肉附着的地方。

(3) 综荐骨　腰荐椎与最后1枚胸椎及5个尾椎愈合而成综荐骨。

(4) 尾椎　在愈合荐骨的后方有6个比较分离的尾椎骨。

(5) 尾综骨　位于脊柱的末端，形成三角形垂直骨板，由尾椎骨愈合而成。

3. 附肢骨骼

(1) 肩带及前肢

① 肩带：非常健壮，左右各一，在腹面与胸骨连接，由肩胛骨，乌喙骨和锁骨组成。

a. 肩胛骨：位于背侧，与脊柱平行，细长。

b. 乌喙骨：粗壮，远端与胸骨连接，另一端则和肩胛骨共同形成肩臼，与肱骨形成活动关节。

② 前肢：由于前肢变为翼，前肢骨变化很大，尤以末端为甚。由基部向末端依次为：

a. 肱骨：粗大，前端头部与肩臼形成可活动关节，肱骨腹面有一气孔，气囊由此入骨腔。

b. 锁骨：位于乌喙骨之前，左右锁骨在腹端愈合成叉状。

c. 桡尺骨：由细的桡骨和粗的尺骨组成。

d. 腕掌骨：腕骨只留两块独立骨块，一块在尺骨之下，为尺腕骨，另一块在骨之下为桡腕骨，其余腕骨均与掌骨愈合成为腕掌骨，因此形成了腕间关节(尺腕骨和桡腕骨与腕骨之间的关节)。

e. 指骨：3指。第1指骨和第3指骨短，第2指骨长。

(2) 腰带和后肢

① 腰带：构成腰带的髂骨、耻骨和坐骨相互愈合形成无名骨，其中髂骨构成无名骨的前部，坐骨构成后部；耻骨细长，位于坐骨腹缘，二者之间形成一裂缝状细孔。左右耻骨在腹中线处没有愈合，形成开放式骨盆，无名骨与综荐骨两侧相愈合。这种开放式骨盆增加了腰带的坚固性，成为后肢强有力的支持者。

② 后肢：包括股骨、胫骨和腓骨、跗骨、跖骨和趾骨。

a. 股骨：后肢最上部短而粗的骨骼，近端与腰带形成的髋臼相关节，远端与胫骨相关节。

b. 胫腓骨：由胫骨和腓骨组成。胫骨长度超过股骨，是由胫骨和近心端跗骨愈合而成，因此也称胫跗骨。腓骨退化，只有痕迹。

c. 跗跖骨：跗骨的远心端和跖骨愈合而成。因此胫跗骨和跗跖骨之间的关节称跗间关节。

d. 趾骨：4 个趾。第 1 趾向后，其他 3 趾向前，趾端有爪。

（三）家鸽内部解剖观察

可选择以下方法之一将家鸽处死：

（1）箍颈法　一只手从背方紧抓家鸽的双翼，另一只手的拇指和食指紧箍鸟的颈部（断气管通气），使其窒息而死（图 17-3）。

彩图

图 17-3　箍颈法处死家鸽

（2）溺水法　一只手紧捏家鸽双翼并紧压腋部，另一只手将其头部浸入水中，使其水中窒息而死。

（3）麻醉法　用少量脱脂棉浸以乙醚或氯仿缠于鸟的嘴基，使其麻醉致死。

将鸟背位置于解剖盘中，用水打湿腹侧羽毛，顺毛向拔去颈、胸、腹部的羽毛。拔颈部羽毛时，注意用手按住颈部薄皮肤，以免撕破。解剖时，沿着龙骨突起切开皮肤。切口前至喙基，后至泄殖腔。用解剖刀钝端分开皮肤；当剥离至嗉囊处要特别小心，以免造成嗉囊破损。沿着龙骨突的两侧及叉骨边缘，小心切开胸大肌。留下肱骨上端肌肉的止点处，下面露出的肌肉是胸小肌（图 17-4）。用同样的方法把它切开，试牵动这些肌肉了解其机能。然后沿着胸骨与肋骨相连的地方用骨剪剪断肋骨，将乌喙骨与叉骨联结处用骨剪剪断。将胸骨与乌喙骨等一同揭去，即可看到内脏的自然位置。

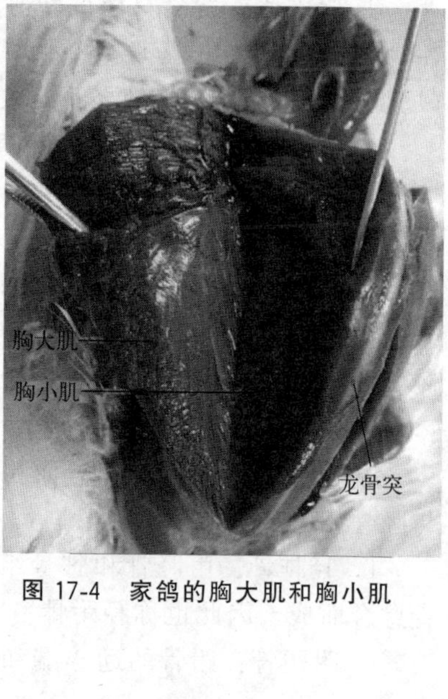

图 17-4　家鸽的胸大肌和胸小肌

1. 消化系统（图 17-5）

彩图

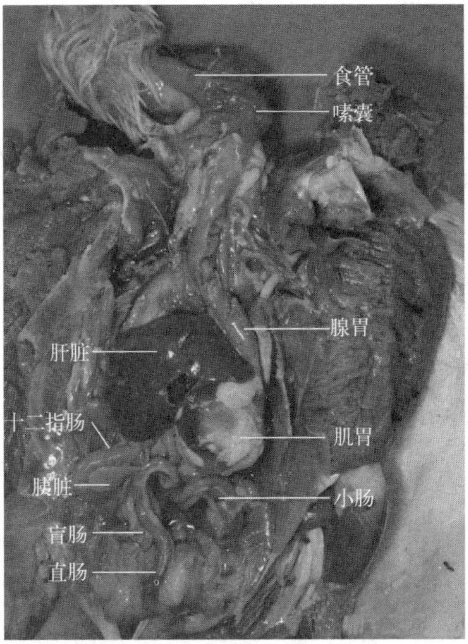

图 17-5　家鸽的消化系统

（1）消化管　家鸽的消化管由前至后分别是：口腔、食管、嗉囊、腺胃、肌胃、十二指肠、小肠、盲肠、直肠、泄殖腔及肛门。

① 口腔：上、下颌具角质喙，无齿；舌位于口腔内，前端呈箭头状（图 17-6）。口腔顶部有内鼻孔。口腔后部为咽部。口腔后部为咽部。

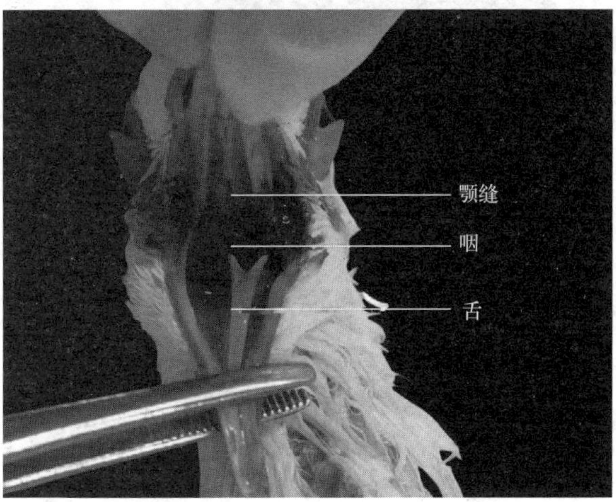

图 17-6　家鸽的口腔结构

② 食管：为食物的运输通道，沿颈的腹面左侧下行，在颈的基部膨大成嗉

囊。嗉囊可储存食物和软化食物。

③ 胃：由腺胃和肌胃组成。腺胃又称前胃，上端与嗉囊相连，呈长纺锤形。剪开腺胃观察内壁上有丰富的消化腺乳头。肌胃又称砂囊，上连前胃，位于肝脏的右叶后缘，为一扁圆形的肌肉球。剖开肌胃，观察呈辐射状排列的肌纤维。肌胃胃壁厚硬，内壁覆有硬的角质膜，呈黄绿色。肌胃内藏砂粒，用以磨碎食物。

④ 十二指肠：位于腺胃和肌胃的交界处，呈 U 形弯曲（在此弯曲的肠系膜内有胰腺着生）。找寻胆管和胰管的入口处。

⑤ 小肠：细长，盘曲于腹腔内，后端与直肠相连。

⑥ 短而直，末端开口于泄殖腔。在其与小肠的交界处，有 1 对豆状的盲肠。鸟类的直肠较短，不能储存粪便。

（2）消化腺　包括肝和胰腺。由胆囊（家鸽无胆囊）伸出两支胆管注入十二指肠。

2. 呼吸系统

（1）外鼻孔　家鸽位于蜡膜的前下方。

（2）内鼻孔　内鼻孔位于口腔顶部两条纵走的黏膜褶襞间的纵裂缝（称为颚缝）内。

（3）喉　位于舌根之后，中央的纵裂为喉门。

（4）气管　一般与颈同长，以完整的软骨环支持。在左右支气管分叉处有一较膨大的鸣管，是鸟类特有的发声器官（图 17-7）。

（5）肺　左右 2 叶。位于胸腔的背侧，为 1 对弹性较小的实心海绵状器官（图 17-7）。

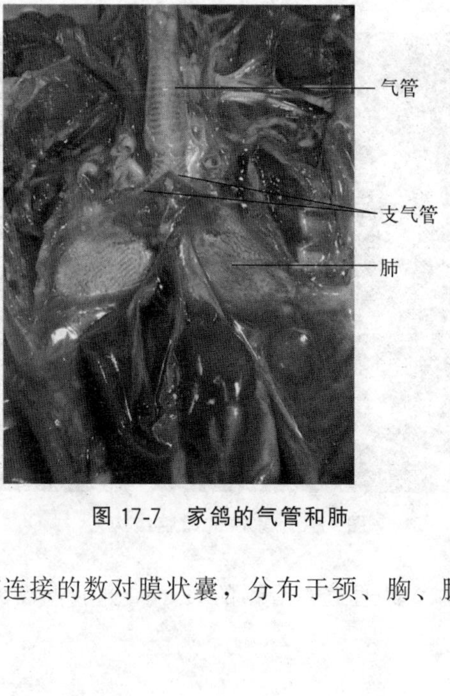

彩图

图 17-7　家鸽的气管和肺

（6）气囊　与肺连接的数对膜状囊，分布于颈、胸、腹和骨骼的内部。家鸽共具 9 个气囊。将洗耳球前端插入喉门并充气，可见腹部两侧的腹气囊膨胀。

3. 循环系统

（1）心脏　位于胸腔内。用镊子拉起心包膜，纵向剪开并除去心包膜，可见心脏呈倒圆锥形，并被脂肪带分成前后两部分。前面褐红色壁薄的是左、右心房，后面颜色较浅壁厚的是左、右心室（图 17-8）。

彩图

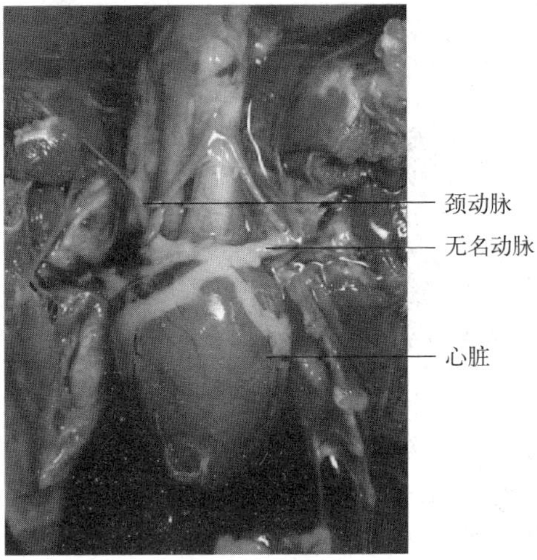

图 17-8　家鸽的心脏

（2）动脉　靠近心脏的基部，将余下的心包膜、结缔组织和脂肪清理出去，暴露出来两条较大的灰白色的无名动脉。无名动脉分出颈动脉、锁骨下动脉、肱动脉和胸动脉，分别进入颈部、前肢和胸部。用镊子轻轻提起右侧的无名动脉，将心脏略往下拉，可见右体动脉弓走向背侧后，转变为背大动脉后行，沿途发出许多血管到有关器官。再将左、右无名动脉略略提起，可见下面的肺动脉分成两支后，绕向背后侧而到达肺。

（3）静脉　在左、右心房的前方可见到两条粗而短的静脉干，为前大静脉，入右心房。前大静脉由颈静脉、肱静脉和胸静脉汇合而成。将心脏翻向前方，可见 1 条粗大的由肝右叶前缘通至右心房的后大静脉。

从实验观察中可以看到鸟类的心脏体积很大，并分化成两室两房；静脉窦退化；体动脉弓只留下右侧的 1 支。因而动、静脉血完全分开，建立了完善的双循环。思考上述特点与鸟类的飞翔生活方式有何联系？

4. 泄殖系统

（1）排泄系统

① 肾脏：紫褐色，左右成对，各分成 3 叶，贴近于体腔背壁。

② 输尿管：沿体腔腹面下行，通入泄殖腔。鸟类不具膀胱。

③ 泄殖腔：将泄殖腔剪开，可见到腔内具两横褶，将泄殖腔分为 3 室：前

面较大的为粪道，直肠即开口于此；中间为泄殖道，输精管（或输卵管）及输尿管开口于此；最后为肛道。

（2）生殖系统　各组家鸽性别不同，可交换观察。

① 雄性：具成对的白色睾丸。从睾丸伸出输精管，与输尿管平行进入泄殖腔。多数鸟类不具备外生殖器。家鸽无交配器（图 17-9）。

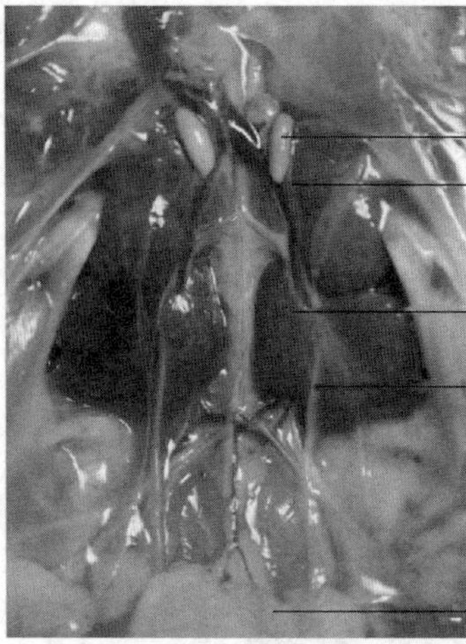

彩图

图 17-9　家鸽雄性泄殖系统

② 雌性：右侧卵巢退化，左侧卵巢内充满卵泡；有发达的输卵管，前缘形成伞形通体腔；后方弯曲处的内壁富有腺体，可分泌蛋白质并形成卵壳；末端短而宽，开口于泄殖腔（图 17-10）。

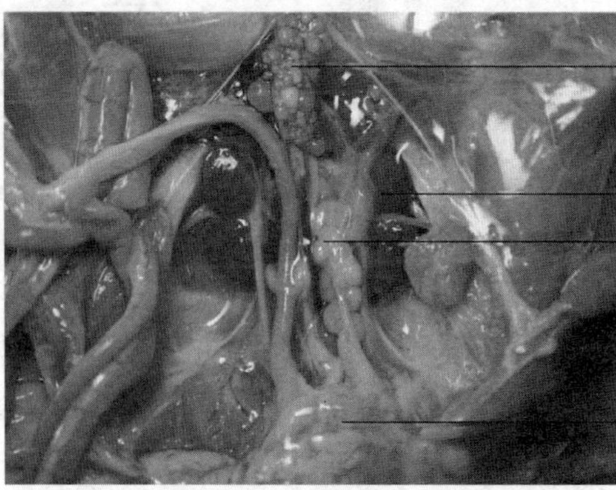

图 17-10　家鸽雌性泄殖系统

五、注意事项

1. 拔颈部羽毛时，注意用手按住颈部薄皮肤，以免撕破。

2. 剪至嗉囊处皮肤时，应将皮肤与嗉囊壁分离开后再剪开皮肤，以免剪破嗉囊壁。

3. 剪至乌喙骨与叉骨联结处时要特别小心，须仔细观察并避开该处的血管。

六、实验作业

1. 绘制鸟类消化系统结构示意图。

2. 通过实验观察，归纳鸟类的哪些形态结构特征表现了对飞翔生活的适应。

七、课后拓展

1. 刘娟，于欣，田宇. 家鸽器官石蜡组织切片制作与观察 [J]. 黑龙江畜牧兽医，2019，(10)：158-159+180.

2. 朱静. 基因组学研究揭示家鸽的地理起源 [J]. 中国家禽，2013，35 (13)：31.

3. Mahdy M A A, Mohammed E S I. Anatomical, histological, and scanning electron microscopic features of the esophagus and crop in young and adult domestic pigeons (*Columba livia Domestica*) [J]. BMC Veterinary Research, 2024, 20 (1): 428.

（谢广龙）

实验十八
家兔的解剖

一、实验目的和要求

1. 通过对家兔的外部形态及内部解剖观察，了解哺乳动物的主要特征。
2. 学习哺乳动物的解剖技术。

二、实验内容

1. 观察家兔的外形。
2. 观察家兔运动系统。
3. 观察家兔内脏各系统。

三、实验材料和用具

实验材料：活家兔。

实验用具：解剖器械、注射器及针头。

四、实验操作与观察

（一）家兔的外形观察

兔隶属于哺乳纲，真兽亚纲，兔形目。身体可分为头、颈、躯干、尾和四肢等部分。在胸部前和腹部后各有 1 对前肢和后肢。除鼻端、掌、足、蹠和指、趾的腹面外，其余全身被毛。毛分针毛、绒毛和触毛。针毛粗长而稀，有毛向；绒毛位于针毛下面，细短而密，无毛向；触毛（触须）分布在眼和口鼻周围，长而硬（图 18-1）。

彩图

图 18-1　家兔外形及抓取方式

1. 头部

较大，呈长圆形。着生眼、耳、鼻、口等器官。鼻的先端有一肉质的吻。1对外鼻孔开口于吻端斜侧。两鼻孔间有鼻中隔。鼻下为口，口周由肉质的上下唇组成，上唇中央有一明显的纵裂。眼着生于头的两侧，眼以前为颜面区，眼以后为头颅区。眼具活动的上下眼睑和退化的瞬膜。处死后可用镊子从前眼角将瞬膜拉出。耳着生于眼后的头部后上方，外耳壳呈漏斗状，其基部为外耳道。

2. 颈

头后有明显的颈部，但很短。

3. 躯干部

躯干较长，分为背部、胸部和腹部。背部有明显的腰弯曲。胸、腹部以体侧最后一根肋骨为界。雌兔胸腹部有3～6对乳头（以4对居多），但幼兔和雄兔不明显。近尾根处有肛门和泌尿生殖孔。泌尿生殖孔在前，肛门在后。肛门两侧各有一无毛区称为鼠蹊部，鼠蹊腺开口于此，此腺分泌物带有家兔特有的气味。雌兔泌尿生殖孔为阔裂缝状，称为阴门，其两侧隆起形成阴唇。雄兔泌尿生殖孔位于阴茎顶端。成年雄兔肛门两侧有明显的阴囊，生殖时期，睾丸由腹腔下降入阴囊内。

4. 尾部

短小，在躯干末端。

5. 四肢

位于腹面，出现了肘和膝。前肢短小，分为上臂、下臂、腕、掌、指五部分。肘部向后弯曲。第1指无爪，其余4指均有爪。后肢较长，分为股、胫、跗、蹠、趾五部分。膝部向前弯曲。具4趾，第1趾退化，均有爪。

（二）家兔运动系统的观察

1. 中轴骨骼

兔的中轴骨骼由脊柱、胸廓和头骨构成（图18-2）。

以观察脊柱为主。兔的脊柱大约由46块脊椎骨组成。可分为5部分，即颈椎、胸椎、腰椎、荐椎和尾椎。

（1）胸椎　特点是背面的椎棘发达，腹侧与肋骨相连。以1枚分离的胸椎为代表，注意观察脊椎骨以下各部分结构。

① 椎体：哺乳类的椎体为双平型，呈短柱状，可承受较大的压力。椎体之间具有弹性。

② 椎弓：位于椎体背方的弓形骨片，内腔容纳脊髓。

③ 椎棘：椎弓背中央的突起，为背肌的附着点。

④ 横突及关节突：横突为椎弓侧方的突起，其前后各有前、后关节突，与相邻椎骨的关节突相关节。

⑤ 肋骨关节面：胸椎的横突末端有关节面与肋骨结节相关节。相邻椎骨的椎体共同组成一个关节面与肋骨小头相关节。因而肋骨与脊椎之间具有双重联结。

在观察单个脊椎骨的基础上，试比较脊柱各区的椎骨外形有何不同。然后对颈椎、胸椎、腰椎和荐椎分别进行计数，并思考它们各有何特点。取第 1、第 2 枚颈椎进行观察：第 1 颈椎称为寰椎，外观呈环状，前缘有 1 对关节面与头骨的枕骨髁相关节。第 2 颈椎称枢椎，其所伸出的齿状突深入寰椎的腹方，从而头骨与寰椎，可一起在枢椎的齿突上旋转（这种结构对于陆栖生活有什么意义）。

（2）腰椎　12～15 枚。在椎骨中显得最为粗壮。横突发达并斜指向前下方。

（3）荐椎　由 4 个椎骨组成，构成愈合荐骨。愈合荐骨借宽大的关节面与腰带相关节（试回忆蛙和爬行类的荐椎，理解荐椎的数目和形态的变化对陆生生活的意义）。

（4）尾椎　由 15～16 块椎骨组成。前面数枚尾椎具有椎管，以容纳脊髓的终丝；后面的尾椎仅有椎体，呈圆柱状。

彩图

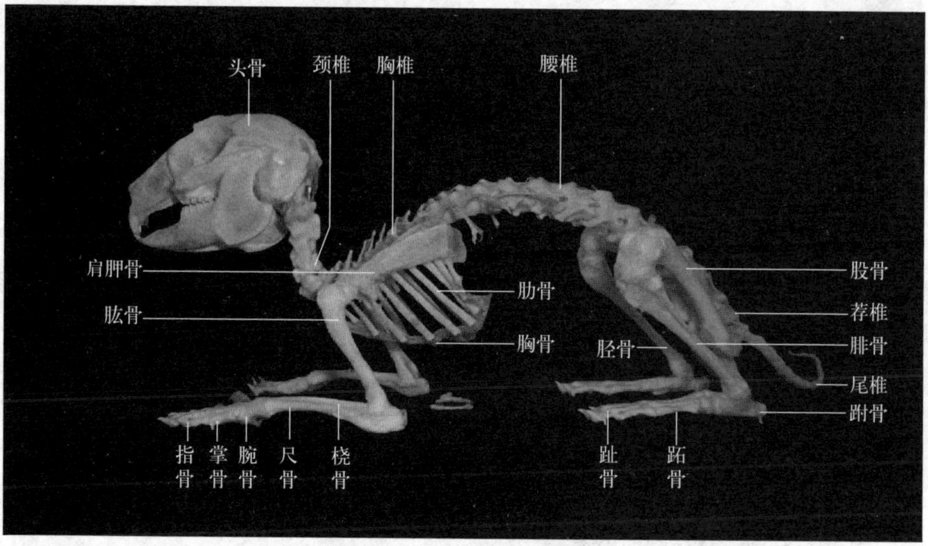

图 18-2　家兔的骨骼系统

2. 带骨和肢骨

以观察带骨为主（图 18-2）。

（1）肩带和前肢骨　肩带由肩胛骨和锁骨组成。肩胛骨为一较大的三角形骨片，其前端的凹窝即为肩臼，与前肢的肱骨相关节。肩臼上方可见一小而弯的突起，称为乌喙突。它相当于低等种类乌喙骨的退化痕迹。肩胛骨背方的中央隆起，称为肩胛嵴，是前肢运动肌肉所附着的地方。兔的锁骨退化成 1 个小薄骨片，两端各以韧带连于胸骨柄和肱骨之间。

前肢骨骼由肱骨、桡骨、尺骨、腕骨、掌骨及指骨组成。

（2）腰带及后肢骨　腰带由髂骨、坐骨和耻骨愈合而成的无名骨构成。3 块骨所构成的关节窝称髋臼，与后肢的股骨相关节。髂骨以粗大的关节面与脊柱的荐骨相联结。左右耻骨在腹中线处联合，称为耻骨联合。由耻骨、坐骨及髂骨所构成的骨腔为盆腔；消化、泌尿及生殖管道均从盆腔穿过而通体外。位于每侧坐骨与耻骨中间的圆孔，称为闭孔，可供血管和神经通过。

后肢骨骼由股骨、胫骨、腓骨、跗骨、跖骨、趾骨组成。胫骨较腓骨大且长。此外，在股骨下端还有 1 块膝盖骨。

哺乳类肢骨的基本结构与其他陆生的四足动物基本相似。注意哺乳类与爬行类肢骨的着生位置有何差异。

3. 肌肉系统

四肢肌肉强大，尤以后肢更为强大，适应快速奔跑；皮肤肌发达，位于皮下，有牵动皮肤的功能；出现特殊的膈肌，把胸腔和腹腔完全隔开，膈肌的运动可以改变胸、腹腔的容积，参与呼吸作用，在排泄和排遗过程中，也有一定作用。

（三）家兔内脏各系统的观察

一般采用空气栓塞法处死用于解剖目的的家兔。用注射器向兔耳缘静脉注入 10～20mL 空气，使血管内形成气栓，阻碍血液循环，造成缺氧而死（图 18-3）。将已处死的兔仰卧于解剖盘中，蘸清水润湿腹中线上的毛，然后自泄殖孔稍前处提起皮肤，沿腹中线由后向前直抵颌下把皮肤剪开；在颈部将皮肤向左右横剪到耳根。再用镊子夹住皮肤边缘，用解剖刀划断皮下结缔组织，分离皮肤和肌肉。然后沿腹中线略偏左侧剪开腹壁。在肋骨后缘处，向两侧横向剪开体壁，可见横膈膜、腹腔原位结构。剪开横膈膜边缘，沿胸骨一侧用骨钳剪断肋骨，用剪刀分离胸骨内侧的结缔组织，剪开第 1 肋骨至下颌骨联合的肌肉，剪去胸骨。可见横膈膜上方胸腔内各器官的原位结构。至此兔颈部及胸、腹腔内的脏器全部暴露（图 18-4）。

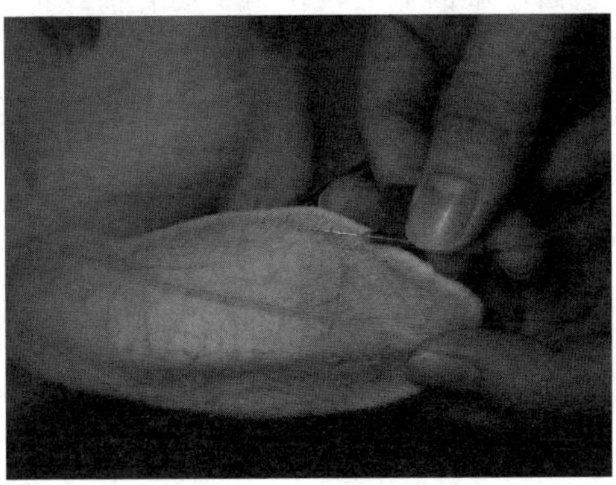

图 18-3　空气栓塞法处死家兔

彩图

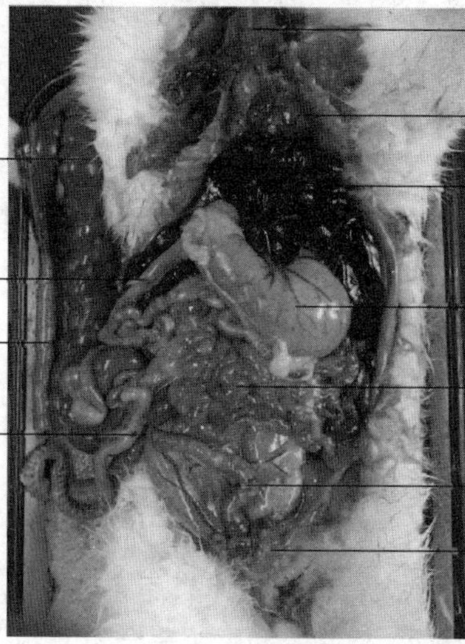

彩图

图 18-4　家兔的主要内脏器官

1. 循环系统

（1）静脉系统　哺乳动物的静脉系统主要由 1 对前大静脉和 1 条后大静脉组成，汇集全身的静脉血返回右心房。根据教科书上家兔的循环系统模式图进行观察。

围心腔位于胸腔中央。用镊子提起围心膜，用小剪刀细心地剪开围心腔，观察心脏及其周围的血管。心脏肌肉壁最厚的地方是心室，心室下面的两侧为心房（心脏的解剖留待后面再做）。

① 前大静脉：分左右两支，位于第 1 肋骨的水平处，汇集锁骨下静脉和总颈静脉的血液，向后行进入右心房。主要由以下血管汇合而成。

a. 锁骨下静脉：分左右两支，很短，自第 1 肋骨和锁骨之间进入胸部。此静脉主要收集由前肢和胸肌返回心脏的血液，在第 1 肋骨前缘汇入总颈静脉以后，形成前大静脉。

b. 总颈静脉：1 对，短而粗，分别由外颈静脉和内颈静脉汇合而成，主要收集头部的血液返回心脏。

外颈静脉：分左右两支，位于表层，较粗大，汇集颜面部和耳郭等处的回心血液。

内颈静脉：分左右两支，位于深层，细小，汇集脑颅、舌和颈部的血液流回心脏（此血管不必细找）。内颈静脉在锁骨附近与外颈静脉汇合形成总颈静脉，再与锁骨下静脉汇合，形成前大静脉。

c. 奇静脉：1 条，位于胸腔的背侧，紧贴胸主动脉和脊柱的右侧。此血管为右后主静脉的残余，主要收集肋间静脉的血液，汇入右前大静脉（兔没有半奇静脉）。

② 后大静脉：收集内脏和后肢的血液回心脏，注入右心房。在注入处与左右前大静脉汇合。后大静脉的主要分支如下。

a. 肝静脉：来自肝脏的短而粗的静脉，4～5 条。此血管出肝后，在横膈后面汇入后大静脉。

b. 肾静脉：1 对，来自肾脏。右肾静脉高于左肾静脉。

c. 腰静脉：6 条，较细小，收集背部肌肉的血液进入后大静脉。

d. 生殖静脉：1 对，雄体来自睾丸；雌体来自卵巢。右生殖静脉注入后大静脉；左生殖静脉注入左肾静脉。

e. 髂腰静脉：1 对，较细，位于腹腔后端。分布于腰背肌肉之间，收集腰部体壁的血液注入后大静脉。

f. 总髂静脉：外髂静脉分为左右两支，分别收集左右后肢的血液，最后汇入后大静脉。

③ 肝门静脉：肝门静脉汇合内脏各器官的静脉进入肝脏（收集胰、脾、胃、大网膜、小肠、盲肠、结肠、胃的幽门及十二指肠等的血液）。

（2）动脉系统　将一侧的前大静脉结扎，然后剪断；去掉脂肪以便观察心脏附近的大血管。

哺乳动物仅有左体动脉弓。用镊子将家兔的心脏拉向右侧，可见大动脉弓由左心室发出，稍前伸即向左弯折走向后方。在贴近背壁中线，经过胸部至腹部后端的动脉，称为背大动脉。一般情况下大动脉弓分出 3 支大动脉，最右侧的称为无名动脉，中间的为左总颈动脉，最左侧的为左锁骨下动脉。但不同个体大动脉弓的分支情况有所不同。

① 无名动脉：为 1 条短而粗的血管，具有两大分支，即右锁骨下动脉和右总颈动脉。

a. 右锁骨下动脉：到达腋部时可成为腋动脉，伸入上臂后形成右肱动脉。

b. 右总颈动脉：沿气管右侧前行至口角处，分为内颈动脉和外颈动脉。内颈动脉绕向外侧背方，但其主干进入脑颅，供应脑的血液；另有一小分支分布于颈部肌肉。外颈动脉的位置靠内侧，前行分成几个小支，给头部颜面部和舌供应血液（不需细找）。

② 左总颈动脉：分支与右总颈动脉相同。

③ 左锁骨下动脉：分支情况与右锁骨下动脉相同。

④ 肋间动脉：背大动脉经胸腔时分出若干成对的小动脉，与肋骨平行，分布于胸壁上。肋间静脉和肋间神经与肋间动脉相伴行。

⑤ 腹腔动脉：将腹腔中的内脏推向右侧，可见背大动脉进入腹腔后，立即分出一大支血管，即腹腔动脉。此动脉前行 2cm 左右分成 2 支，一支到胃和脾，称胃脾动脉；另一支至胃、肝、胰和十二指肠，称为胃肝动脉。

⑥ 前肠系膜动脉：位于腹腔动脉的下面，由前肠系膜动脉再分支至小肠和大肠（直肠除外），以及胰腺等器官。

⑦ 肾动脉：1 对。右肾动脉在上肠系膜动脉的上方；左肾动脉在上肠系膜动脉的下方。

⑧ 后肠系膜动脉：为背大动脉后端向腹面偏右侧伸出的一小血管，分布至降结肠和直肠上。

⑨ 生殖动脉：1 对。雄性分布至睾丸；雌性分布至卵巢。

⑩ 腰动脉：由背大动脉发出，共 6 条，进入背部肌肉。观察时应先将背大动脉两侧的结缔组织和脂肪分离开，再用大镊子轻轻托起背大动脉即可看到。

⑪ 总髂动脉：在背大动脉后端。左右分为两支，称为总髂动脉。每侧的总髂动脉又分出外髂动脉和内髂动脉。外髂动脉下行到后肢，在股部开始易名为股动脉。内髂动脉是总髂动脉内侧的 1 条细小分支，分布到盆腔、臀部及尾部。

⑫ 尾动脉：在背大动脉的最后端，从背侧分出一细小动脉通入尾部。

（3）心脏及其附近的大血管

① 与心脏相连的大血管

a. 大动脉弓：为一粗大的血管，由左心室发出，向前转至左侧而折向后方。

b. 肺动脉：由右心室发出，随后即分为两支，分别进入左右两肺（在心脏的背侧即可看到）。

c. 肺静脉：分为左右两大支，由肺发出，由背侧入左心房。

d. 左右前大静脉、后大静脉：共同进入右心房。

② 心脏的构造：首先注意观察心脏的正常位置和形状。然后将心脏周围的血管剪断。剪断血管时，务必留一段血管，使其连于心脏上，以便观察心脏与血管连接的情况。按下列步骤进行解剖观察。

将离体心脏在水中洗净后，先沿右心房中线偏外侧处纵行剪开，即可看到右心房的腔，然后再沿腔的腹壁横向剪开右心房与右心室之间的壁。沿此切口再于右心室的腹壁上纵行剪开，即可打开右心房和右心室。用猪鬃穿通静脉在右心房上的开口，再穿通右心室通往肺动脉的孔，即能看清血管在心脏开口的情况。用同样方法剖开左心房和左心室（图 18-5）。试思考：左心房和左心室有什么血管通入；左心室和右心室有什么不同；为什么在哺乳类动物的心脏中，血液没有混合现象。

为了进一步观察心脏各瓣膜的结构，教师也可用猪心或牛心作示范观察。

2. 消化和呼吸系统

从颈部将皮肤向左、右横向剪至耳郭基部。以左手持镊子夹起颈部剪开的皮肤边缘，右手用解剖刀小心地清除皮下结缔组织。按下列顺序进行观察。

（1）唾液腺　兔有 4 对唾液腺。

① 腮腺（耳下腺）：位于耳壳基部的腹前方，紧贴皮下，剥开皮肤即可看

见。腮腺为不规则的淡红色腺体，其腺管开口于口腔底部（不必细找）。

② 颌下腺：位于下颌后部腹面两侧的 1 对卵圆形腺体。其腺管开口于口腔底部（不必细找）。

③ 舌下腺：位于左右颌下腺的外上方，形小，淡黄色。将附近淋巴结（圆形）移开，即可看到近于圆形的舌下腺。由腺体的内侧伸出 1 对舌下腺管开口于口腔底部（图 18-6）。

④ 眶下腺：位于眼窝底部前方，呈粉红色（图 18-7）。

彩图

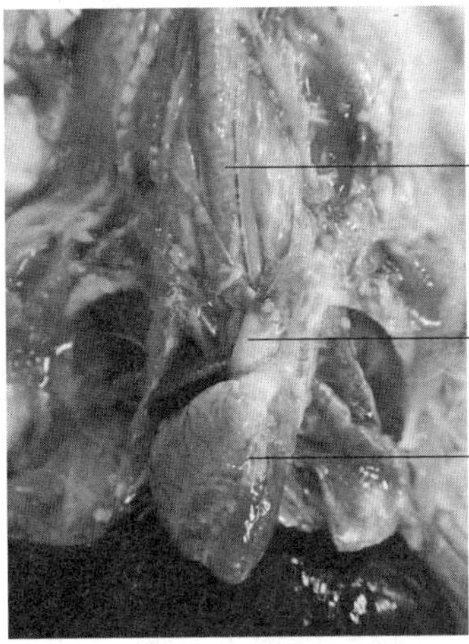

图 18-5 家兔的心脏

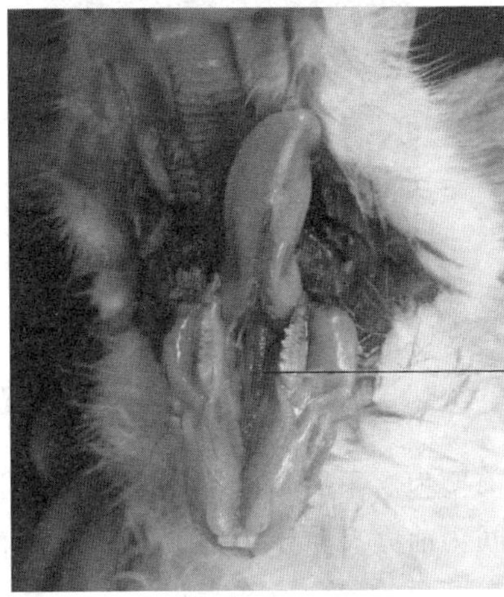

图 18-6 家兔的舌下腺

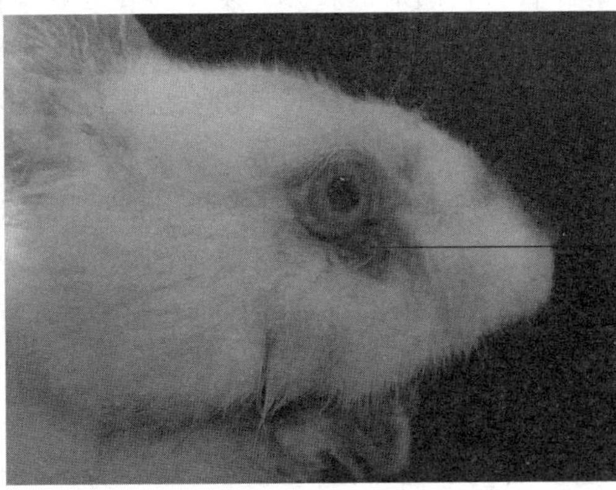

图 18-7 家兔的眶下腺

(2) 口腔 沿口角将颊部剪开，清除一侧的咀嚼肌，并用骨剪剪开该侧的下颌骨与头骨的关节，即可将口腔全部揭开（图 18-8）。

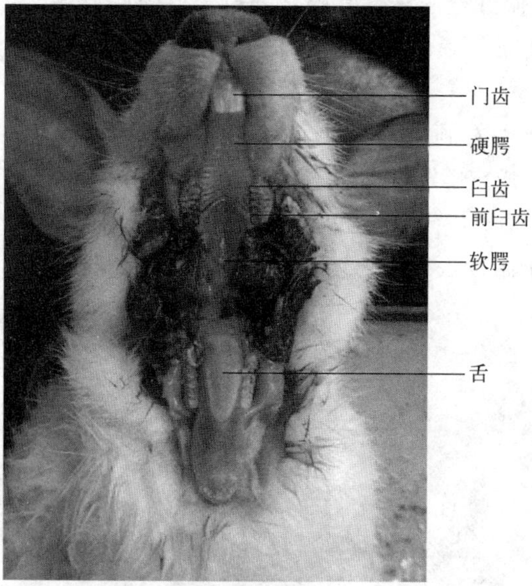

彩图

图 18-8　家兔的口腔内部结构

口腔的前壁为上下唇，两侧壁为颊部，上壁为腭，下壁为口腔底。口腔前面牙齿与唇之间为前庭。位于最前端的 2 对长而呈凿状的牙为门牙；后面各有 3 对短而宽且具有磨面的前臼齿和臼齿。

在口腔顶部的前端，用手可摸到硬腭；后端则为软腭。硬腭与软腭构成鼻通路。口腔底部有发达的肉质唇。舌的前部腹方有系带将舌连在口腔底上。舌的表面有许多小乳头状突起，其上有味蕾。舌的基部有一单个的轮廓乳头状突起。

（3）咽部　咽位于软腭后方背面。由软腭自由缘构成的孔为咽峡。沿软腭的中线剪开，露出的腔是鼻咽腔，为咽部的一部分。鼻咽腔的前端是内鼻孔。在鼻咽腔的侧壁上有 1 对斜的裂缝为耳咽管的开口。如用猪鬃探测，此管可通中耳腔。咽部后面渐细，连接食管。食管的前方为呼吸道的入口。此外有一块叶状的突出物称会厌（位于舌的基部）。食物通道与气体通道在咽部后面进行交叉，会厌能防止食物进入呼吸道。

（4）喉头、气管和肺

① 喉头：将颈部腹面的肌肉除去，以便观察。喉头为一软骨构成的腔。喉头顶端有一个很大的开口即声门。喉头的背缘有会厌。会厌的背面为食管的开口。喉头腹面的大型盾状软骨为甲状软骨。其后方为围绕喉部的环状软骨。环状软骨的背面较宽，其上有 1 对小的突起为杓状软骨。喉头腔内壁上的褶状物为声带。

为了继续观察需剪开颈部后面的肌肉，并打开胸腔。用骨剪剪断肋骨，除去胸骨，即可观察胸腔的内部构造。

② 气管：由喉头向后延伸的气管，管壁由许多软骨环支持，软骨环的背面不完整，紧贴食管。气管向后伸分成两支进入肺。在环状软骨的两侧各有一扁平椭圆形的腺体为甲状腺。

③ 肺：气管进入胸腔后，分两支入肺。每支与肺的基部相连。肺为海绵状器官，位于心脏两侧的胸腔内。

（5）消化管和消化腺

① 消化管

a. 食管：位于气管背面，由咽部后行伸入胸腔，穿过横膈膜进入腹腔与胃连接。

b. 胃：为一扩大的囊，一部分为肝脏所遮盖。胃与食管相连处为贲门；与十二指肠相连处为幽门。胃分为两部分：左侧胃壁薄而透明，呈灰白色，黏膜上有黏液腺；右侧胃壁的肌肉质较厚，且有较多的血管，故呈红灰色。黏膜上有纵行的棱和能分泌胃液的腺体。在胃的左下方有一深红色的条状腺体为脾脏。属淋巴器官。

c. 肠管：肠管的前端细而盘旋的部分为小肠；后段为大肠。小肠又分为十二指肠、空肠和回肠；大肠则分为结肠和直肠。小肠和大肠交界处有盲肠。十二指肠在胃的幽门之后，弯折并向右行，接近肝脏的一侧有胆总管注入。在其对侧有胰管注入。空肠和回肠在外观上没有明显的界限。十二指肠后端为空肠，再后为回肠。盲肠是介于小肠和大肠交界处的盲囊。草食性动物的盲肠较发达，肉食性动物则退化。结肠的肠管上有由纵行的肌肉纤维形成的结肠带，将肠管紧缩成环结状，故名为结肠。结肠又分为升结肠、横结肠和降结肠三部分，按其自然位置即可区别。大肠的最后端为很短的直肠，直肠开口于肛门。

② 消化腺：前面介绍的唾液腺也是消化腺。下面讲的是分布在消化管外，以导管通向消化管的消化腺。

a. 肝脏：为体内最大的消化腺，位于腹腔的前部，呈深红色。分为 6 叶，即左外叶、左中叶、右中叶、右外叶、方形叶和尾形叶。在尾形叶与右外叶之间有动脉、静脉、神经和淋巴管的通路，称为肝门。兔的胆囊位于肝的右中叶之背侧，胆汁沿胆总管进入十二指肠（图 18-9）。

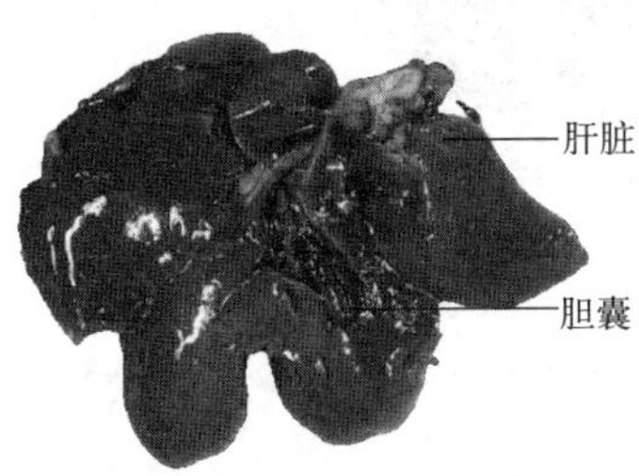

彩图

图 18-9　家兔的肝脏和胆囊

b. 胰脏：散于十二指肠的弯曲处，是一种多分支的淡黄色腺体。有 1 条（大鼠有数条）胰腺管开口于十二指肠，不需详细寻找（图 18-10）。

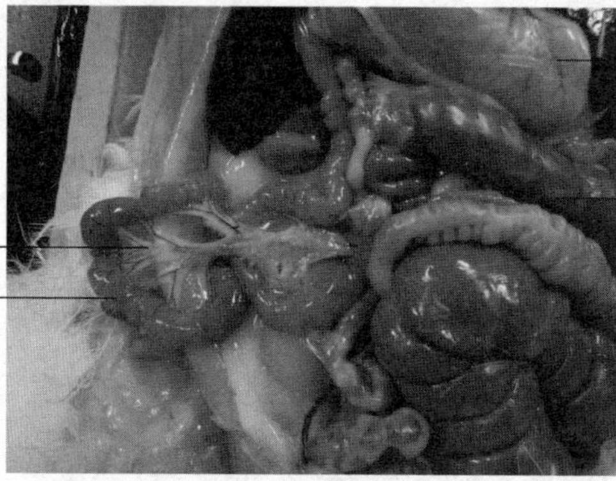

图 18-10　家兔的胰脏

3. 泄殖系统

（1）排泄系统　肾脏为紫红色的豆状结构。位于腹腔背面，以系膜紧紧地联结在体壁上。由白色的输尿管连于膀胱。肾脏前方有一小圆形的肾上腺（内分泌腺）。尿经膀胱通连尿道，直接开口于体外。剪下一侧肾脏。沿侧面剖开，用水冲洗后观察：外周部分为皮质部，内部有辐射状纹理的部分为髓质部。肾中央的空腔为肾盂。从髓质部有乳头状突起伸入肾盂。尿即经肾乳头汇入肾盂，再经输尿管入膀胱背侧（图 18-11）。

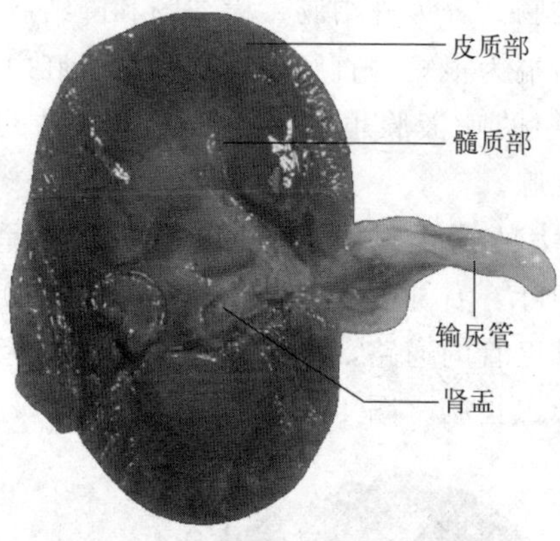

彩图

图 18-11　家兔的肾脏矢状剖面

（2）生殖系统　雌雄标本可于解剖之后交互观察。

① 雄性：睾丸为 1 对白色卵圆形器官，在繁殖期下降到阴囊中，非繁殖期则缩入腹腔内。阴囊以鼠蹊管孔通腹腔。睾丸端部的盘旋管状构造为副睾。由副睾伸出的白色管即为输精管。输精管经膀胱后面进入阴茎而通体外。在输精管与

膀胱交界处的腹面，有 1 对鸡冠状的精囊腺。横切阴茎，可见位于中央的尿道，尿道周围有 2 个富于血管的海绵体。

② 雌性：在肾脏上方的紫黄色带有颗粒状突起的腺体为卵巢。卵巢外侧各有 1 条细的输卵管。输卵管借端部的喇叭口开口于腹腔。输卵管下端膨大部分为子宫。有的标本子宫内有小胚胎或已被吸收的“子宫斑”（紫色斑点）。两侧子宫结合成“V”字形，经阴道开口于体外（图 18-12）。

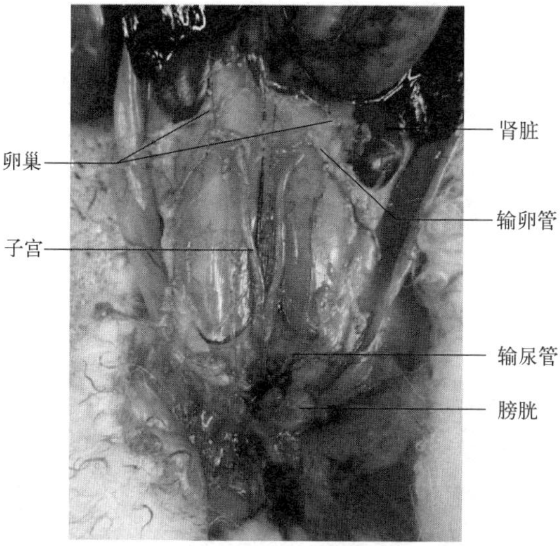

彩图

图 18-12　家兔排泄系统及雌性生殖系统

雄性和雌性的肛门、尿道和生殖孔的开口各有何不同？

五、注意事项

1. 空气栓塞法处死家兔时，应从远心端到近心端注射空气。

2. 解剖过程中，在剪开腹壁和胸壁时剪刀尖应向上挑，以免损伤血管和内脏器官。

3. 剪弃胸骨柄时须注意，以免损伤与心脏相连的大血管。

六、实验作业

1. 依照所做实验标本，绘制兔消化系统和泌尿生殖系统简图。

2. 思考次生腭是由哪些结构组成的？它的出现有何重要意义？

七、课后拓展

1. 何智明，陈东风，邹香云，等. 家兔心肌缺血模型与冠状动脉左室支解剖特点关系 [J]. 中国临床解剖学杂志，1994，(1)：54-56.

2. 陈仕毅，蒋庚龙，贾先波，等. 家兔引种群体大小与选种方案对性能和近交的影响 [J]. 中国畜牧杂志，2023，59 (9)：164-170.

3. Llobat L，Marín-García P J. Application of protein nutrition in natural ecosystem management for european rabbit (*Oryctolagus cuniculus*) conservation [J]. Biodiversity and Conservation，2022，31 (5)：1435-1444.

（谢广龙）

第二篇　　综合性实验

实验十九 昆虫分类

一、实验目的和要求

1. 学习昆虫分类的基本知识，初步学会检索表的使用和编制方法。
2. 了解昆虫纲各重要目的主要特征，认识一些常见种类。

二、实验内容

1. 观察昆虫不同类型的口器、翅、足和触角。
2. 教师指定属种昆虫，学生按照检索表鉴定到目。

三、实验材料和用具

实验材料：昆虫成虫干制针插标本或浸制标本、供学生练习鉴定的昆虫标本。

实验用具：手持放大镜、体视显微镜、解剖剪、镊子、大头针、蜡盘、铅笔、检索表等。

四、实验操作与观察

（一）分类的基本知识

昆虫分类是昆虫识别的基础。昆虫是自然界种类数量最多的一类动物，它们和其他生物一样，现今的昆虫也经历了由简单到复杂、由低级到高级的进化历程，昆虫之间存在着或亲或疏的亲缘关系。昆虫分类就是追寻这种亲缘关系，并按照这种亲缘关系分门别类，建立昆虫的分类系统。昆虫分类是认识昆虫的基本方法。

（1）种是客观存在的实体，也是分类的实体。种是分类、进化和繁殖的基本单位，由自然界能够相互繁育的种群组成，同一物种的个体在外部形态、生物学特性等方面都表现出相同的特征和特性。昆虫分类学家通过相似性的比较，把相近缘的种类集合成属，把相近缘的属集合成科，把相近缘的科集合成目，把相近缘的目集合成纲，即昆虫纲。

（2）分类单位　昆虫分类采用生物学上的分类单位，包括界、门、纲、目、科、属、种 7 个分类单位。昆虫的分类系统是昆虫分类学家根据昆虫各个类群之间亲缘关系所建立的。分亚纲和分目的主要标志是根据翅的有无、形状、对数和质地，口器的类型，触角、足、腹部附肢的有无及其形态、变态类型等。分目的多少主要在于无翅亚纲、直翅类、网翅类、半翅类和脉翅类各目的分法，以及几个小目的取舍。本部分内容列举了现存昆虫纲 34 个目的分目检索表，以便使学生在观察、检索和对比中识别昆虫。

（二）昆虫常用的重要分类特征

1. 翅的类型

（1）膜翅　膜质，薄而透明，翅脉清晰可见，如蜜蜂的前后翅。

（2）革翅　革质，稍厚而有弹性，半透明，翅脉仍可见，如蝗虫的前翅。

（3）鞘翅　角质，厚而硬化，不透明，如甲虫的前翅。

（4）半鞘翅　基半部厚，角质或革质；端半部膜质，薄而透明，如椿象的前翅。

（5）鳞翅　膜质，表面密被鳞片，如蝴蝶的翅。

（6）毛翅　膜质，表面密布长刚毛，如石蝇的翅。

（7）缨翅　膜质，狭长，边缘着生缨状刚毛，如蓟马的翅。

（8）平衡棒　后翅退化并特化成 1 对细小的棒状物，如蚊的后翅。

（9）拟平衡棒　前翅退化并特化成 1 对细小、弯曲的棒状物，作用与平衡棒相同。

2. 触角的类型

（1）刚毛状　鞭节短小、纤细、似刚毛，如蜻蜓的触角。

（2）丝状　鞭节各节细长，无特殊变化，如蝗虫的触角。

（3）念珠状　鞭节各节呈大小相近的圆球或椭圆球形，如白蚁的触角。

（4）棒状　鞭节末端数节逐渐稍膨大，类似棒球杆状，如蝴蝶的触角。

（5）锤状　鞭节末端数节突然强烈膨大，如郭公虫的触角。

（6）锯齿状　鞭节各节的端部向一侧突出成三角形，整个触角呈锯条状，如芫箐的触角。

（7）梳状　鞭节各节的端部向一侧有一长突起，如一些甲虫类雌虫的触角。

（8）羽状　鞭节各节的端部两角均有细长突起，整个触角形似羽毛，如家蚕雄蛾的触角。

（9）芒状　鞭节仅 1 节，肥大，中部着生一芒状刚毛，如苍蝇的触角。

（10）鳃状　鞭节末端数节向两侧各具一片状突起，重叠在一起时似鳃片，如金龟子的触角。

（11）膝状　鞭节与梗节之间弯曲成一定的角度，如蚂蚁的触角。

（12）环毛状　鞭节各节基部着生一圈刚毛。

3. **口器的类型**

（1）咀嚼式　上颚特别发达，适于取食固体食物，如蝗虫的口器。

（2）刺吸式　各部分延长成细针状，相互抱合形成一针管状的喙，用以刺吸液态食物，如蚊的口器。

（3）嚼吸式　上颚发达，适于咀嚼花粉；下颚、舌及下唇延长合拢成为一管状喙，适于吸食花蜜，如蜜蜂的口器。

（4）虹吸式　大部分结构退化，仅下颚的外颚叶延长并左右合抱而成管状喙。不用时可卷成发条状，如蛾、蝶的口器。

（5）舔吸式　上、下颚退化，而由头壳的一部分及下唇等延长成基喙和喙，基喙的前壁具槽，槽内藏有上唇及舌，两者闭合为食物管，如蝇类的口器。

4. **足的类型**

（1）步行足　各节均细长，无特殊变化，适于步行或疾走，如蟑螂的足。

（2）跳跃足　股节长而粗壮，胫节长而多刺，末端有距，适于跳跃，如蝗虫的后足。

（3）捕捉足　基节长而大；股节发达，腹部有一凹槽，槽的两边缘皆有刺；胫节腹部亦有凹槽和刺，能有效地捕捉猎物，如螳螂的前足。

（4）开掘足　各节均粗短，胫节扁平强大，端部有 4 个发达的齿；跗节 3 节，着生在胫节外侧，呈齿状，粗壮有力，适于挖掘，如蝼蛄的前足。

（5）游泳足　胫节和跗节皆扁平，边缘有长毛，适于游泳，如龙虱的后足。

（6）抱握足　跗节 5 节，基节 3 节变宽，并列成盘状，边缘有缘毛，每节有横走的吸盘多列；端部 2 节很小，末端具 2 爪，适宜交配时抱握雌性。

（7）携粉足　各节均有长毛；胫节端部变宽，背面凹陷形成花粉筐，两侧边缘有长毛覆盖其上；跗节 5 节，第 1 跗节膨大，内侧有硬毛，形成花粉梳，如蜜蜂的后足。

（8）攀缘足　胫节末端具一突起，与胫节相对；胫节、跗节和爪能合抱以把持毛发和衣服纤维。

（三）昆虫纲成虫分目检索表

① 无翅，或有极退化的翅 …………………………………………… ②
　有翅 ………………………………………………………………… ㉓
② 无足，似幼虫，头和胸愈合。内寄生于膜翅目、同翅目、半翅目、直翅目等许多昆虫体内，仅以头胸部露出寄主腹节外 …… 捻翅目（雌）Strepsiptera
　有足，头和胸部不愈合。不寄生于虫体内 …………………………… ③
③ 腹部除外生殖器和尾须外有其他附肢 ……………………………… ④
　腹部除外生殖器和尾须外无其他附肢 ……………………………… ⑦
④ 无触角，腹部共 12 节，第 1～3 节各有 1 对短小的附肢 …… 原尾目 Protura
　有触角，腹部最多 11 节 …………………………………………… ⑤

⑤ 腹部只有 6 节或更少，第 1 腹节有一腹管，第 3 节腹节有一握器，第 4 或第 5 腹节有一分叉的跳器 ······························ 弹尾目 Collembola

腹部多于 6 节，无上述 3 对附肢，但有成对的刺突或泡 ················ ⑥

⑥ 有 1 对长而分节的尾须或坚硬不分节的尾铗，无复眼 ··· 双尾目 Diplura

除 1 对尾须外还有 1 条长而分节的中尾丝，有复眼······ 缨尾目 Thysanura

⑦ 口器为咀嚼式 ·· ⑧

口器为刺吸式或舔吸式、虹吸式等 ··· ⑱

⑧ 腹部末端有 1 对尾须（或尾铗） ·· ⑨

腹部无尾须 ··· ⑮

⑨ 尾须呈坚硬不分节的铗状······························ 革翅目 Dermaptera

尾须不呈铗状 ·· ⑩

⑩ 前足第 1 跗节特别膨大，能纺丝························ 纺足目 Embioptera

前足第 1 跗节不特别膨大，也不能纺丝 ···································· ⑪

⑪ 前足为捕捉足 ·· 螳螂目 Mantodea

前足非捕捉足 ·· ⑫

⑫ 后足为跳跃足 ·· 直翅目 Orthoptera

后足非跳跃足 ·· ⑬

⑬ 体扁，卵圆形，前胸背板很大，常盖住头的全部 ········· 蜚蠊目 Blattaria

体非卵圆形，头不为前胸所盖 ·· ⑭

⑭ 体细长似杆状 ·· 竹节虫目 Phasmida

体非杆状，为社会性昆虫 ································ 等翅目 Isoptera

⑮ 跗节 3 节以下 ·· ⑯

跗节 4 节或 5 节 ··· ⑰

⑯ 触角 3～5 节，外寄生于鸟类或兽类体上 ·············· 食毛目 Mallophaga

触角 13～15 节，非寄生性 ····························· 啮虫目 Psocoptera

⑰ 腹部第 1 节并入后胸，第 1 和第 2 节之间紧缩或呈柄状 ···················
·· 膜翅目 Hymenoptera

腹部第 1 节不并入后胸，也不紧缩 ······················ 鞘翅目 Coleoptera

⑱ 体密被鳞片或密生鳞毛，口器为虹吸式 ··············· 鳞翅目 Lepidoptera

体无鳞片，口器为刺吸式、舔吸式或退化 ··································· ⑲

⑲ 跗节 5 节 ··· ⑳

跗节 3 节以下 ·· ㉑

⑳ 体竖扁（侧扁） ····································· 蚤目 Siphonaptera

体不竖扁 ··· 双翅目 Diptera

㉑ 跗节端部有能伸缩的泡，爪很小······················ 缨翅目 Thysanoptera

跗节端部无能伸缩的泡 ·· ㉒

㉒ 足具 1 爪，适于攀附在毛发上，外寄生于哺乳动物……… 虱目 Anoplura
足具 2 爪；如具 1 爪则寄生于植物上，极不活泼或寄定不动，体呈球状、介壳状等，常被有蜡质、胶质等分泌物 ……………… 同翅目 Homoptera
㉓ 有 1 对翅 ……………………………………………………………… ㉔
有 2 对翅 ……………………………………………………………… ㉜
㉔ 前翅或后翅特化成平衡棒 ……………………………………………… ㉕
无平衡棒 ……………………………………………………………… ㉗
㉕ 前翅形成平衡棒，后翅很大 …………………… 捻翅目 Strepsiptera
后翅形成平衡棒，前翅很大 …………………………………………… ㉖
㉖ 跗节 5 节 …………………………………………… 双翅目 Diptera
跗节仅 1 节（雄介壳虫） ……………………… 同翅目 Homoptera
㉗ 腹部末端有 1 对尾须 ………………………………………………… ㉘
腹部无尾须 …………………………………………………………… ㉚
㉘ 尾须细长而分成许多节（或更有 1 条相似的中尾丝），翅竖立于背上 ……
…………………………………………………… 蜉蝣目 Ephemeroptera
尾须不分节，多短小，翅平覆背上 …………………………………… ㉙
㉙ 跗节 5 节，后足非跳跃足，体细长如杆或扁宽如叶 ……………………
…………………………………………………… 竹节虫目 Phasmida
跗节 4 节以下，后足为跳跃足 ………………… 直翅目 Orthoptera
㉚ 前翅角质，口器为咀嚼式 ……………………… 鞘翅目 Coleoptera
翅为膜质，口器非咀嚼式 ……………………………………………… ㉛
㉛ 翅上有鳞片 …………………………………… 鳞翅目 Lepidoptera
翅上无鳞片 …………………………………… 缨翅目 Thysanoptera
㉜ 前翅全部或部分较厚，为角质或革质，后翅为膜质 …………………… ㉝
前翅与后翅均为膜质 …………………………………………………… ㊵
㉝ 前翅基半部为角质或革质，端半部为膜质 …………… 半翅目 Hemiptera
前翅基部与端部质地相同，或某部分较厚但不如上述 ………………… ㉞
㉞ 口器为刺吸式 ……………………………………… 同翅目 Homoptera
口器为咀嚼式 …………………………………………………………… ㉟
㉟ 前翅有翅脉 ……………………………………………………………… ㊱
前翅无明显翅脉 ………………………………………………………… ㊴
㊱ 跗节 4 节以下，后足为跳跃足或前足为开掘足 ……… 直翅目 Orthoptera
跗节 5 节，后足与前足不如上述 ……………………………………… ㊲
㊲ 前足为捕捉足 …………………………………… 螳螂目 Mantodea
前足非捕捉足 …………………………………………………………… ㊳
㊳ 前胸很大，常盖住头的全部或大部分 …………………… 蜚蠊目 Blattaria

前胸很小，头部外露，体似杆状或叶片状 ………… 竹节虫目 Phasmida

㊴ 腹部末端有 1 对尾铗，前翅短小，决不能盖住腹部中部 ……………………………………………………………………… 革翅目 Dermaptera

腹部末端无尾铗，前翅一般较长，盖住大部或全部腹节 ……………………………………………………………………… 鞘翅目 Coleoptera

㊵ 翅面全部或部分被有鳞片，口器为虹吸式或退化 … 鳞翅目 Lepidoptera

翅上无鳞片，口器非虹吸式 ……………………………………… ㊶

㊶ 口器为刺吸式 ……………………………………………………… ㊷

口器为咀嚼式、嚼吸式或退化 ………………………………… ㊹

㊷ 下唇形成分节的喙，翅缘无长毛 ……………………………… ㊸

无分节的喙，翅极狭长，翅缘有缨状长毛 ………… 缨翅目 Thysanoptera

㊸ 喙自头的前方突出 ……………………………… 半翅目 Hemiptera

喙自头的后方突出 ……………………………… 同翅目 Homoptera

㊹ 触角极短小而不显著，刚毛状 ……………………………… ㊺

触角长而显著，非刚毛状 ……………………………………… ㊻

㊺ 腹部末端有 1 对细长而多节的尾须（或更有 1 条相似的中尾须），后翅小 ……………………………………………………… 蜉蝣目 Ephemeroptera

尾须短而不分节，后翅与前翅大小相似 ………………… 蜻蜓目 Odonata

㊻ 头部向下延长呈喙状 ……………………………… 长翅目 Mecoptera

头部不延长呈喙状 ……………………………………………… ㊼

㊼ 前足第 1 跗节特别膨大，能纺丝 …………………… 纺足目 Embioptera

前足第 1 跗节不特别膨大，也不能纺丝 ……………………… ㊽

㊽ 前、后翅几乎相等，翅基部各有 1 条横的肩缝，翅易沿此缝脱落 ……………………………………………………………… 等翅目 Isoptera

前、后翅相似或相差很多，但无缝线 ………………………… ㊾

㊾ 后翅前缘有 1 排小的翅钩列，用以和前翅相连 …… 膜翅目 Hymenoptera

后翅前缘无翅钩列 ……………………………………………… ㊿

㊿ 跗节 2～3 节 ……………………………………………………… 51

跗节 5 节 ………………………………………………………… 52

51 前胸很大，腹端有 1 对尾须 ……………………… 襀翅目 Plecoptera

前胸很小如颈状，无尾须 ……………………………… 啮虫目 Psocoptera

52 翅面密被明显的毛，口器（上颚）退化 …………… 毛翅目 Trichoptera

翅面上无明显的毛，如有毛则生长于翅脉与翅缘上，口器（上颚）发达 ……………………………………………………………………… 53

53 后翅基部宽于前翅，有发达的臀区，休息时后翅臀区折起，头为前口式 ……………………………………………………………… 广翅目 Megaloptera

后翅基部不宽于前翅，无发达的臀区，休息时也不折起，头为下口式 …………………………………………………………………………… ㊹

㊹ 头部长，前胸圆筒形，也很长，前足正常，雌虫有伸向后方的针状产卵器 …………………………………………………… 蛇蛉目 Raphidiodea

头部短，前胸一般不很长，如很长时则前足为捕捉足（像螳螂）。雌虫一般无针状产卵器，如有则弯在背上向前伸 …………… 脉翅目 Neuroptera

（四）一些常见种类的识别

1. 缨尾目

衣鱼（*Lepisma saccharina*）：体扁长，胸部最阔，被有鳞片。触角、尾须、中尾须及下颚须显著。复眼由一群小眼聚集而成，小且左右分离。栖息于落叶、石块、洞穴及房屋中干燥处以及蚁、白蚁的巢穴中。

2. 蜉蝣目

台湾蜉蝣（*Ephemera formosana*）：稚虫长筒形，两端稍尖。触角长形，有缘毛，尾毛 3 条，等长。成虫后翅较小，尾须甚长。腹部有花斑。体长雄 16mm，雌 21mm，黄褐色，产于台湾、广东。

3. 蜻蜓目

（1）黑眼蜻蜓（*Aeschna melanictera*） 为我国最常见的种类，体粗壮，长约 50mm，翅基宽，后翅略大于前翅，休息时翅平展于身体左右两侧。

（2）豆娘科（Coenagrionidae） 又称细蟌科，我国也常见，体细瘦，翅基狭，前后翅大小相似，休息时翅竖立于体背。常见物种褐斑异痣蟌（*Ischnura senegalensis*）。

4. 直翅目

（1）飞蝗（*Locusta migratoria*） 成虫雄性体长 33.5～41.5mm，雌性体长 39.5～51.2mm。绿色或黄褐色，常因类型（群居型与散居型）和环境的不同而有变异。颜面垂直；复眼卵形，其前下方常有暗色斑纹 1 条；上颚青蓝色，为重要农业害虫。

（2）油葫芦（*Gryllulus testaceus*） 触角细长，丝状，中胸腹板后缘中央凹入如三角形，有翅，足跗节 3 节，尾须长而不分节，尾端有短腹刺，雌虫产卵器背面扁平。

（3）单刺蝼蛄（*Gryllotalpa unispina*） 又称华北蝼蛄，前足胫节大，适于掘土，体型粗大。前翅短，革质，后翅膜质，宽而柔软，卷曲伸出腹端成尾状。有掘洞习惯，为重要地下害虫。

5. 螳螂目

大刀螂（*Paratenodera sinensis*）：体长 8.3～10.4cm，黄褐或褐色，前胸背略长于前基节，前方尖形；前腿节下外方有 4 刺，前胫节下外方的刺密，而且向下弯曲，呈锯齿状，捕食害虫。

6. 蜚蠊目

东方蠊（*Blatta orientalis*）：体长 2.5cm，深褐色，雄虫翅短，雌虫翅退化为2小片。每一卵鞘中含卵16个，为室内常见卫生害虫。

7. 同翅目

棉蚜（*Aphis gossypii*）：食性广，为重要农业害虫。有翅孤雌胎生蚜：体长1.2～1.9mm。体色有三种基本类型，即淡黄色、淡绿色及绿色。触角较体短，灰黑色，第3节具感觉圈5～8个，排列成行。腹管黑色，圆筒形，表面有瓦片纹。尾片青色、黄色或黑色，两侧有长毛3根。无翅孤雌胎生蚜：体长1.5～1.9mm，体淡黄色、绿色或深绿色，触角长度为体长的0.75倍。头胸部黑色，腹部两侧具有3～4对黑斑，背面黑色或青色。尾片青色或黑色，有毛。

8. 半翅目

温带臭虫（*Cimex lectularius*）：体长5mm，呈稍长的圆盘状，扁平，褐色。头小，前方突出；触角细，4节；喙细长；前翅短板状，无后翅；足正常，跗节3节。吸人血，卫生害虫。

9. 脉翅目

草蛉（*Chrysopa perla*）：体绿色，头部具2～7个小黑斑，触角下的一对斑大而显著。翅膜质，透明，端部较尖，网状脉，翅脉上多黑毛。幼虫肉食性，捕食蚜虫。

10. 鞘翅目

（1）七星瓢虫（*Coccinella septenpumctata*） 体卵圆形，背部拱起，光滑无毛，头、复眼和前胸背板黑色，前背板的前角各有一大型黄斑。前翅为鞘翅，红褐色或橙黄色，具7个黑斑。足黑色。取食蚜虫，为益虫。

（2）星天牛（*Anoplophora chinensis*） 体长19～39mm，黑色，革翅上有横列的白色毛斑约20个。触角长于身体。幼虫蛀食树干，危害森林。

11. 鳞翅目

（1）家蚕（*Bombyx mori*） 体中型，双栉齿状触角，体色纯白，复眼发达，无单眼，虹吸式口器。体表及膜翅上密被鳞片。幼虫食桑叶，为重要的饲养昆虫。

（2）菜粉蝶（*Pieris rapae*） 成虫体长15～20mm，体白色，前后翅有白色边缘，基部带黑色，翅顶角处有三角形黑斑，近外缘处有2个圆形黑斑。早晚静息，日中飞翔。虹吸式口器。幼虫俗称“菜青虫”，为十字花科植物害虫。

12. 双翅目

（1）中华按蚊（*Anopheles sinensis*） 体细长，褐色，多毛及鳞片，头较小，圆球形，复眼大，无单眼，刺吸式口器，下颚须及吻管长。环毛状触角，翅1对，后翅退化变成平衡棒。雌按蚊传播疟疾。

（2）黑尾果蝇（*Drosophila melanogaster*） 体长2～2.5mm，黄褐色。头

顶黄褐色，复眼暗红褐色，单眼淡红色；触角黄褐色。胸部背板黄褐色，小盾片三角形，黄褐色；翅透明，微带灰色；足淡黄褐色；腹部全部黑褐色。黑尾果蝇是著名的遗传学实验材料。

13. 膜翅目

蜜蜂（*Apis mellifica*）：工蜂体长 10～15mm，全身黑褐色，生有密毛。嚼吸式口器。前足具净角器，中足具花粉距，后足为携粉足，具花粉刷和花粉筐。一般具 2 对膜质翅。腹部毛少，全部黑褐色。雌蜂具螯针。雄性复眼椭圆形，有毛，前胸背板延伸达翅基片。具有多态性和社会性。蜂王、雄蜂、工蜂形态差异大。可酿蜜，为人工饲养益虫。

14. 蚤目

人蚤（*Pulex irritans*）：成虫小型、体侧扁，具短棍状触角。眼完整，刺吸式口器，无翅，腿长适于跳跃，俗称跳蚤。完全变态。吸食哺乳动物血液，是体外寄生虫。可传播人、畜疾病。

五、实验作业

1. 观察昆虫不同类型的口器、翅、足和触角。
2. 根据昆虫的外部形态特征，将采集到的昆虫标本按照昆虫分目检索表鉴定到目。

六、课后拓展

中国动物主题数据库。

（黄晓晨）

实验二十 鱼纲分类

一、实验目的和要求

1. 掌握鱼类的主要分类特征，了解鱼类的分类方法。
2. 了解鱼纲主要目的特征。
3. 学会使用鱼纲检索表。
4. 能识别常见的鱼类。

二、实验内容

1. 掌握鱼类的测量方法及常用术语。
2. 了解鱼类分类，识别国内常见目及代表种。

三、实验材料和用具

实验材料：鱼类浸制标本和部分剥制标本。

实验用具：卡尺、放大镜、解剖镜。

四、实验操作与观察

（一）鱼类的测量方法和主要术语

1. 鳍式

鱼类的鳍可以分为成对存在的偶鳍（包括胸鳍和腹鳍）和不成对存在的奇鳍（包括背鳍、臀鳍和尾鳍）。鲑形目和鲇形目的大多数种类，在背鳍之后尾柄的背部有一个皮质突起，里面没有鳍条而是脂肪，称为脂鳍。

鳍由暴露在体表的鳍条和埋在肌肉里的支鳍骨构成。鳍条有两种，一种是不分支不分节的角质鳍条，为软骨鱼类所特有；另一种是由鳞片衍生而来的鳞质鳍条，为硬骨鱼类所特有。鳞质鳍条根据是否由左右两半构成、鳍条本身是否分节、末端是否分支以及软硬程度可以分为：

（1）棘　每根鳍条是完整的，不分左右两支，也不分节。非左右两半愈合而成的即为“棘”。

（2）硬刺　鳍条由左右两半愈合而成，分节，坚硬，末端不分支。有些鱼类的硬刺前后缘光滑，有些种类有锯齿，是鱼类分类的重要指标之一。

（3）不分支鳍条　鳍条由左右两半愈合而成，分节，柔软，末端不分支。

（4）分枝鳍条　鳍条由左右两半愈合而成，分节，柔软，末端分支。

鱼类鳍的有无及组成特点是鱼类分类的主要依据之一，为了方便表述，用固定的表述方式即鳍式来描述鱼类鳍的种类、鳍条类别及数目。鳍式的书写规则如下：

(1) 用各鳍的英文名称的第一个字母（大写）加上缩写符号代表鳍的名称。背鳍（D，dorsal fin），胸鳍（P，pectoral fin），腹鳍（V，ventral fin），臀鳍（A，anal fin），尾鳍（C，caudal fin）。

(2) 用大写罗马数字代表棘的数目。

(3) 用小写罗马数字代表硬刺数目。

(4) 用阿拉伯数字代表不分支鳍条和分支鳍条数目。

(5) 表示棘、硬刺和不分支鳍条的数字在前，表示分支鳍条的数字在后，中间用“-”相连。

(6) 有些鱼类有 2 个或 2 个以上背鳍或臀鳍，则两个鳍之间用“,”隔开。

例如鲤鱼背鳍的鳍式为 D. ⅲ～ⅳ－17～22，表示鲤鱼背鳍由 3～4 枚硬刺和 17～22 枚分支鳍条组成。鲢臀鳍鳍式为 A. 3－7～8，表示鲢臀鳍由 3 枚不分支鳍条和 7～8 枚分支鳍条组成。

2. 鳞式

真骨鱼类鳞片的表面结构、形状、大小、排列方式和数目，在一定范围内是固定的，也是鱼类分类的重要依据之一，方法是分别计数侧线鳞、侧线上鳞和侧线下鳞数目，表示为：

$$侧线鳞\frac{侧线上鳞}{侧线下鳞}$$

侧线鳞数：具有侧线孔的鳞片数。

侧线上鳞：背鳍起点与侧线之间的（不包括侧线鳞）鳞片数。

侧线下鳞：侧线与腹鳍起点之间的（不包括侧线鳞）鳞片数。

鲫鱼的鳞式为：$28 \sim 30\,\frac{5 \sim 6}{5 \sim 7}$，式中 28～30 为鲫鱼侧线鳞数目，5～6 为侧线上鳞数，5～7 为侧线下鳞数。

3. 口的位置

口是鱼类捕食的基本工具。口的位置和形态与其食性有关。根据上下颌的长短，可以将口分为端位口、上位口和下位口。

(1) 端位口　上下颌长度一致，口裂位于头部正前方。多数鱼类属于端位口。

(2) 上位口　下颌长于上颌。如翘嘴鲌。

(3) 下位口　上颌长于下颌。这类口型便于捕食底栖食物。如鲃亚科中的一些溪流性鱼类。

4. 硬骨鱼的测量

硬骨鱼的常用形态测量指标如下：

(1) 体长　吻端至尾鳍基部的水平直线长度。

（2）全长　吻端至尾鳍末端的水平直线长度。

（3）头长　吻前端至鳃盖骨后缘（硬骨鱼类）或最后一对鳃裂后缘（软骨鱼类）的水平直线长度。

（4）吻长　吻前端至眼眶前缘的水平直线长度。

（5）眼径　眼眶前缘至眼眶后缘的水平直线距离。

（6）体高　鱼体最高处的垂直直线长度，通常的测量部位是背鳍起点前。

（7）尾柄长　臀鳍基部末端至尾鳍基部的水平直线距离。

（8）尾柄高　尾柄最低处的垂直直线长度。

（9）眼后头长　眼眶后缘至鳃盖骨后缘的水平直线距离。

（二）鱼纲分类

鱼类终生生活在水中，以鳃呼吸，以鳍作为运动器官的变温脊椎动物，在分类上属于脊索动物门、脊索动物亚门，只有软骨鱼纲和硬骨鱼纲的动物才是真正的鱼，现存鱼类 34000 多种。

- 鱼
  - 软骨鱼纲
    - 板鳃亚纲
      - 侧孔总目
      - 下孔总目
    - 全头亚纲
  - 硬骨鱼纲
    - 内鼻孔亚纲
    - 辐鳍亚纲
      - 硬鳞总目
      - 鲱形总目
      - 骨舌鱼总目
      - 鳗鲡总目
      - 鲤形总目
      - 银汉鱼总目
      - 鲑鲈总目
      - 鲈形总目
      - 蟾鱼总目

1. 软骨鱼类

全头亚纲　鳃裂 5～7 对，被皮膜覆盖，不直接开口于体外，仅银鲛目一目。银鲛体呈银灰色，吻部尖突，生活在深海水域，以软体动物和小型鱼类为食。

板鳃亚纲　鳃裂 5～7 对，直接开口于体外，无鳃盖，本亚纲包括侧孔总目和下孔总目。

（1）侧孔总目　又称鲨形总目，包括 8 目。

① 六鳃鲨目：鳃裂 6～7 对，背鳍 1 个，无硬棘，位于体后方，眼无瞬膜或瞬褶。如扁头哈那鲨，鳃裂 7 对，体长可达 3 米，以鱼类和甲壳类为食。

② 鼠鲨目：鳃裂 5 对，背鳍 2 个，无硬棘，具臀鳍，眼具瞬膜或瞬褶。如

噬人鲨，体型庞大，凶猛，是最著名的鲨鱼之一；姥鲨，是世界上第二大鱼类，以浮游生物为食。

③ 虎鲨目：鳃裂 5 对，背鳍 2 个，各具 1 硬棘，具臀鳍，眼无瞬膜。如宽纹虎鲨，身体有宽条纹，栖息于近海浅水区，以贝类和甲壳类为食。

④ 真鲨目：鳃裂 5 对，背鳍 2 个，无硬棘，具臀鳍，眼具瞬膜或瞬褶，喷水孔细小或消失。如黑尾真鲨，是常见的鲨鱼种类，广泛分布于热带和温带海域，以鱼类为食。

⑤ 角鲨目：鳃裂 5 对，背鳍 2 个，各具 1 硬棘，无臀鳍。如白斑角鲨，体背有白色斑点，生活在冷水海域，以小型鱼类和无脊椎动物为食。

⑥ 锯鲨目：鳃裂 5 对，背鳍 2 个，无硬棘，无臀鳍，吻部延长，呈锯状。如日本锯鲨，吻锯边缘有锯齿，可用于挖掘海底生物和防御。

⑦ 扁鲨目：鳃裂 5 对，位于体侧，背鳍 2 个，无硬棘，无臀鳍，身体扁平，呈菱形。如扁鲨，常潜伏在海底泥沙中，以底栖鱼类和无脊椎动物为食。

⑧ 皱鳃鲨目：鳃裂 6 对，背鳍 1 个，无硬棘，位于体后方，口近于吻端，身体两侧有许多褶皱。皱鳃鲨是古老的物种，外形奇特，以其他鱼类和头足类为食。

（2）下孔总目 又称鳐形总目，包括 4 目。

① 电鳐目：身体扁平，胸鳍扩展与头部和躯干愈合呈盘状。背鳍 2 片、1 片或无，无臀鳍。身体柔软，无肤齿和棘刺。5 对腮裂，口和腮裂位于腹侧，眼位于背侧，无瞬膜，喷水孔位于眼后方。体盘腹面、腮孔侧旁有发电器官，由肌细胞特化而来的电细胞组成。

② 犁头鳐目：体盘无大型发电器。有 2 片背鳍，尾柄粗大，形似鲨鱼的尾部，尾鳍发达。

③ 鳐目：体盘无大型发电器，尾较粗。背鳍 2 片、1 片或消失，腹鳍前端常分化出脚趾形状的构造。

④ 鲼形目：体平扁，体盘宽大，呈圆形、斜方形或菱形。吻或短或长，无吻软骨。鼻孔距口很近，一般具鼻口沟，或恰位于口前两侧，出水孔开口于口隅。胸鳍前延，伸达吻端，或前部分化为吻鳍或头鳍；背鳍 1 个或无；尾一般细长成鞭状，尾鳍上、下叶退化或尾稍粗短；腹鳍前部不分化成足趾状构造。

2. 硬骨鱼纲

硬骨鱼纲骨骼或多或少为硬骨，可分为内鼻孔亚纲和辐鳍亚纲。

（1）内鼻孔亚纲　有内鼻孔，偶鳍叶状，鳔有鳔管，执行肺的功能。产于非洲、美洲和大洋洲的澳大利亚。

（2）辐鳍亚纲　真骨鱼类，无内鼻孔，鳍条呈辐射状排列。是现存鱼类中最大的类群，包括 9 总目 36 目。本亚纲鱼类具有重要的经济和科研价值，以下介绍几种常见代表性鱼类。

① 中华鲟（*Acipenser sinensis*）：属鲟形目鲟科动物。体呈梭形，具5纵行骨板状硬鳞；吻尖长；尾鳍歪型；口位于头腹面，能伸缩吸食；口前有2对须，眼很小，外鼻孔2对，有小形喷水孔，牙细小或消失，大部分骨骼为软骨。

② 大西洋海鲢（*Megalops atlanticus*）：属海鲢目大海鲢科。体呈纺锤形，侧扁，体被圆鳞，有完整的侧线，鳍无鳍棘，无脂鳍和韦伯氏器，鳃孔宽，背鳍1个，偶鳍基部有数片腋鳞，尾鳍深叉形，有变态发育，仔鱼有叶状幼体阶段。

③ 北梭鱼（*Albula vulpes*）：属北梭鱼目北梭鱼科。体呈梭形，稍侧扁，腹部圆，背缘线略较腹缘线隆出，体长一般在250～300mm，最大可达900mm。头大，呈圆锥形，颏部无喉板；吻钝而厚，长而突出；眼中大，上侧位，脂眼睑发达，几乎遮盖全眼；鼻孔每侧2个，位近吻端；口中大，前位，呈“人”字形，上颌长于下颌，上颌骨几乎伸达眼前缘下方。

④ 鳗鲡（*Anguilla japonica* Temminck et Schlegel）：属鳗鲡目鳗鲡科。体延长呈圆柱形，肛门后的尾部稍侧扁。头长而尖，头长较背鳍起点到臀鳍起点的距离稍大或相等。背鳍起点距肛门较距鳃孔为近；胸鳍短，位于鳃盖后方，略呈圆形。鳞片细小，背鳍及臀鳍均与尾鳍相连。脊椎骨112～119个，鱼体背部深灰绿或黑色，腹部白色，无任何斑纹，体表无任何花纹，俗称白鳗。日本、中国台湾省及大陆沿海均进行养殖。我国分布于长江、闽江、珠江流域和海南岛、东北和沿海各地。

⑤ 凤鲚［*Coilia mystus*（Linnaeus）］：属鲱形目鳀科鲚属。体延长，侧扁，尖刀状。口裂大，上颌骨超过鳃孔，圆鳞，无侧线。臀鳍条73～86枚。纵裂鳞53～65枚。棱鳞（11～20）＋（24～29）枚。为河口性洄游鱼类，平时生活在沿海渔区，每年春夏溯河到咸淡水渔区域产卵，产卵后亲鱼仍回到海中生活。以浮游动物、桡足类、虾类等动物性饵料为食，也食小鱼。我国渤海、黄海、东海及大江河口均有分布。

⑥ 台湾白甲鱼（*Onychostoma barbatulus*）：属鲤形目鲤科白甲鱼属。体延长而侧扁。头后背部稍隆起，腹部圆。口下位，呈一横裂。口裂较宽，口角稍后弯。唇后沟短，约为眼径的1/3。下颌裸露，具有锋利的角质前缘。须两对，吻须极细小，口角须稍长，不及眼径的1/4。背鳍末根不分支鳍条柔软，后半部分节，后缘光滑。体侧及背部鳞片基部有新月形暗斑。背鳍和尾鳍微黑。分布于台湾、珠江水系、闽江水系、灵江水系及长江下游的支流。

⑦ 黄颡鱼［*Pelteobagrus fulvidraco*（Richardson）］：属鲇形目鲿科黄颡鱼属。体延长，稍粗壮，后部侧扁，腹面平直，尾柄较细长。头大且扁平，呈楔形或略平扁，头背大部裸露，上枕骨棘宽短。吻部钝圆，口大，下位，呈弧形。上颌稍长于下颌，上下颌均有绒毛状细齿。背鳍短小，具骨质硬刺，前缘光滑，后缘具细锯齿，不分支鳍条成为硬棘。体裸露无鳞，侧线完全。活体背部黑褐色，至腹部渐呈浅黄色。沿侧线上下各有一狭窄的黄色纵带，约在腹鳍与臀鳍上方各

有一黄色横带，交错形成断续的暗色斑块，各鳍呈灰黑色。肉细嫩，可供食用。分布广，各淡水流域均有。

⑧ 香鱼（*Plecoglossus altivelis*）：属胡瓜鱼目香鱼科香鱼属。身体呈长形，中等侧扁，体长一般为15～20cm，大者可达30多厘米。头小而吻尖，吻端下弯形成钩吻。口大，下颌两侧前端各有一突起，突起之间呈凹形。背鳍后方有一个小脂鳍，与臀鳍后端相对。背鳍始于体正中略前方，上缘斜直；臀鳍下缘凹形，前下角钝圆；胸鳍尖刀状，位置较低；腹鳍始于背鳍始点稍后方；尾鳍深尖叉状，分叉明显。身体背部青黑色，体侧面由上半部至下半部逐渐带黄色，腹部银白。各鳍皆为淡黄色，脂鳍周围微红色，胸鳍上方有一群黄色的斑点。

⑨ 食蚊鱼［*Gambusia affinis*（Baird et Girard）］：属鳉形目胎鳉科食蚊鱼属。体型较小，呈长椭圆形，略侧扁，体长一般在30～40mm。头宽而短，吻短钝，口小，上位，横裂。眼中等大，位于头侧上方。背鳍位于身体后部，与臀鳍相对；胸鳍宽短，呈扇形；腹鳍小，位于腹部；尾鳍圆形。体表被圆鳞，中等大小，排列整齐。身体背部呈灰黑色，腹部银白色。体侧有若干黑色纵纹，有时不明显。雄鱼的臀鳍部分鳍条延长，变形为交配器，较为细长。食蚊鱼在长期的生存和进化过程中，为了适应捕食蚊子幼虫等小型水生昆虫的习性，逐渐形成了灵活敏捷的身体形态和独特的口腔结构，便于其快速捕捉猎物。

⑩ 日本海马鱼（*Hippocampus japonicus* Kaup）：属刺鱼目海龙鱼科海马鱼属。体型较小，一般体长在10～18cm，最大个体可达20cm。身体侧扁，腹部稍凸出，躯干部呈七棱形，尾部四棱形，且尾部细长，呈卷曲状，便于缠绕在海藻等物体上。头部与躯干部垂直，形状独特，形似马头，头冠低小，顶端具5个短小棘，略向后方弯曲。口小，端位，呈管状，无牙，只能通过吸食的方式摄取食物。眼睛较大，侧位而高，能灵活转动，视野较为广阔。皮肤坚韧，完全包被在骨质环片内，这些骨质环片相互连接，形成坚硬的外壳，起到保护身体的作用。体部骨质环11＋(39～40)个，体上各骨环接结处及头部的小棘特别发达，小棘尖锐而突出，使体表显得较为粗糙。体色多变，通常为淡褐色或黑褐色，常伴有白色或黄色的斑点或条纹，且会根据环境变化而改变自身颜色，帮助其更好地进行伪装，躲避天敌和捕食猎物。

五、注意事项

1. 鱼类分类学是不断发展的领域，随着分子生物学等技术的应用，分类方法不断更新和完善，每年都有鱼类新种被鉴定和描述，要持续关注分类修订情况，更新知识体系。

2. 要准确把握鱼类分类的主要依据综合考虑多个方面进行分类。

六、实验作业

总结鱼纲各目特征，尝试编制某个科的检索表。

七、课后拓展

1. 朱明，李梦珂，万鹏，等. 基于鱼体特征点检测的淡水鱼种类识别［J］. 农业工程学报，2023，39（11）：155-164.

2. Nelson J S，Grande，T C，Wilson，M V H. Fishes of the World［M］. 5th ed. New York：Wiley，2016.

（宋雪琳）

实验二十一
两栖纲及爬行纲分类

一、实验目的和要求

1. 学习使用检索表进行分类鉴定的方法。

2. 了解两栖纲及爬行纲各目及重要科的特征，认识一些常见及有经济意义的种类。

二、实验内容

1. 掌握测量方法及鉴定术语。

2. 识别代表性及常见的两栖纲及爬行纲动物。

三、实验材料和用具

实验材料：两栖纲和爬行纲各目及主要科代表种浸制标本、剥制标本。

实验用具：解剖镜、放大镜、解剖盘、镊子、解剖针、直尺、卡尺等。

四、实验操作与观察

（一）两栖类的分类学术语及量度

1. 有尾两栖类的测量（图 21-1）

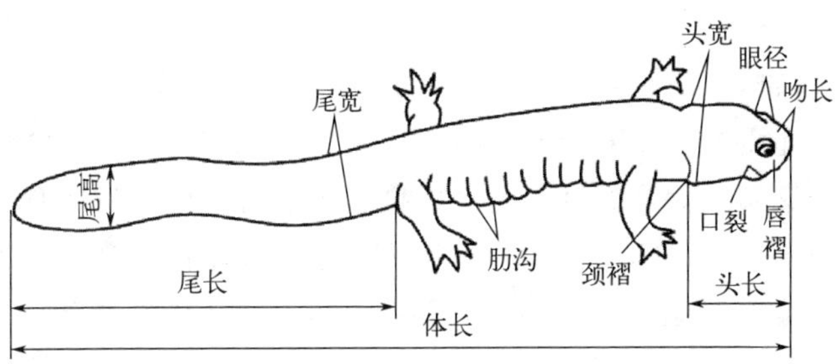

图 21-1 有尾两栖类的外形和各部测量

（1）体长　自吻端至尾末端的长度。

（2）头体长　自吻端至泄殖孔后缘的长度。

（3）头长　自吻端至颈褶或口角（无颈褶者）的长度。

（4）头宽　头或颈褶左右两侧间的最大距离。

（5）吻长　自吻端至眼前角之间的长度。

（6）眼径　与体轴平行的眼直径。

（7）尾长　自泄殖孔后缘至尾末端的长度。

(8) 尾高　尾部的最大高度，即尾上、下缘之间的最大高度。

(9) 尾宽　尾基部即泄殖孔两侧之间的最大宽度。

(10) 前肢长　自前肢基部至最长指末端的长度。

(11) 后肢长　自后肢基部至最长趾末端的长度。

2. 无尾两栖类的构造及测量

(1) 肩带类型（图 21-2）

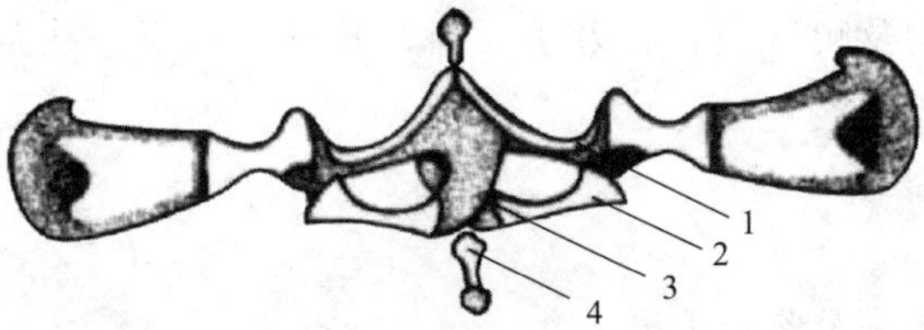

(A) 弧胸型肩带

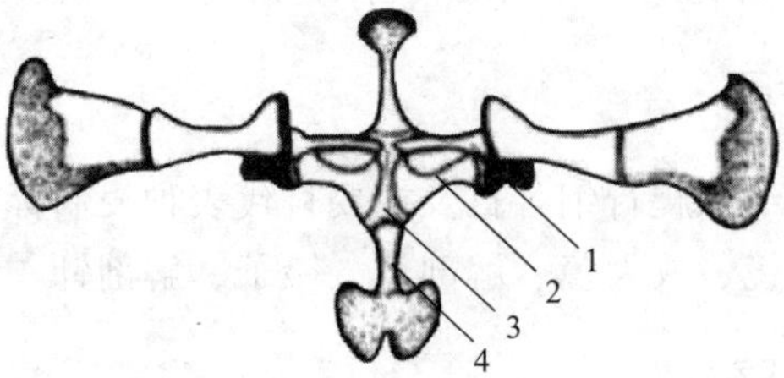

(B) 固胸型肩带

图 21-2　无尾两栖类的肩带类型（自刘承钊）

1—锁骨；2—乌喙骨；3—上乌喙骨；4—胸骨

① 弧胸型肩带：上乌喙骨颇大且呈弧状，其外侧与前喙骨和乌喙骨相连，一般右上乌喙骨重叠在左上乌喙骨的腹面；肩带可通过上乌喙骨在腹面左右交错活动［图 21-2（A）］。盘舌蟾科、锄足蟾科、蟾蜍科和雨蛙科属此类型。

② 固胸型肩带：上乌喙骨极小，其外侧与前乌喙骨和乌喙骨相连，左右上乌喙骨在腹中线紧密联结而不重叠，有的甚至合并为 1 条窄小的上乌喙骨；肩带不能通过上乌喙骨左右交错活动［图 21-2（B）］。蛙科、树蛙科和姬蛙科属此类型。

(2) 无尾两栖类的测量（图 21-3）

① 体长　自吻端至体后端的长度。

② 头长　自吻端至上、下颌关节后缘的长度。

③ 头宽　头两侧之间的最大距离。

④ 吻长　自吻端至眼前角的长度。

⑤ 眼间距　左右上眼睑内侧缘之间的最窄距离。

⑥ 眼径　眼纵长距。

⑦ 鼓膜径　鼓膜最大的直径。

⑧前臂及手长　自肘关节至第 3 指末端的长度。

⑨ 腿或后肢全长　自体后端正中部位至第 4 趾末端的长度。

⑩ 胫长　胫部两端间的长度。

⑪ 胫宽　胫部最粗的直径。

⑫ 跗足长　自胫跗关节至第 4 趾末端的长度。

⑬ 足长　自内蹠突近端至第 4 趾末端的长度。

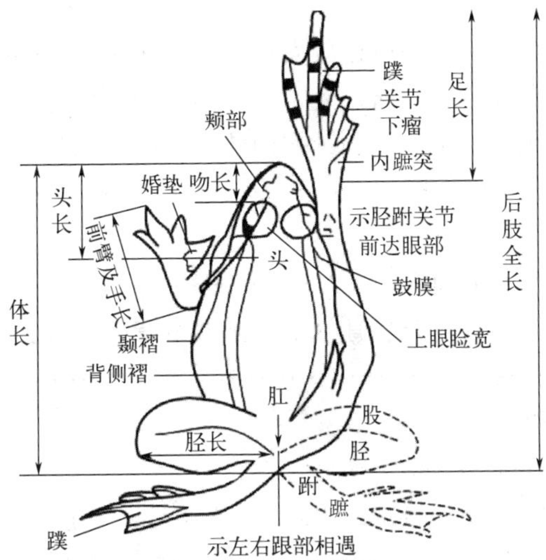

图 21-3　无尾两栖类的量度

(二) 两栖动物识别及常见种类

1. 两栖纲常见目、科检索表

两栖纲分目检索表

① 无四肢，体细长，似蚯蚓 ································· 无足目 Apoda

有四肢 ··· ②

② 有尾，体型长，少数种类后肢退化，幼体先长出前肢 ··· 有尾目 Caudata

无尾，体短宽，均具四肢，变态后绝无鳃，幼体先长出后肢 ·············

·· 无尾目 Anura

有尾目分科检索表

① 眼小，无眼睑，体侧具纵肤褶，犁骨齿一长列，与上颌齿平行成弧形 ······

··· 隐鳃鲵科 Cryptobranchidae

有眼睑，体侧肋无纵肤褶，犁骨齿不是一长列，不与上颌齿平行 ······ ②

② 犁骨齿排列呈“∧”形 ······························ 蝾螈科 Salamandridae

犁骨齿排列为左右两短列或呈“U”形 ················· 小鲵科 Hynobiidae

无尾目分科检索表

① 左右上乌喙骨相互重叠，肩带可交错活动 ………………… ②（弧胸型）
左右上乌喙骨紧密连接或愈合，肩带不能活动 …………… ⑤（固胸型）
② 舌盘状、不能伸出。椎骨为后凹型，尾杆骨髁 1 个，成体具 2～4 对肋骨 …………………………………………………… 盘舌蟾科 Discoglossidae
舌不呈盘状。椎骨为前凹型，尾杆骨髁 1～2 个，无肋骨 …………… ③
③ 尾杆骨髁 1 个或骶椎后端与尾杆骨愈合，趾蹼一般不发达 ……………… ……………………………………………………… 锄足蟾科 Pelobatidae
尾杆骨髁 2 个，趾蹼一般比较发达 ……………………………………… ④
④ 上颌无齿，有耳后腺，指、趾末两节间无间介软骨 … 蟾蜍科 Bufonidae
上颌有齿，无耳后腺，指、趾末两节间有间介软骨 …… 雨蛙科 Hylidae
⑤ 荐椎横突柱状 ……………………………………………………………… ⑥
荐椎横突宽大板状 ………………………………………… 姬蛙科 Microhylidae
⑥ 指、趾末两节间无间介软骨 ……………………………………… 蛙科 Ranidae
指、趾末两节间有间介软骨（指、趾末节背面可看到“Y”形骨迹） … ……………………………………………………… 树蛙科 Rhacophoridae

2. 两栖纲常见种类

（1）大鲵（*Andrias davidianus*）

特征：体大，体长可达 180cm。眼小，无眼睑。四肢短扁，指 4 趾 5。尾短而侧扁。体表皮肤光滑，具有成对疣粒，头部的更明显。

分布：分布于长江流域及陕西、甘肃、福建、广东（粤北）、广西，是国家Ⅱ级保护动物。

生态习性：主营水栖生活，常栖息于山区溪流、池塘等水域。以小鱼、虾、蟹等为食。

（2）东方蝾螈（*Cynops orientalis*）

特征：体皮粗糙，体表无斑，头部无角质嵴棱。腹面朱红，间杂以黑斑。

分布：分布于河南、安徽、江苏、浙江、福建、江西、湖北、湖南等地。

生态习性：常栖息于山区的溪流和池塘中，幼体在水中生活，成体可以在陆地上活动。

（3）极北小鲵（*Salamandrella keyserlingii*）

特征：体小，尾长短于头体长，四肢纤细，指、趾各 4。头体背面有宽的浅褐色带纹，颈褶及肋沟极明显。

分布：分布于黑龙江、吉林、辽宁、内蒙古、河南。

生态习性：主要生活在湿润的森林环境中，常在落叶层或土壤中活动。

（4）崇安髭蟾（*Vibrissaphora liui*）

特征：锄足蟾科。体形大，鼓膜不明显，皮肤光滑，体背有网状肤棱，吻宽圆。雄蟾有单咽下内声囊，繁殖期上唇缘一般有角质刺 2 枚。

分布：主要分布于我国福建、江西等地，为我国特有种。

生态习性：常栖息于山区的溪流附近，繁殖期蝌蚪较大，蝌蚪期约 3 年。

(5) 中华大蟾蜍（*Bufo gargarizans*）

特征：蟾蜍科，俗称“癞蛤蟆”。体粗壮，长 10cm 以上，雄者较小。皮肤极粗糙，满布大小不同的圆形瘰疣。头宽大，口阔，鼓膜明显，耳后腺大而长。躯体短而宽。前肢指长顺序为 3、1、4、2，指关节下瘤多成对，掌突 2，外侧者大。后肢趾侧有缘膜，蹼发达。雄性前肢内侧 3 指有黑色婚垫，无声囊。

分布：广泛分布于我国各地。

生态习性：昼伏夜出，以捕获蜗牛、蛞蝓、蚂蚁、甲虫与蛾类等动物为食。常穴居在泥土中，或栖于石下及草间。

(6) 黑斑（侧褶）蛙（*Pelophylax nigromaculata*）

特征：蛙科，俗称“青蛙”“田鸡”。成蛙体长可达 70～80mm。背面色黄绿、深绿、灰绿或略带灰棕色，散有黑斑。背侧各有 1 条金黄色或浅棕色褶，褶间有 4～6 条长短不等、若断若续的肤棱。

分布：广泛分布于我国各地。

生态习性：常栖息于稻田、池塘、湖泽、河滨、水沟内或水域附近的草丛中，是消灭田间害虫的有益动物。

(7) 北方狭口蛙（*Kaloula borealis*）

特征：姬蛙科，俗称“气蛤蟆”。体长 40mm。头小，吻短圆。皮肤光滑，背浅棕色或橄榄棕色，有黑色斑点，腹面淡肉色。体侧、咽、前后肢有圆形花纹，枕部有横肤沟，肛周有颗粒。前肢细长，指长顺序为 3、4、2、1，关节下瘤及掌突发达。后肢粗短，趾短，具半蹼。雄性有单咽下外声囊，胸部皮肤腺大。

分布：分布于内蒙古、陕西、山西、河北、河南、山东、江苏等地。

生态习性：终年穴居于土壤中，夏季聚集到临时水坑中产卵繁殖。

(8) 中国雨蛙（*Hyla chinensis*）

特征：雨蛙科，俗称“叫狗”。体背绿色，体侧及股前后有黑色斑，眼后、鼓膜上下方的细线纹在肩部汇合成三角形斑，指、趾端具吸盘和横沟。

分布：分布于吉林、辽宁、河南、湖北、江苏、浙江、江西、福建、湖南、广西、广东等地。

生态习性：常栖息于树木或草丛中，阴雨天叫声脆亮。

(9) 斑腿树蛙（*Polypedates megacephalus*）

特征：体背具“X”形斑纹，指间无蹼，指、趾末端具吸盘。背面具“Y”形骨迹，股后有网状花斑。

分布：分布于我国南方地区。

生态习性：常栖息于树木或草丛中，善于跳跃。

(三) 爬行动物识别及常见种类

1. 爬行纲常见目、科检索表

我国产爬行纲动物主要分属 3 目：龟鳖目、有鳞目和鳄形目，分类检索如下。

爬行纲分目检索表

① 体短（略扁平），有由骨板形成的硬壳，上下颌无齿而覆以角质鞘 ……………………………………………………………… 龟鳖目 Testudoformes

体较长，无骨质硬壳，上下颌具齿 …………………………………… ②

② 体表被革质皮肤，颌齿生于齿槽内（槽生齿），泄殖孔纵裂，交接器单枚 ……………………………………………………………… 鳄形目 Crocodilia

体表被覆瓦状或镶嵌排列的鳞片，颌齿生于颌骨表面（端生齿或侧生齿），泄殖孔横裂，交接器成对（有鳞目 Squamata） ………………… ③

③ 具四肢，如无四肢亦有带骨和胸骨；一般具活动性眼睑和鼓膜；尾长常超过头体长 ………………………………………… 蜥蜴亚目 Lacertilia

无四肢，无带骨和胸骨；无活动性眼睑和鼓膜；尾长远短于头体长 …… ……………………………………………………………… 蛇亚目 Serpentes

龟鳖目常见科分类检索表

① 四肢扁平呈桨状，指、趾端无爪或仅有 1～2 爪 ……………………… ②

四肢不呈桨状，指、趾端具 4 爪或 5 爪 ……………………………… ③

② 指、趾末端有 1～2 爪；体表覆以角质盾片 ………… 海龟科 Chelonidae

指、趾末端无爪；体表覆以革质皮肤（背面有 7 条纵棱） …………… ……………………………………………………… 棱皮龟科 Dermochelyidae

③ 背腹甲表面被角质盾片 …………………………………………………… ④

背腹甲表面被革质皮肤 ……………………………… 鳖科 Trionychidae

④ 头大尾长不能缩入壳内；腹盾与缘盾间有下缘盾 ……………………… ……………………………………………………… 平胸龟科 Platysternidae

头尾能缩入壳内；腹盾与缘盾间无下缘盾 ………………………………… ⑤

⑤ 四肢较平扁；指、趾间具蹼；头顶前部无对称鳞片 …… 龟科 Emydidae

四肢粗壮，略呈圆柱形；指、趾间无蹼；头顶前部有对称大鳞 ………… …………………………………………………………… 陆龟科 Testudinidae

蜥蜴亚目常见科分类检索表

① 头顶无对称排列的大鳞片 …………………………………………………… ②

头顶有对称排列的大鳞片 …………………………………………………… ⑤

② 大多无活动眼睑，趾端膨大 ………………………… 壁虎科 Gekkonidae

有活动眼睑，趾侧扁 ……………………………………………………… ③

③ 体大型（1m以上）；背鳞颗粒状；舌很长，前端深分叉 ……………………………………………………………………………………… 巨蜥科 Varanidae

体小型（1m以下）；背鳞不呈颗粒状；舌较短，前端微有缺刻或略分叉 ……………………………………………………………………………………… ④

④ 尾背面有由大鳞形成的2行纵嵴 …………………… 鳄蜥科 Shinisuridae

尾背面无或仅1行纵嵴 ……………………………… 鬣蜥科 Agamidae

⑤ 有四肢 ……………………………………………………………… ⑥

无四肢或仅雄性有一对鳍状后肢 …………………………………… ⑦

⑥ 有股窝或鼠蹊窝；腹鳞近方形 …………………… 蜥蜴科 Lacertidae

无股窝或鼠蹊窝；腹鳞近圆形 …………………… 石龙子科 Scincidae

⑦ 体型似蚯蚓，体侧无纵沟；尾很短，不及头体长的一半；雄体有一对鳍状后肢 ………………………………………………… 双足蜥科 Dibamidae

体型似蛇，体侧有纵沟；尾较长，至少为头体长的一半以上；无四肢……………………………………………………………… 蛇蜥科 Anguidae

蛇亚目常见科分类检索表

① 体型小，蚯蚓状；通身被覆大小相似的鳞片，无腹鳞；眼不发达，隐没于鳞片之下呈一小黑点 ……………………………… 盲蛇科 Typhlopidae

体型中等或较大；腹面正中一般有1行较宽大的腹鳞 ……………… ②

② 尾侧扁，鼻孔背位，具瓣膜；终生海栖或生活在沿海河口 ………… ③

尾圆柱形，陆栖或淡水生活 ……………………………………… ④

③ 头背无对称大鳞，周身小粒鳞，上颌前端无毒牙，腹中线为1条皮肤纵褶；终生栖于沿海河口地带 ………………… 瘰鳞蛇科 Acrochordidae

头背有对称大鳞，周身非粒鳞，上颌前端有毒牙，腹鳞明显或退化；无皮肤纵褶；海生 ………………………………… 海蛇科 Hydrophiidae

④ 腹鳞较窄（其宽度不到相邻背鳞的3倍）；泄殖孔两侧有爪状后肢残余 …………………………………………………………………… 蟒科 Boidae

腹鳞较宽（其宽度大于相邻背鳞的3倍）；泄殖孔两侧无爪状后肢残余 ………………………………………………………………………… ⑤

⑤ 上颌骨前端无毒牙 ……………………………… 游蛇科 Colubridae

上颌骨前端有毒牙 ……………………………………………… ⑥

⑥ 上颌骨前端具前沟牙 …………………………… 眼镜蛇科 Elapidae

上颌骨前端具管牙 ……………………………… 蝰蛇科 Viperidae

2. 爬行纲常见种类

（1）鳖（*Trionyx sinensis*）

特征：鳖科，俗称团鱼、甲鱼。吻延长呈管状，头颈可缩入壳内。背甲呈卵圆形，覆革质皮肤，满布疣粒；腹甲光滑平坦。背橄榄色，腹面乳白色，有对称色斑，喉部色淡。四肢扁平各具 3 爪，指、趾间有蹼，外侧两指（趾）隐没在蹼间。

分布：广泛分布于我国各地。

生态习性：喜欢生活于湖泊、池沼、江河中，以水生植物、昆虫、小鱼等为食。

（2）玳瑁（*Eretmochelys imbricata*）

特征：海龟科。前额鳞 2 对。背面盾片覆瓦状排列。上喙具鹰嘴状钩曲，喙缘有斜细沟纹。

分布：广泛分布于我国沿海地区。

生态习性：主要生活在热带和亚热带海域，以珊瑚礁区的贝类、藻类等为食。

（3）棱皮龟（*Dermochelys coriacea*）

特征：棱皮龟科。现存龟鳖类最大的一种。背面被革质皮肤，无角质盾片，7 条纵棱在体后汇成尖形末端，棱内凹如沟；背侧漆黑或暗褐色，微带黄斑，腹甲有 5 条纵棱。四肢桨状，前肢长大，后肢短小，无爪。

分布：广泛分布于我国沿海地区。

生态习性：主要生活在热带和亚热带海域，以水母等为食，生殖期到海岸上产卵。

（4）平胸龟（*Platysternon megacephalum*）

特征：平胸龟科。头很大，其宽约为背甲的 1/2。喙强，上喙钩曲呈鹰嘴状。尾长，超过或略短于腹甲长。背腹甲以韧带相连。本科仅有此一种。

分布：主要分布于我国南方地区。

生态习性：常栖息于山区的溪流中，以小鱼、虾、蟹等为食。

（5）乌龟（*Chinemys reevesii*）

特征：龟科。头宽稍小于背甲的 1/4，体背具 3 条纵棱，背腹甲直接相连。四肢较扁，指、趾全蹼有爪。体色深棕至棕黑色。

分布：广泛分布于我国各地。

生态习性：常栖息于湖泊、池沼、江河中，以水生植物、昆虫、小鱼等为食。

（6）山地麻蜥（*Eremias brenchleyi*）

特征：蜥蜴科。全体长约 10cm，头部呈三角形，四肢向后弯曲，背部灰褐色，可见数行纵走的斑点。腹部呈灰白色，有的个体后肢内侧呈肉粉色。鳞面光滑，横行排列。尾细长，容易断落。

分布：分布于内蒙古、陕西、山西、河北、河南、山东、江苏等地。

生态习性：常栖息于干旱的山区，以昆虫、蜘蛛等为食。

（7）无蹼壁虎（*Gekko swinhonis*）

特征：壁虎科。头体长 52～67.5mm，小于尾长。体背粒鳞较大，背部无疣鳞或只具有扁圆的疣鳞，枕及颈背上无疣鳞。趾间无蹼。尾基两侧各具有 1 列肛疣 2～3 个。雄性肛前窝 8～10 个。背面灰褐色，体背通常具 5～8 条不规则的暗横斑，四肢常具暗斑。腹面均为肉色。

分布：分布于我国华北地区。

生态习性：常栖息于建筑物的缝隙中或岩缝、石下及树上，以昆虫、蜘蛛等为食。

(8) 斑飞蜥（*Draco maculatus*）

特征：鬣蜥科。体侧有翼状皮膜，有发达的喉囊及三角形的颈侧囊。鼓膜被鳞，鼻孔开向外侧，翼膜橘红色，其上的黑色斑点缀连成点纵线纹。

分布：分布于我国南方地区。

生态习性：常栖息于树木上，以昆虫为食。

(9) 鳄蜥（*Shinisaurus crocodilurus*）

特征：身体圆柱形，体背及体侧被粒鳞，其间布有略似排成行的有棱大鳞。尾侧扁，尾背有大鳞形成两行明显纵脊，形似鳄鱼。

分布：分布于中国（广东、广西、湖南可能灭绝）和越南。在中国，主要分布于广西大瑶山一带，如贺州市里松乡姑婆山、昭平九龙乡、北陀乡和金秀瑶族自治县的罗香乡等地。2007 年，在广东信宜市思贺镇双垌范围内的茂名市林州顶自然保护区也发现了鳄蜥。

生态习性：鳄蜥生活在海拔 760m 以下的山间溪流积水坑中，晨昏活动，白天常在细枝上熟睡，受惊后会立即跃入水中，潜水时间可达 20min。它们以昆虫、蝌蚪、蛙、小鱼、蠕虫等为食，捕食时会悄悄接近猎物，然后迅速扑上去并整个吞下。每年 6～8 月为繁殖期，11 月至次年 3 月冬眠。

(10) 蓝尾石龙子（*Eumeces elegans*）

特征：头、体背面黑色，有 5 条黄白色纵纹，正中 1 条在顶鳞处分叉向前达吻部。有上鼻鳞，无后鼻鳞，后颏鳞 1 枚，颈鳞 1 对，股后有一团大鳞。尾蓝色。

分布：分布于中国南方地区，包括广东、广西、贵州等地。

生态习性：蓝尾石龙子常栖息于山区的岩石缝隙或草丛中，善于攀爬。它们以昆虫、蜘蛛等小型节肢动物为食，白天活动较为频繁。

(11) 钩盲蛇（*Ramphotyphlops braminus*）

特征：体型较小，形似蚯蚓。眼隐于眼鳞下。全身被覆相同平滑鳞片，鼻鳞全裂为 2。

分布：广泛分布于亚洲热带地区，包括中国南方、东南亚等地。

生态习性：钩盲蛇主要生活在土壤中，以蚂蚁、白蚁等为食。它们行动缓慢，常在雨后或湿润的土壤中活动。

(12) 蟒蛇（*Python molurus*）

特征：大型蛇类。头颈区分明显，头背有对称排列的较大鳞片，腹鳞窄，尾下鳞成对。泄殖孔两侧有爪状后肢残余，雄性尤为明显。

分布：分布于亚洲南部，包括中国南方、印度、东南亚等地。

生态习性：蟒蛇常栖息于热带雨林、草原、沼泽等环境中，以哺乳动物、鸟类等为食。它们是夜行性动物，善于攀爬和游泳。

（13）赤链蛇（*Dinodon rufozonatum*）

特征：头部略扁，呈椭圆形。鳞列 19～15 行。腹鳞 187～207 片，肛鳞单一，尾下鳞 64～79 对。体背面黑色，具有约 70 条狭窄的红色横纹。头部鳞片黑色，有明显的红色边缘。腹部白色，在肛门前面则散生灰黑色小点。

分布：分布于中国南方、东南亚等地。

生态习性：赤链蛇栖息于田野、村庄及水源附近地带，以蛙类、蜥蜴及鱼类为食。它们性情凶暴，但无毒。

（14）眼镜蛇（*Naja naja*）

特征：头椭圆形，颈部能膨扁，颈背具眼镜状斑纹。具前沟牙。无颊鳞，上唇鳞第 2、第 3 枚入眶，下唇鳞第 4、第 5 枚之间具小鳞。

分布：分布于中国南方、印度、东南亚等地。

生态习性：眼镜蛇常栖息于平原、丘陵和山区，以鼠类、鸟类、蛙类等为食。它们性情凶猛，具有毒性。

（15）尖吻蝮（*Agkistrodon acutus*）

特征：头呈三角形，颈细，头、颈区分明显。具管牙及颊窝，吻尖而向上翘。头背有对称大鳞。体背有 21 个左右的菱形斑。

分布：分布于中国南方、日本、韩国等地。

生态习性：尖吻蝮常栖息于山区、丘陵和平原，以鼠类、鸟类、蛙类等为食。它们性情凶猛，具有毒性。

五、注意事项

1. 标本处理

在使用标本时，要轻拿轻放，避免对标本造成损坏。特别是对于一些珍贵的标本，要特别小心。使用后要及时归位，保持标本的完整性和整洁。

2. 测量工具的使用

在使用直尺和卡尺进行测量时，要注意工具的精度和使用方法。确保测量时标本处于正确的姿势，以获得准确的数据。同时，要注意避免测量工具对标本造成划痕或损坏。

3. 分类鉴定的准确性

在使用检索表进行分类鉴定时，要仔细阅读每个特征的描述，确保理解准确。如果遇到不确定的情况，可以参考图鉴或咨询教师。在记录鉴定结果时，要详细记录每个步骤和依据，以便后续的核对和分析。

4. 动物伦理与尊重生命

不管实验中使用的是标本还是活物，均需尊重生命。在实验过程中，特别要避免对标本进行不必要的破坏或损伤。对于一些珍稀物种的标本，要特别珍惜，理解其在生物多样性保护中的重要性。

六、实验作业

1. 利用检索表对所见种类进行鉴定（到科）。

2. 编制你所见种类的检索表。

3. 总结两栖纲和爬行纲各目的分类特征。

4. 选择一种你认为最有保护价值的两栖或爬行动物，阐述其生态习性、保护现状以及保护措施，并提出你自己的保护建议。

七、课后拓展

1. 程松林，程林，郭洪兴，等．江西武夷山国家级自然保护区脊椎动物资源调查编目（Ⅰ）：两栖纲［J］．南方林业科学，2022，50（4）：67-69.

2. 高志伟．湖南省两栖、爬行动物物种多样性及其受危等级评估［D］．长沙：中南林业科技大学，2022.

3. 周用武．爬行纲动物形态鉴定照片的拍摄解析［J］．林业实用技术，2013，(8)：78-80.

4. 王星．湖南省部分两栖动物的线粒体 DNA 条形码及分子系统发育研究［D］．长沙：湖南师范大学，2011.

5. 张孟闻．爬行纲动物的研究简史［J］．动物学研究，1981，(2)：87-103.

6. 李家坤．两栖纲和爬行纲动物的采集和保存法（二）［J］．生物学通报，1981，(4)：50-52.

7. 李家坤．两栖纲和爬行纲动物的采集和保存法（一）［J］．生物学通报，1981，(3)：52-54.

8. 黄祝坚．我国两栖纲及爬行纲动物资源概况［J］．自然资源，1978，(2)：92-100.

（简少卿）

实验二十二
鸟纲分类

一、实验目的和要求

1. 学习鸟类分类方法，学习使用检索表。

2. 掌握鸟纲 3 个总目的主要区别。

3. 掌握突胸总目各生态类群及目的主要特征，认识常见种类及有重要经济价值的种类。

二、实验内容

1. 掌握鸟体的测量术语及有关分类术语。

2. 了解鸟类分类，识别国内常见目及代表种。

三、实验材料和用具

实验材料：各类群代表种类剥制标本和陈列标本。

实验用具：解剖盘、放大镜、卡尺、直尺、镊子、皮尺等。

四、实验操作与观察

（一）鸟体的量度

选 1～2 个鸟类标本，对其外形进行测量。

（1）体长　自嘴端至尾端的长度。

（2）嘴峰长　自嘴基生羽处至上嘴前端的直线距离。

（3）翼长　自翼角（即腕关节）至最长飞羽先端的直线距离。

（4）尾长　自尾羽基部至最长尾羽之前端的直线距离。

（5）跗跖长　自胫骨与跗跖关节后面的中点，至跗跖与中趾关节前面最下方的整片鳞下缘的直线距离。

（二）鸟类形态描述术语

观察鸟类标本，了解下列分类术语。

1. 头部

（1）额　或称前头。头的最前部，与上嘴基部相接。

（2）头顶　额后的头顶正中部区域。

（3）枕部　或称后头。头顶之后，头的最后部区域。

（4）眼先　额的两侧、嘴角之后、眼之前的区域。

(5) 颊　眼下方、喉上方、下嘴基部上后方的区域。

(6) 颏　喙基部腹面所接续的一小块区域。

(7) 冠羽　头顶上特别延长或耸起的羽毛，常形成冠状。

(8) 枕冠　后头上特别延长或耸起的羽毛。

(9) 耳羽　耳孔上的羽毛，位于眼的后方。

(10) 面盘　两眼向前，其周围的羽毛排列成人面状。

(11) 肉冠　指头上裸露的皮肤形成的肉质冠。

(12) 肉垂　头部下方向下垂的裸皮。

2. 嘴

(1) 上嘴　为嘴的上部，其基部与额相接。

(2) 下嘴　为嘴的下部，其基部与颏相接。

(3) 嘴峰　是上嘴的顶脊。

(4) 嘴甲　下喙宽而扁平，嘴端披有甲状附属物，为雁形目特有。

(5) 蜡膜　为上嘴基部的膜状覆盖构造。

(6) 鼻孔　为鼻向外的开孔，位于上嘴基部的两侧。

(7) 鼻管　上嘴基部的管状突，鼻孔开口于管的先端。

(8) 嘴须　着生于嘴角的上方。

3. 颈部

(1) 后颈　与头的枕部相接近的颈后部，又分为上颈和下颈。

(2) 喉　紧接颏部的区域。

(3) 前颈　颈部的前面，紧接喉下方的区域。

(4) 喉囊　喉部可伸缩的皮囊结构。食鱼鸟类常具有。

4. 躯干

(1) 背　下颈之后、腰部之前的区域，可分为上背和下背。

(2) 肩　背的两侧及两翅的基部。此部羽毛常特别延长，而称为肩羽。

(3) 腰　躯干背面的最后一部分，其前为下背，其后为尾上覆羽。

(4) 胸　躯干下面最前的一部分，前接前颈，后接腹部。

(5) 腹　胸部以后至尾下覆羽前的区域，前接胸部，后则止于泄殖孔。

5. 翼

(1) 飞羽　飞羽是沿翼的前臂部及指掌部的后缘着生的 1 列大型羽毛。依其着生部位可分初级飞羽、次级飞羽及三级飞羽。

(2) 覆羽　覆羽为覆盖于飞羽基部的小型羽毛。其中覆于初级飞羽基部的称为初级覆羽，覆于次级飞羽基部的称为次级覆羽。次级覆羽明显地分为 3 层，即大覆羽、中覆羽和小覆羽。

(3) 翼镜　又称翅斑；翼上特别明显的色斑，通常为初级飞羽或次级飞羽的不同羽色区段所构成，如雁形目种类翅膀两侧各有一处呈蓝绿色的斑纹。

（4）腋羽　翼基下方（腋下）的羽毛。

（5）翼端　翼的先端。依其形状的不同可分为 3 种：圆翼（最外侧飞羽较其内侧的为短，因而形成圆形翼端）、尖翼（最外侧飞羽最长，其内侧数枚飞羽逐渐短缩，而成尖形翼端）、方翼（最外侧飞羽与其内侧数枚飞羽几乎等长，而成方形翼端）。

6. 尾型

（1）平尾　中央尾羽与外侧尾羽长短相等。

（2）圆尾　中央尾羽较外侧尾羽稍长。

（3）楔尾　中央尾羽明显较外侧尾羽长，且羽轴强硬。

（4）凹尾　中央尾羽较外侧尾羽稍短。

（5）叉尾　中央尾羽明显较外侧尾羽短，如家燕的尾。

7. 后肢

（1）趾　通常为 4 趾。依趾排列的不同，可分为下列各种足型：①不等趾足，又称为常态足，第 2、第 3、第 4 趾向前，第 1 趾向后；②异趾足，第 1、第 2 趾向后，第 3、第 4 趾向前；③对趾足，第 1、第 4 趾向后，第 2、第 3 趾向前；④半对趾足，与不等趾足基本相同，但第 4 趾有时可扭转向后成对趾足；⑤并趾足，前趾的排列如常态足，但向前 3 趾的基部互相愈合；⑥前趾足，4 趾均向前方；⑦离趾足，与常态足相似，3 趾向前，1 趾向后，但第 1、第 3 趾较长，特别是第 1 趾（向后）最强，前趾各相游离。

（2）蹼　具蹼的足可再分为下列几种：①蹼足，前趾间具有极发达的蹼相连；②凹蹼足，与蹼足相似，但蹼膜中部往往凹入；③半蹼足，蹼的大部退化仅于趾间的基部留存；④全蹼足，第 1、第 2、第 3、第 4 趾的趾间均有蹼，如鹈形目；⑤瓣蹼足，为鸊鷉特有，各趾两侧具有叶状瓣蹼，如小鸊鷉。

（3）跗跖部鳞片　跗跖部鳞片有以下形状：①盾状鳞，鳞片呈盾状由上至下排列；②网状鳞，鳞片呈网状排列；③靴状鳞，鳞片呈靴状，整片披于鳞片跗跖部前缘。

（4）距　跗跖后缘着生的角状突。

（5）爪　着生于趾的末端。有些鸟类的中爪（中趾的爪）具栉缘。

（三）观察不同生态类型的鸟类

以非洲鸵鸟（*Struthio camelus*）、鸳鸯（*Aix galericulata*）、丹顶鹤（*Grus japonensis*）、白鹇（*Lophura nycthemera*）、大斑啄木鸟（*Dendrocopos major*）、苍鹰（*Accipiter gentiles*）、麻雀（*Passer montanus*）等为代表，参照表 22-1，观察鸟类不同生态类群的形态特征，了解不同生态类型的鸟类与其生活环境的适应特点。

表 22-1　鸟类各生态类群的形态特征比较

生态类群	特征	种类
走禽类	体型大，龙骨突不发达，翼退化。善于奔走，脚极强大，足趾减少	平胸总目
游禽类	趾间具蹼，腿短而粗壮，适于游泳，尾脂腺及绒羽发达	鸊鷉目、鹈形目、雁形目、鹱形目、鸥形目
涉禽类	腿长、颈长、嘴长，蹼不发达，胫部裸出	鹳形目、鹤形目、鸻形目
陆禽类	适应陆栖，腿脚健壮，嘴强壮利于啄食硬果，嗉囊发达	鸡形目、鸽形目
攀禽类	嘴、脚适应于攀缘，晚成鸟	鹦形目、鹃形目、鴷形目、佛法僧目、夜鹰目、雨燕目
猛禽类	嘴爪特强，锐利弯曲，胫全被羽，掠食性。晚成鸟	隼形目、鸮形目
鸣禽类	鸣管和鸣肌发达，鸣声悦耳。离趾型，适于栖木	雀形目

1. 游禽类

游禽类适于在水中游泳，如雁、鸭类。5 个目的区别，可先从足分辨，鸊鷉目具瓣状蹼，鹈形目具全蹼足，并具有喉囊结构；其他 3 个目均为蹼足，而鸥形目和鹱形目翅尖善飞翔，其中鹱形目具管鼻结构；而雁形目具嘴甲、翼镜。

2. 涉禽类

涉禽类适应涉水生活，如鹤、鹳、鹬。鹳形目与鸻形目的区别是前者眼先裸露，后者眼先被羽。鹳形目与鹤形目的区别是前者 4 趾处于同一平面，而后者其后趾高于前 3 趾。鸻形目与鹤形目的区别是后者第 1 枚初级飞羽比第 2 枚短，而前者相反。

3. 陆禽类

陆禽类后肢均健壮，适于行走，如鸡、鸽。鸽形目的 4 趾处于同一平面上，鼻孔外被有蜡膜；而鸡形目后趾高于前 3 趾，雄体跗跖部有距。

4. 猛禽类

猛禽类中的隼形目种类通常称鹰，鸮形目种类通常称猫头鹰，两者的区别主要为鸮形目种类具“面盘”。

5. 攀禽类

攀禽类的趾均适于攀缘，如啄木鸟、戴胜。6 个目中鹦形目、鹃形目和鴷形目的趾均为对趾型，其中鴷形目具似凿状喙；鹦形目喙坚强钩曲，羽毛色彩鲜艳；夜鹰目和佛法僧目的趾型为并指型，而夜鹰目中爪具栉状缘；雨燕目属前趾型，不能在地上行走和站立。

6. 鸣禽类

鸣禽类的鸣管和鸣肌发达。只有雀形目，如家燕、大嘴乌鸦、喜鹊、八哥等为离趾型，跗跖部后缘具靴状鳞，尾羽12枚。

（四）鸟纲分目检索

鸟类是在中生代从爬行类分化出来向空中发展的一支。鸟纲分古鸟亚纲和今鸟亚纲，古鸟亚纲仅有始祖鸟等化石鸟类，今鸟亚纲中除齿颌总目为化石种类外，均为现存鸟类，分为平胸总目、企鹅总目和突胸总目。其中突胸总目包括了现存鸟类的绝大多数，分布遍及全球。

利用检索表将实验室内陈列的部分标本检索分目。如小鸊鷉、鸬鹚、灰雁、斑嘴鸭、白额鹱、银鸥、小白鹭、白腰杓鹬、丹顶鹤、家鸽、白鹇、苍鹰、耳鸺鹠、绯胸鹦鹉、大杜鹃、大斑啄木鸟、小翠鸟、小白腰雨燕、家燕、麻雀等。

中国鸟类分目检索表

① 脚适于步行；蹼不发达或缺失 …………………………………………… ②

脚适应于游泳；蹼较发达 …………………………………………………… ⑯

②鼻呈管状 ………………………………… 鹱形目（Procellariiformes）

鼻不呈管状 ………………………………………………………………… ③

③ 趾间具全蹼 ……………………………… 鹈形目（Pelecaniformes）

趾间不具全蹼 ……………………………………………………………… ④

④ 嘴通常平扁，先端具嘴甲；雄性具交接器……… 雁形目（Anseriformes）

嘴不平扁，先端无嘴甲；雄性不具交接器 ………………………………… ⑤

⑤ 翅尖长，尾羽正常 ………………………………… 鸥形目（Lariformes）

翅短圆；尾羽短，为覆羽所掩盖 …………………………………………… ⑥

⑥ 向前的3趾间具蹼 ………………………………… 潜鸟目（Caviiformes）

前趾各具瓣蹼 ………………………………………………………………… ⑦

⑦ 颈脚均长；胫下部裸露；蹼不发达；脚适于涉水 ……………………… ⑧

颈脚均短；胫全被羽；无蹼 ………………………………………………… ⑩

⑧ 后趾不发达或退化，如存在则较其他趾稍高；眼先常被羽 …………… ⑨

后趾发达且与前趾在同一水平上；眼先裸出 … 鹳形目（Ciconiiformes）

⑨ 翅多短圆，第1枚初级飞羽较第2枚短；眼先被羽或裸出；趾间无蹼或具瓣蹼 ……………………………………………… 鹤形目（Gruiformes）

翅尖，或长或短；第1枚初级飞羽与第2枚等长或较长；眼先被羽；趾间蹼不发达或缺 ………………………………… 鸻形目（Charadriiformes）

⑩ 嘴爪均特强弯曲；嘴基具蜡膜 …………………………………………… ⑪

嘴爪平直或稍曲；嘴基不具蜡膜（鸽形目例外） ………………………… ⑬

⑪ 足对趾型；舌厚为肉质 ………………………… 鹦形目（Psittaciformes）

足不呈对趾型；舌正常；尾脂腺被羽或裸出，掠食性 …………………… ⑫

⑫ 蜡膜裸出；两眼侧置，外趾不能反转（鹗属例外），尾脂腺被羽 ………
……………………………………………………… 隼形目（Falconiformes）

蜡膜被硬须掩盖，两眼向前，外趾能反转；尾脂腺裸出 ………………………………………………………………………… 鸮形目（Strigiformes）

⑬ 3趾向前，1趾向后，后趾有时缺；各趾彼此分离（除极少数外） … ⑲

趾不具上述特征 ……………………………………………………………… ⑭

⑭ 足大多呈前趾型；嘴短阔而平扁；无嘴须 ……… 雨燕目（Apodiformes）

足不呈前趾型；嘴强而不平扁（夜鹰目例外）；常具嘴须 …………… ⑮

⑮ 足呈异趾型 ………………………………… 咬鹃目（Trogoniformes）

足不呈异趾型 ………………………………………………………………… ⑯

⑯ 足呈对趾型 ………………………………………………………………… ⑰

足不呈对趾型 ………………………………………………………………… ⑱

⑰ 嘴强直呈凿状；尾羽通常坚挺尖出 ………………… 䴕形目（Piciformes）

嘴端稍曲，不呈凿状；尾羽正常 ………………… 鹃形目（Cuculiformes）

⑱ 嘴长或强直，或细而稍曲，有的具盔突；鼻孔不呈管状；中爪不具栉缘 ………………………………………………… 佛法僧目（Coraciiformes）

嘴短阔；鼻孔通常呈管状；中爪具栉缘…… 夜鹰目（Caprimulgiformes）

⑲ 嘴基柔软，被以蜡膜；嘴端膨大而具角……… 鸽形目（Columbiformes）

嘴全被角质 …………………………………………………………………… ⑳

⑳ 后爪不比其他爪长；雄性常具距 ………………… 鸡形目（Galliformes）

后爪比其他爪长；无距 ………………………… 雀形目（Passeriformes）

（五）代表种类特征观察

1. 䴙䴘目（Podicipediformes）

凤头䴙䴘（*Podiceps cristatus*）俗称水葫芦。4趾平而扁，具瓣蹼。爪如指甲状。嘴细长，直而尖；翅短小。眼先、眼上纹和外侧肩羽白色；繁殖期具有羽冠和皱领。雌、雄性羽色相似。

2. 鹱形目（Procellariiformes）

白额鹱（*Puffinus leucomelas*）鼻孔呈管状，趾间具全蹼。嘴强大具钩。体长约50cm，头部以及头和颈的侧部均白，而缀以褐色纵纹，下体纯白无斑。分布遍及沿海一带，常成群飞翔于海面追逐鱼群。

3. 鹈形目（Pelecaniformes）

（1）白鹈鹕（*Pelecanus onocrotalus*）体型大，嘴平扁，喉囊大，伸至嘴的全长。体羽白色，翼大而宽，初级飞羽的羽干淡色。国家Ⅱ级保护动物。

（2）普通鸬鹚（*Phalacrocorax carbo*）夏季体羽为黑色。脸颊与喉部白色。头和颈部有细密白色丝状羽。嘴黄褐色，嘴周及下嘴基部裸皮黄色，有黑斑点。冬季颈部白色丝状羽消失。

4. 鹳形目（Ciconiiformes）

（1）小白鹭（*Egretta garzetta*）翅长不及30cm，有羽冠，胸前被以矛状长羽；趾黑而杂以黄色；嘴黑色。

（2）牛背鹭（*Bubulcus ibis*）繁殖羽色以白色为主，仅头、颈、上胸及背上饰羽橙黄色。嘴和眼先裸出部分橙黄色，脚黑色。冬季橙黄色饰羽脱落，全身羽色白色。

（3）东方白鹳（*Ciconia boyciana*）头、颈和背部羽毛均为白色；眼先及颏部裸出，为赤色；喙为黑色。国家Ⅰ级保护动物。

（4）朱鹮（*Nipponia Nippon*）体色粉白，脸部朱红。嘴长而下弯，嘴端红色。颈后饰羽长，头、枕后饰羽及颈、背等鼠灰色，其余部分略淡粉色。脚红色。冬羽通体乳白色，泛粉色。国家Ⅰ级保护动物。

5. 雁形目（Anseriformes）

（1）大天鹅（*Cygnus cygnus*）或称黄嘴天鹅，是本目中体型最大者，体长可达1m。遍体洁白，嘴大多黑色，从眼先至嘴基部淡黄色。国家Ⅱ级保护动物。

（2）鸳鸯（*Aix galericulata*）为小型鸭类。雄鸟羽色华丽，头后有赤铜色羽冠，两翼具栗黄色帆状饰羽。雌鸟背面褐色，腹面白色，羽色暗淡，无帆状饰羽。国家Ⅱ级保护动物。

（3）灰雁（*Anser anser*）羽色较淡。嘴与肢粉红色，背部灰褐色有白色边缘，下体灰白色，并杂以暗褐色小块斑。尾上、尾下覆羽均为白色。

6. 隼形目（Falconiformes）

（1）苍鹰（*Accipiter gentiles*）雄鸟背部苍灰色，头颈部暗灰色，胸部有褐色横条斑纹，尾部灰褐色，有4条深色横纹。雌体背部褐色。

（2）金雕（*Aquila chrysaetos*）大型猛禽，全长约90cm，翅长超过60cm。头顶暗褐色，头后及后颈具赤褐色矛状羽；背和两翅暗褐色，胸部中央具淡色纵纹。国家Ⅰ级保护动物。

（3）游隼（*Falco peregrinus*）翅长超过30cm，是隼科中最大的种类。第2枚初级飞羽最长。具有狭长而尖锐的翼，短而阔的喙，上嘴尖端具齿状突。背部灰色，腹面白色而具有暗色斑点或横行带状斑纹。

7. 鸡形目（Galliformes）

（1）原鸡（*Gallus gallus*）为家鸡的祖先，原产于亚洲东南部，形似家鸡但体较小，行动敏捷。头顶有锯齿形肉冠，喉部具肉垂1对。栖于树林中，善飞善走。雄性好斗，距尖锐。见于我国云南西南部。国家Ⅱ级保护动物。

（2）白鹇（*Lophura nycthemera*）雌、雄体羽颜色各异。雄鸟上体和两翅白色，密布“V”字形黑纹，头上的羽冠及下体灰蓝黑色；尾羽长，白色，具不规则的黑色斜纹。雌鸟上体棕褐色，下体色较浅，有许多褐色斑点。

（3）灰孔雀雉（*Polyplectron bioalcaratum*）雄鸟全身几乎为灰褐色，两翅及尾羽上有眼状斑。雌鸟体型较雄鸟小，羽色较暗，尾短，眼斑不显。脚强壮，善于奔走。翅较短，拙于飞行。国家Ⅰ级保护动物。

8. **鹤形目（Gruiformes）**

（1）丹顶鹤（*Grus japonensis*）又名仙鹤。身体高大，体羽大部为白色；头顶无羽，呈朱红色，似肉冠状，故名丹顶鹤。颊、喉及后颈为暗褐色。脚灰黑色，后趾不着地。为我国特产珍贵鸟类，国家Ⅰ级保护动物。

（2）白胸苦恶鸟（*Amaurornis phoenicurus*）又名白面秧鸡。繁殖期间常彻夜鸣叫，声似"姑恶"，故名。上体灰黑色，胸部白色，嘴黄绿色，嘴基膨大。肛周羽褐色。夏季普遍见于长江以南各省。

9. **鸻形目（Charadriiformes）**

（1）白腰勺鹬（*Numoniue arquata*）为大型鹬类，嘴基长而下曲。下背和腰白色，头、颈、胸、上背、飞羽及喉均为淡褐黄色，各羽中央有黑色纵纹，下背、腰、尾、额、脸均为白色，尾羽有棕色横纹。分布遍及全国。

（2）反嘴鹬（*Recurvirostra avosetta*）嘴长而端部向上反曲。头和眼先黑色，上体白色，尾羽白，先端略灰。腹部白。翅尖长。腿很长。

10. **鸥形目（Lariformes）**

银鸥（*Larus argentatus*）背、腰及翅上覆羽均深灰色，外侧飞羽黑褐色而具白端，体上余羽纯白色。嘴黄色，下嘴具红端。以鱼、虾为食，在我国沿海各省均有分布。

11. **鸽形目（Columbiformes）**

（1）珠颈斑鸠（*Streptopelia chinensis*）雌、雄体色相似。头顶及脸部深灰色，后颈有明显的珠状斑，上体灰褐色，下体粉红色，外侧尾羽先端白色。是我国常见的留鸟。

（2）山斑鸠（*Streptopelia orientalis*）雌、雄体色相似。上体以褐色为主，后颈基部两侧杂以蓝灰色的黑斑，肩蓝灰色。下体红褐色。翼上覆羽及3级飞羽黑色，缘以棕红色，形成翅上花斑。

12. **鹦形目（Psittaciformes）**

绯胸鹦鹉（*Psittacula alexandri*）雄鸟嘴色鲜红，胸部赤红带蓝辉；雌鸟嘴黑色，胸腹颜色多为浅黄绿色。头顶及两颊紫灰色；从额至眼前有一黑纹。体羽一般为绿色。国家Ⅱ级保护动物。

13. **鹃形目（Cuculiformes）**

大杜鹃（*Cuculus canorus*）上体大致银灰黑色，两翅黑褐，翼缘白而杂以褐斑。腹部大都白色而杂以褐色横斑。连叫两声一停，声似"布谷"，故称布谷鸟。

14. **鸮形目（Strigiformes）**

雕鸮（*Bubo bubo*）全长约66cm，羽大部为黄褐色，喉白色，腹及尾下覆羽有黑色细横斑。上背和下腹棕色。嘴和爪铅色。主要以农田鼠类、野兔和雉类为食。国家Ⅱ级保护动物。

15. **夜鹰目**（Caprimulgiformes）

普通夜鹰（*Caprimulgus indicus*）头和整个上体大都灰褐色，具黑色和黑褐色细斑。颏、喉黑褐色，具棕色细斑；下喉有一大型白斑。中央尾羽灰白色，具黑褐色宽阔横纹。胸灰白色，满布以黑褐色横斑；腹和两胁均红棕色。外侧4对尾羽具白色斑纹。

16. **雨燕目**（Apodiformes）

（1）楼燕（*Apus apus*）或称北京雨燕。体型似家燕而稍大，翼狭长，折叠时超过尾端。体羽纯黑褐色，仅颏和喉部为暗白色。完全以昆虫为食。

（2）白腰雨燕（*Apus pacificus*）体长近20cm，上体灰黑褐色，白色腰带宽1.0～2.5cm。尾呈深叉状。喉部具粗的暗褐色羽干纹。翅尖长。喜群飞，飞捕昆虫为食。

17. **佛法僧目**（Coraciiformes）

（1）冠鱼狗（*Ceryle lugubris*）头顶、头侧以及羽冠均黑色、具白点，羽冠中的后头羽毛白色而具黑点。上体全部暗灰黑色，满缀以白点斑和横斑。

（2）普通翠鸟（*Alcedo atthis*）头暗蓝绿色、艳翠蓝色细斑。眼下和耳羽栗棕色，耳后颈侧白色，体背灰翠蓝色，肩和翅暗绿蓝色，翅上杂有翠蓝色斑。喉部白色，胸部以下呈鲜明的栗棕色。雄鸟嘴黑色，雌鸟上嘴黑色、下嘴红色。

18. **䴕形目**（Piciformes）

（1）大斑啄木鸟（*Dendrocopos major*）雄鸟枕部有一鲜红块斑，头顶、后颈、背、翼及尾均为亮黑色，翼上有白色圆斑或块斑；额、头侧及下体为白色而略染有浅赤色。雌鸟枕部无鲜红斑块。

（2）绿啄木鸟（*Picus canus*）通体暗绿色，无羽冠，雄鸟前额至头顶的前半部鲜红色，雌鸟前额至头顶均为灰色，缀以黑色纵斑。

19. **雀形目**（Passeriformes）

（1）百灵（*Melanocorypha mongolica*）鼻孔被羽掩盖，后爪长而直。头上和尾基呈栗色，翅黑而具白斑，胸具近于黑色的横带。

（2）家燕（*Hirundo rustica*）嘴短阔而弱。上体呈金属反光的蓝黑色。额、喉栗色，胸具不完整的黑色横带，下体余部腹部白色无斑，上体余部均为灰蓝黑色。夏季遍及全国各地。

（3）黑枕黄鹂（*Oriolus chinensis*）自鼻孔后缘起有一道贯眼黑斑直抵枕部。翅黑而具黄斑，中央一对尾羽仅具狭窄的黄色端缘。其余羽毛均为金黄色。雌鸟色较苍淡。

（4）八哥（*Acridotheres cristatellus*）通体黑色，额羽发达，且特延长而高耸。两翼有白斑，飞行时明显，尾羽黑色，先端白色。为南方留鸟。

（5）喜鹊（*Pica pica*）整体除两肩各有一大块白斑及腹羽白色外，通体均为黑色。飞羽闪蓝辉，尾羽闪绿辉，展飞时尾羽呈楔形。

（6）大嘴乌鸦（*Corvus macrorhynchus*）嘴粗大，后颈羽毛柔软松散如发。除腹、尾下覆羽外，皆呈浓淡程度不同的紫蓝色光泽。体形较小，翅长不及360mm。

（7）画眉（*Garrulax canorus*）眼圈白色，眼上方有清晰的白色眉纹；额和头顶前部棕黄色；上体棕褐色，颏、喉及上胸棕黄色，腹部中央灰色，两肋及尾下覆羽浅棕黄色。

（8）暗绿绣眼鸟（*Zosterops japonica*）又名绣眼、粉眼。体型只有拇指般大小，翅长不超过51mm。前额黄色较显著，上体绿色沾黄，颏、喉黄色。眼周具白圈，故名绣眼鸟。

（9）白鹡（*Motacilla alba*）黑白两色。雄鸟额、头顶前部、头侧、颈侧白色，后头、背、肩部及腰部黑色。贯眼纹黑色或无。尾羽黑色，最外侧2对为白色。颏喉部及前胸为黑色。下体局部为白色。

（10）鹊鸲（*Copsychus saularis*）雄鸟头、胸、背蓝黑色，翼黑色并有一细长白斑，中央尾羽黑色，其他尾羽白色，腹及尾下覆羽白色。雌鸟与雄鸟相似，但以灰黑色代替雄鸟蓝黑色部分。

（11）麻雀（*Passer montanus*）头顶及上体栗褐色，具黑色的纵纹，颈部具有白色的领环，翼和尾黑褐色，具淡黄色羽缘，翅上两道白斑非常显著。颏、喉部黑色。颊部白色，上有一显著的黑斑，贯眼纹黑色。下体污白色。嘴黑，脚褐色。

（12）黄胸鹀（*Emberiza aureola*）体型似麻雀而稍大，雄鸟额基和头侧黑色，上体暗栗褐色，上背杂以黑纹；翅上具白色翼斑；胸前有一栗色圈，下体余部鲜黄。

五、实验作业

1. 根据鸟类的生活习性可将鸟纲分为哪几大类群？它们各有何特征？

2. 写出雁形目、鹈形目、鹳形目、鹤形目、隼形目、鸮形目、鹱形目、鹦形目、鸡形目、鸽形目、雀形目的鉴别性特征及代表种。

六、课后拓展

Avibase——世界鸟类数据库。

（黄晓晨）

实验二十三
哺乳纲分类

一、实验目的和要求

1. 了解哺乳纲重要目及科的特征；学习使用检索表。

2. 认识一些常见及有经济意义的种类。

二、实验内容

1. 掌握哺乳类鉴定术语及测量方法。

2. 掌握标本的检索与观察。

三、实验材料和用具

实验材料：供检索观察用的哺乳类标本。

实验用具：实体显微镜、放大镜、卡尺、卷尺等。

四、实验操作与观察

要爱护实验标本，应小心使用并轻拿轻放。

（一）哺乳类鉴定术语及测量方法

1. 外部测量法（图 23-1）

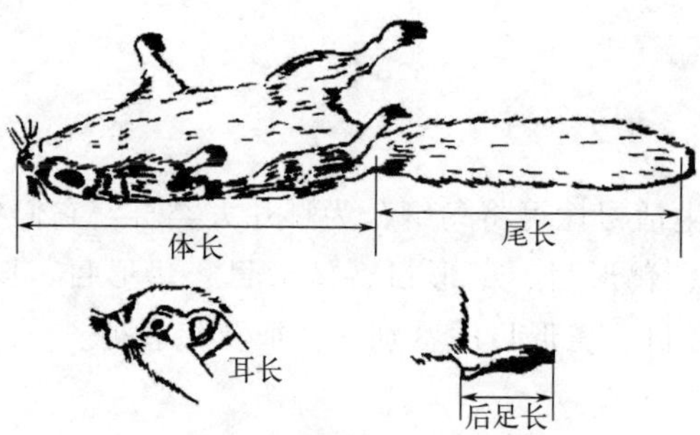

图 23-1　哺乳类外部测量

（1）体长　由头的吻端至尾基。

（2）尾长　由尾基至尾的尖端。

（3）耳长　由耳尖至耳基。

（4）后足长　后肢蹠跖部连趾的全长（不计爪）。

此外，尚需鉴定性别，称量体重，并注意形体各部的一般形状、颜色（包括乳头、腺体、外生殖器等），以及毛的长短、厚薄和粗细等。

2. 头骨测量法（图 23-2）

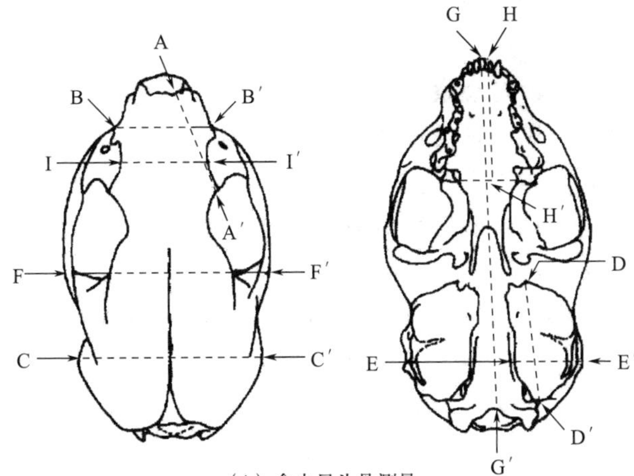

（A）食肉目头骨测量

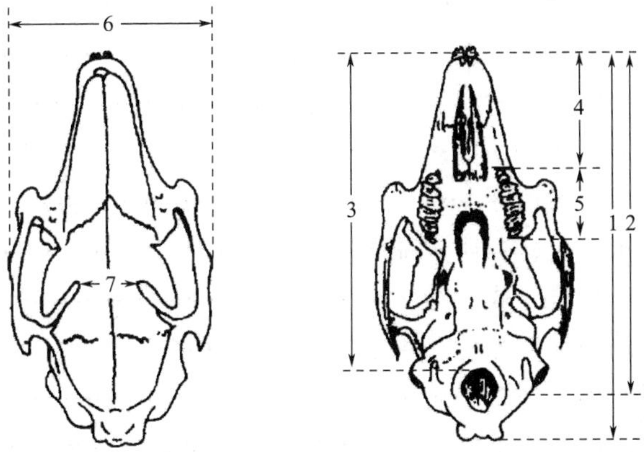

（B）兔形目头骨测量

图 23-2 哺乳类头骨测量

A-A′—眶鼻间长；B-B′—吻宽；C-C′—后头宽；D-D′—听泡长；E-E′—听泡宽；
F-F′—颧宽；G-G′—基长；H-H′—上齿列长；I-I′—眶间宽；
1—颅全长；2—颅基长；3—基长；4—齿隙长；5—上齿列长；6—颚宽；7—眶间宽

（1）颅全长。

（2）颅基长 枕髁至颅底骨前缘间的长度。

（3）基长 枕骨大孔前缘至门牙前基部或颅底骨前端的长度。

（4）眶鼻间长 额骨眶后突后缘至同侧鼻骨前缘间的距离。

（5）吻宽 左右犬齿外基部间的直线距离。

（6）颧宽 两颧外缘间的水平距离。

（7）眶间宽 两眶内缘间的距离。

（8）听泡宽　位于枕髁前、听泡两外侧间的距离。

（9）齿隙长　上颌犬齿虚位最大距离。

（10）上齿列长。

（二）兽类标本检索与观察

真兽亚纲为高等的胎生种类，具有真正的胎盘；大脑发达。现存哺乳类绝大多数种类属此亚纲，分布于全球。

我国常见兽类分目检索表

① 必具后肢 …………………………………………………………………… ②

后肢缺 ………………………………………………………………………… ⑫

② 前肢特别发达并具翼膜，适于飞行 ………………… 翼手目（Chiroptera）

前肢构造不适于飞行 …………………………………………………… ③

③ 牙齿全缺，身披鳞甲 ………………………………… 鳞甲目（Pholidota）

有牙齿，体无鳞甲 ………………………………………………………… ④

④ 上下颌的前方各有1对发达的呈锄状的门牙 ……………………… ⑤

门牙多于1对，或只有1对而不呈锄状 ……………………………… ⑥

⑤ 上颌具1对门牙………………………………………… 啮齿目（Rodentia）

上颌具前后两对门牙 ……………………………… 兔形目（Lagomorpha）

⑥ 四肢末端指（趾）分明，趾端有爪或趾甲 ………………………… ⑦

四肢末端趾愈合，或有蹄 ………………………………………………… ⑩

⑦ 前后足拇趾与他趾相对………………………………… 灵长目（Primates）

前后足拇趾不与他趾相对 ………………………………………………… ⑧

⑧ 吻尖长，向前超出下唇甚远。正中1对门牙通常显然大于其他各对 ……
……………………………………………………… 食虫目（Insectivora）

上下唇通常等长，正中1对门牙小于其余各对 ……………………… ⑨

⑨ 体型呈纺锤状，适于游泳；四肢变为鳍状 ………… 鳍足目（Pinnipedia）

体形通常适于陆上奔走；四肢正常；趾分离，末端具爪 ……………
……………………………………………………… 食肉目（Carnivora）

⑩ 体型特殊巨大，鼻长而能弯曲 ……………………… 长鼻目（Proboscidea）

体型巨大或中等，鼻不延长也不能弯曲 ……………………………… ⑪

⑪ 四足仅第3或第4趾大而发达 ……………………… 奇蹄目（Perissodactyla）

四足第3、第4趾发达而等大 ……………………… 偶蹄目（Artiodactyla）

⑫ 同型齿或无齿，呼吸孔通常位于头顶，多数具背鳍；乳头腹位……………
…………………………………………………………… 鲸目（Cetacea）

多为异型齿，呼吸孔在吻前端，无背鳍；乳头胸位 …………………………
…………………………………………………………… 海牛目（Sirenia）

（三）代表种类观察

1. 食虫目（Insectivora）

为小型兽类。四肢短，具5趾，有利爪；体被软毛或硬棘；吻细长突出，牙齿原始，适于食虫；外耳及眼较退化。大多为夜行性。

（1）刺猬（*Erinaceus europaeus*） 体背被有棕、白色相间的棘刺，其余部分具浅棕色深淡不等的细刚毛。齿式为3•1•3•3/2•1•2•3。

（2）鼩鼱（*Sorex araneus*） 外貌似小鼠。体被灰褐色细绒毛，尾细长具疏毛。齿式为3•1•3•3/1•1•1•3。

（3）缺齿鼹（*Mogera robusta*） 俗名鼹鼠。适于地下生活。体粗短。密被不具毛向的绒毛；眼小；耳壳退化；锁骨发达，前肢短健，掌心向外侧翻转，具长爪。齿式为3•1•4•3/3•0•4•3。

2. 翼手目（Chiroptera）

前肢特化，适于飞翔。具特别延长的指骨。由指骨末端至肱骨、体侧、后肢及尾之间，着生有薄而韧的翼膜，借以飞翔。第1指或第2指端具爪。后肢短小，具长而弯的钩爪；胸骨具胸骨突起；锁骨发达；齿尖锐。

蝙蝠（*Vespertilio superans*） 体小型。耳较大，眼小，吻短，前臂长31～34mm。体毛黑褐色。

3. 灵长目（Primates）

大多数种类拇指（趾）与其他指（趾）相对；锁骨发达，手掌（跖部）具两行皮垫，利于攀缘；少数种类指（趾）端具爪，但大多具指（趾）甲。大脑半球高度发达；眼前视，视觉发达；嗅觉退化。

（1）猕猴（*Macaca mulatta*） 尾长约为体长的1/2。颜面和耳多呈肉色；胼胝红色，体毛色棕黄。

（2）川金丝猴（*Rhinopithecus roxellanae*） 为我国名贵特产种类，分布于川南、陕南及甘南的3000m高山上。体被金黄色长毛；眼圈白色；尾长；无颊囊。

4. 鳞甲目（Pholidota）

体外被覆角质鳞甲，鳞片间杂有稀疏硬毛；不具齿；舌发达；前爪极长。

穿山甲（*Manis pentadactyla*）体背面被角质鳞片，鳞片间有稀疏的粗毛。头尖长，口内无齿舌细长，善于伸缩。主要食物为白蚁和蚂蚁。

5. 兔形目（Lagomorpha）

为中小型草食类。上颌具有2对前后着生的门牙，后面1对很小，故又称重齿类。

草兔（*Lepus capensis*）背毛土黄色，后肢长而善跳跃；耳壳长；尾短。

6. 啮齿目（Rodentia）

在哺乳动物中啮齿目的种类和数量最多，分布于全球。主要特征为：体中小型。上下颌各具1对门牙，仅前面被有珐琅质。门牙呈凿状，终生生长；无犬牙

（犬牙虚位）；嚼肌发达，适应啮咬坚硬物质。臼齿常为 3/3（图 23-3）。

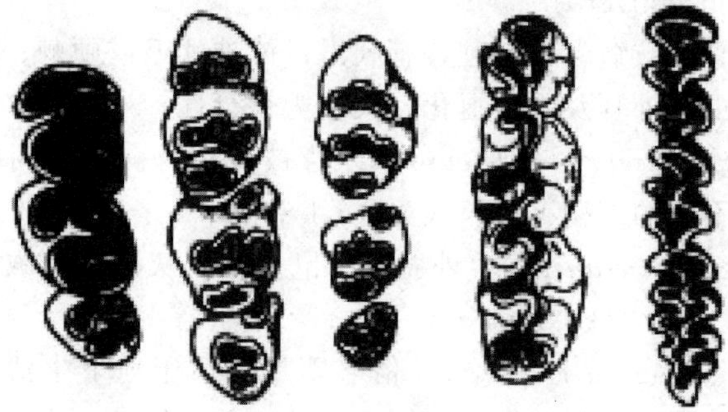

图 23-3 啮齿目的牙齿

1—竹鼠科大竹鼠；2—鼠科褐家鼠；3—鼠科小家鼠；
4—仓鼠科仓鼠亚科；5—仓鼠科田鼠亚科

啮齿目科别检索表

① 臼齿列（Pm＋m[1]）等于或多于 4/4 …………………………………… ②
臼齿列少于 4/4 ………………………………………………………… ⑥
② 臼齿列一般 5/4，上颌第 1 前臼齿甚小，有的仅生 4 齿，身体较小或中等，眶下孔很小，尾毛蓬松 ……………………………………………… ③
臼齿列 4/4，身体较大，眶下孔发达，尾毛不蓬松 ………………… ④
③ 前后肢间有皮翼 ……………………………… 鼯鼠科（Petauristidae）
前后肢间无皮翼 ………………………………… 松鼠科（Sciuridae）
④ 体被长硬刺 …………………………………… 豪猪科（Hystricidae）
体无长硬刺 ……………………………………………………………… ⑤
⑤ 尾大而扁平，无毛而被鳞 …………………… 河狸科（Castoridae）
尾甚退化 ………………………………………… 豚鼠科（Caviidae）
⑥ 臼齿列 4/3 …………………………………………………………… ⑦
臼齿列 3/3 …………………………………………………………… ⑧
⑦ 后肢较前肢长 2～2.5 倍，后足具正常发达的五趾，内趾较短，尾端无长毛束，栖于林地或草地 ………………………… 林跳鼠科（Zapodidae）
后肢较前肢长 4 倍，后足的 2 个侧趾甚退化或不存在，尾端常有长毛束，多栖于漠地 ……………………………………………… 跳鼠科（Dipodidae）
⑧ 成体臼齿的咀嚼面呈条块状的孤立齿环，眼与耳均退化，尾短而无毛或仅有稀毛，适于地下生活 ………………………… 竹鼠科（Rhizomyidae）
臼齿的咀嚼面不呈条块状的孤立齿环，眼与耳正常，尾长 …………… ⑨

[1] Pm＋m：Pm 代表前臼齿（premolar）；m 代表臼齿（molar）。

⑨ 第 1、第 2 上臼齿咀嚼面具 3 个纵行齿尖，每 3 个并列的齿尖又形成一横嵴 …………………………………………………………… 鼠科（Muridae）

第 1、第 2 上臼齿咀嚼面的齿尖不排成 3 纵列 …… 仓鼠科（Cricetidae）

（1）灰鼠（*Sciurus vulgaris*） 属松鼠科。夏毛褐色，冬毛灰色；尾具蓬松长毛；耳尖具丛毛。为重要毛皮兽。

（2）黑线仓鼠（*Cricetulus barabensis*） 属仓鼠科。体灰褐色，尾短，背中有 1 条黑色背纹；具颊囊。

（3）鼢鼠（*Eospalax fontanierii*） 属仓鼠科。地下掘穴生活。似鼹鼠，但体较粗大，吻钝。

（4）小家鼠（*Mus musculus*） 属鼠科。体较小，门牙内侧有缺刻。

（5）褐家鼠（*Rattus norvegicus*） 属鼠科。体较大，臼齿齿尖 3 列，每列 3 个。

（6）三趾跳鼠（*Dipus sagitta*） 属跳鼠科。前肢极小。后足仅 3 趾，长而善跳跃。生活于荒漠地区。

7. 食肉目（Carnivora）

猛食性兽类。门牙小，犬牙强大而锐利；上颌最后 1 枚前臼齿和下颌第 1 枚臼齿特化为裂齿（食肉齿）；指（趾）端常具利爪，利于撕捕食物；脑及感官发达；毛厚密，且多具色泽。

食肉目科别检索表

① 体型粗壮，各足均具 5 趾 ………………………………………………… ②

体型细长（獾例外），后足仅 4 趾（鼬科、灵猫科 5 趾） …………… ④

② 体较小，尾长超过体长之半，上臼齿宽度稍大于长度 ……………………

………………………………………………………… 浣熊科（Procyonidae）

体较大，尾短，最后的上臼齿，其最小的宽度约等于其最大的长度的 1/2

…………………………………………………………………………… ③

③吻短，体白色，四肢黑色 …………………… 大熊猫科（Ailuropodidae）

吻长，全身黑色或棕色 ………………………………… 熊科（Ursidae）

④ 四肢短，体型细长（獾较粗壮） ………………………………………… ⑤

四肢长，体型正常 ………………………………………………………… ⑥

⑤ 身体一般较小。臼齿 1/2，上臼齿内缘较外缘宽 …… 鼬科（Mustelidae）

身体一般较大。臼齿 2/2 或上臼齿内缘较外缘窄 ……………………………

………………………………………………………… 灵猫科（Viverridae）

⑥ 头部狭长。爪较钝，不能伸缩。上臼齿具明显的齿尖 … 犬科（Canidae）

头部短圆。爪锐利，能伸缩。上臼齿无明显的齿尖 …… 猫科（Felidae）

（1）狐（*Vulpes vulpes*） 属犬科。体长，面狭吻尖；四肢较短；尾长大，超过体长的 1/2，尾毛蓬松，端部白色。

（2）黑熊（*Ursus thibetanus*） 属熊科。吻部钝短，前肢腕垫大，与掌垫相连；胸部有规则的新月形白斑。

（3）黄鼬（*Mustela sibirica*） 属鼬科。体型细长，四肢短。颈长、头小。尾长约为体长的1/2，尾毛蓬松。背毛为棕黄色。

（4）獾（*Meles meles*） 属鼬科。鼬科中较大型的种类。体躯肥壮，四肢粗短。吻尖、眼小。耳、颈、尾均短。具黑褐色与白色相杂的毛色。

（5）果子狸（*Paguma larvata*） 属灵猫科。又名花面狸。头部从吻端直到颈后有1条白色纵纹，眼下和眼后各有一白斑。脸面部黑白相间。脚全黑。

8. 鳍脚目（Pinnipedia）

适于水中生活。体呈纺锤形，密被短毛。四肢鳍状，5趾间具蹼。尾短而夹于后肢间。

海豹（*Phoca vitulina*）体肥壮、呈纺锤形。头圆，眼大，无外耳壳，口须长。成体背部苍灰色，杂有棕黑色斑点。

9. 奇蹄目（Perissodactyla）

草原奔跑兽类。四肢的中指（中趾）即第3指（趾）发达，指（趾）端具蹄。门牙适于切草，犬牙形状似门牙，前臼齿与臼齿形状相似，嚼面有棱脊，有磨碎食物的作用。单胃。盲肠大。如马或驴。

10. 偶蹄目（Artiodactyla）

第3、第4趾（指）同等发达，故称为偶蹄，并以此负重（第2、第5趾为悬蹄）。尾短；上门牙常退化或消失，有的犬牙形成獠牙，有的退化或消失，臼齿咀嚼面突起型很复杂，不同的科因食性不同而有所变化。此目种类众多。

偶蹄目科别检索表

① 上下颌均具门齿，下犬齿强大而不呈门齿状，臼齿具丘状突（丘齿型），无角 ………………………………………………………… 猪科（Suidae）

仅下颌具门齿，下犬齿呈门齿状，臼齿具新月状脊棱（月齿型），角或有或无 ……………………………………………………………………… ②

② 臼齿低冠，上犬齿若存在时呈獠牙状，雄性大都具实角 …………………… ……………………………………………………… 鹿科（Cervidae）

臼齿高冠，无上犬齿，雄性具虚角，雌性的角或有或无 …………………… ………………………………………………………… 牛科（Bovidae）

（1）野猪（*Sus scrofa*） 属猪科。体型似家猪，但吻部更为突出。体被刚硬的针毛，背上鬃毛显著。毛色一般呈黑褐色。雄猪具獠牙。

（2）狍（*Capreolus capreolus*） 属鹿科。四肢细长，尾短。雄性有角，角短且分3叉。毛质粗脆，冬毛灰棕色，夏毛红棕色。臀部具白斑。

（3）黄羊（*Procapra gutturosa*） 属牛科。雌性不具角，四肢细而善奔跑。蹄窄、尾短。生活于草原及半荒漠地区。

五、实验作业

1. 真兽亚纲中有哪些重要目？它们的主要特征是什么？

2. 列举偶蹄目、啮齿目、食肉目的常见种类各 3～4 种，对有益种类如何保护利用？对有害种类如何控制？

六、课后拓展

丁晨晨，梁冬妮，信文培，等．中国哺乳动物形态、生活史和生态学特征数据集［J］．生物多样性，2022，30（2）：91-100.

（黄晓晨）

实验二十四
动物养殖场见习

一、实验目的和要求

通过参观猪场、水产养殖场或其他特种动物养殖场，观看动物饲养管理综合技术实例录像，了解动物养殖的基本过程。具体而言就是了解养猪、养鱼企业的建设规划、企业经营和管理、场地的建筑特点和设备性能、生产管理和动物育种方法、营养和饲养要点、环境卫生；了解具体生产计划的制订与实施情况、卫生防疫制度的实施及效果检测、生产人员的组织和管理；了解猪、鱼的品种和生物学特性、人工受精、品种的培育繁殖以及疫病防治等生产环节。

二、实验内容

1. 参观猪场、水产养殖场或特种动物养殖场。

2. 观看猪场、水产养殖场或特种动物养殖场录像或动物饲养管理综合技术实例录像。

三、实验用具

绘图用具、计算器、温度计、湿度计、卷尺等；典型的综合型猪场、水产养殖场；相关录像、VCD及播放系统。

四、操作与观察

（一）规模化猪场见习

1. 猪场场址的选择

猪场场址选择是建场的首要问题。从提高养猪的生产力和保护环境出发，应考虑以下几个问题。

（1）农牧渔果结合　猪场可能对外环境造成污染，猪场的周围应有足够的农田、鱼塘、果园等地区，以便粪便的合理利用，防止环境污染，提高经济效益。

（2）卫生防疫　猪场应该远离主干公路、铁路等交通要道，有利于卫生防疫，减少疾病感染机会，减少汽车、火车等废气、噪声、灰尘对猪的侵扰。最好离主干道3km以上，离居民区、旅游区及畜牧兽医单位、屠宰场3km以上。为控制污染程度，猪场规模不宜超过存栏量20000头，并有专用通道连接交通要道，方便运输。

（3）地形地势　猪场场址应该选择在地势高、开阔、背风、向阳的地方。干燥、通风和排水良好使猪舍能保持环境卫生。猪舍尽量坐北朝南，减少能源消耗。

（4）水源充足　猪场要使用大量的水。猪的饮用水一般不从河流中抽水供应，以免工业废水、生活废水或屠宰场污水感染，危害猪的健康。多数猪场使用地下水，要经过卫生检验，合格后才能给猪饮用。水井应设在猪场的最高地势处，避免猪舍、宿舍等污水对水源的污染。

（5）能源充足　猪场需要供电充足。国外1条年产万头猪生产线每天用电为900～1000kW·h（不包括抽水）。我国自行设计的工厂化猪场，1条年产万头猪生产线每日的用电量根据气候条件、保温方式的不同，为300～500kW·h。如果供电不足，用柴油发电机发电但成本较高。

2. 猪场布局

1个完整的规模化猪场在布局上应该包括3个区，即生产区、生产辅助区、生活区。

生产区包括各种猪舍、更衣洗澡消毒室、消毒池、药房、隔离猪舍、兽医室、出猪台、称猪台和粪便处理区。生产区是全场的中心，应安排在生活区的下风向。种猪舍位于上风向，生长育肥舍位于下风向。商品猪舍设在场的一端，有独立的出猪门和出猪通道与出猪台连接，以便装猪出场。生产辅助区包括饲料厂、仓库、办公室、水塔、水泵房、淋浴消毒室、机修车间等。生活区包括职工宿舍、饭堂、汽车库、文化娱乐室、运动场。生活区应设在生产区上风向，以距离生产区300m为宜，同时其位置应便于与外界联系。为了卫生防疫，生产区要独立、封闭。饲料厂与饲料仓库可与生产区相连，以便饲料运输。一个万头商品猪场平面设计图如图24-1所示。

猪舍的型式分为全敞开式、半敞开式和封闭式3种。全敞开式实际上是个棚，由支柱和屋顶组成，地面间隔成猪栏。半敞开式是上有屋顶下有围墙，多为一面是半截墙。封闭式猪舍不设窗户，门扉平时紧闭，附有一套自动控制舍内小气候条件的机械通风系统和供暖、降温设施，能够提供良好环境的猪舍，可以保证终年均衡生产和提高生产率。

3. 工厂化养猪的设备

猪在繁殖、生长的不同时期，对环境条件有不同的要求。工厂化养猪就是利用现代科学技术，给它创造良好的繁殖和生长条件。为此，就必须建筑适用的猪舍和有成套的机电设备，如各种限位饲养栏、漏缝地板，供水设备，饲料加工、贮存、输送及喂养设备，温度及空气调节设备，粪便处理设备，检测器械及运送工具等。这些设备的合理性和配套性对猪场的生产管理和经济效益有很大的影响。

（1）猪栏　工厂化养猪的猪栏分为公猪栏、配种栏、母猪栏、妊娠栏、分娩栏、保育栏、生长栏和育成栏等。

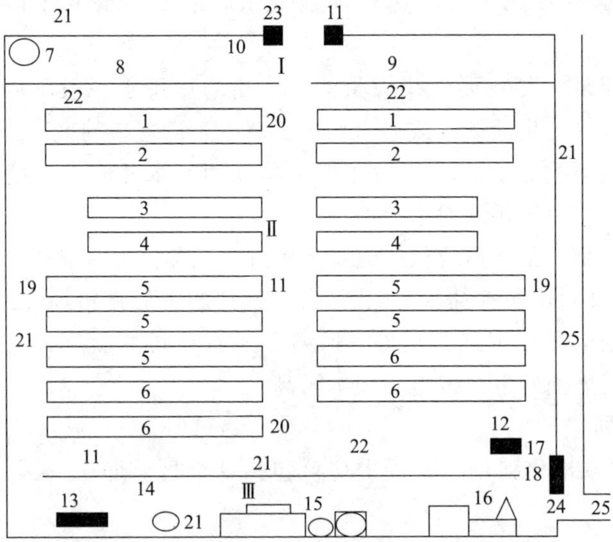

图 24-1　年出栏 1 万头商品猪规模化猪场平面设计图

Ⅰ—场前区；Ⅱ—生产区；Ⅲ—隔离区

1—配种栏；2—妊娠栏；3—分娩栏；4—保育栏；5—生长栏；6—育肥栏；7—水泵房；8—生活、办公用房；9—生产附属用房；10—门卫；11—消毒室；12—厕所；13—隔离舍及解剖室；14—死猪处理设施；15—污水处理设施；16—粪污处理设施；17—选猪间；18—装猪台；19—污道；20—净道；21—围墙；22—绿化隔离带；23—场大门；24—粪污出口；25—场外污道

（2）供水系统　主要包括猪饮用水和清洁冲洗用水的供应，都使用同一管路，应用最广泛的是自动饮水系统（包括饮水管道、过滤器、减压阀和自动饮水器等）。

（3）饲料贮存、输送及喂养设备　加工好的饲料由专用运输车将其先送入饲料塔，再通过螺旋或其他输送机将饲料直接输送到食槽或自动料箱。定量饲养的配种栏、妊娠栏和分娩栏多使用加料车。

（4）供热保温设备　主要是针对小猪而设计的。主要用于分娩栏和保育栏。包括红外线灯、红外线加热器、电热保温板、加热地板、电热风器、挡风卷帘等。

（5）通风降温设备　为了节能尽量采用自然通风的方式，但在炎热和闷热天气，就要使用降温设备，包括通风机、水蒸发式冷风机、喷雾降温系统、滴水降温等。

（6）自动冲洗　工厂化猪场多采用将猪粪尿排入粪沟，然后再利用粪沟一端的冲水器将粪沟的粪便冲至总排粪渠道。包括固定式自动清洗系统、简易水池放水阀、自动翻水斗、虹吸自动冲水器等。

（7）猪粪处理设备　包括带粉碎机的离心泵、低速分离筒、螺旋压力机、带式输送装置等部分。离心泵将粪液从贮粪池中抽出，经过粉碎后送入筛孔式分离滚筒，将粪液分离成固态和液态两部分。液态部分经收集器流入贮液池；固态部分进行脱水处理，使其含水率低于70%后，再经带式输送器送往运输车，运到贮粪场进行自然堆放状态下生物处理。液态部分可利用双层洒车喷洒到田间，以提高土壤肥力。

（二）水产养殖场见习内容

1. 了解水产养殖场概况

包括水产养殖场养殖品种（如鲤鱼、草鱼、鲫鱼等）、生产规模、人员编制、主要工作内容、经营管理方式及经济效益等。

2. 了解水产养殖场布局（图24-2）

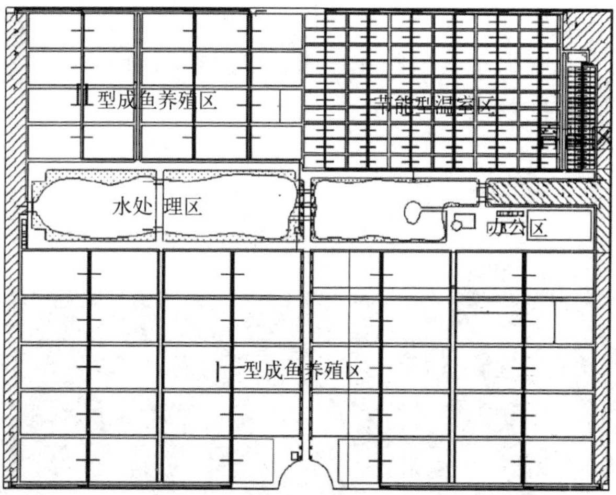

图24-2　年产百吨商品鱼规模化水产养殖场平面设计图

（1）水产养殖场场址　包括水产养殖场的地理位置、地势、水源、电源及交通情况。一般来说，水产养殖场应选择地势平坦、水源丰富、水质清洁、排灌方便、交通便捷、防洪排涝条件良好、周围无污染源的地区建设。

（2）水产养殖场布局　水产养殖场一般划分为孵化区、鱼苗培育区、成鱼养殖区、水质调控区及办公生活区。布局时主要考虑水流方向、水源利用、防病隔离和生产流程的合理性。办公生活区应位于上风向，鱼池区依生产流程排列，孵化池靠近管理区，成鱼池布置在下游方向，方便水流净化和减少疾病传播。

（3）鱼池布局　鱼池根据功能不同分为亲鱼池、孵化池、鱼苗池、鱼种池和成鱼池。各类池塘应根据养殖密度和水体流动要求合理设置池面积、深度及进排水系统。鱼池之间要有便捷的道路连接，以便日常管理和机械作业。

（4）鱼池结构　鱼池形状多为长方形或接近方形，池底平坦略有坡度（便于排水），堤坝坚固防渗。池塘四周设有安全坡度和防逃设施，进排水口配备防逃网。

目前，现代工厂化鱼池设计已经成为新趋势。工厂化循环水养鱼是一种现代化、高科技的水产养殖模式，它融合了生物学、环境学、机械学、电子学等多学科知识，以循环利用养殖用水为核心，致力于打造高效、环保、可持续的鱼类养殖环境。

在工厂化循环水养鱼系统中，核心组件一应俱全（图 24-3、图 24-4）。养殖池是鱼类生长的空间，常见的有圆形池、矩形池等。圆形池水体交换均匀，排污效果佳；矩形池则结构简单，场地利用率高。水质过滤系统通过沉淀过滤、微滤机等设备，去除水中的悬浮杂质与微生物，确保水质清洁。生物净化系统利用微生物降解水中的氨氮、亚硝酸氮等有害物质，维持良好水质。增氧系统为鱼类提供充足氧气，保障其呼吸需求。此外，还有控温系统调节水温，消毒系统杀灭病菌，投饵系统实现精准投喂。

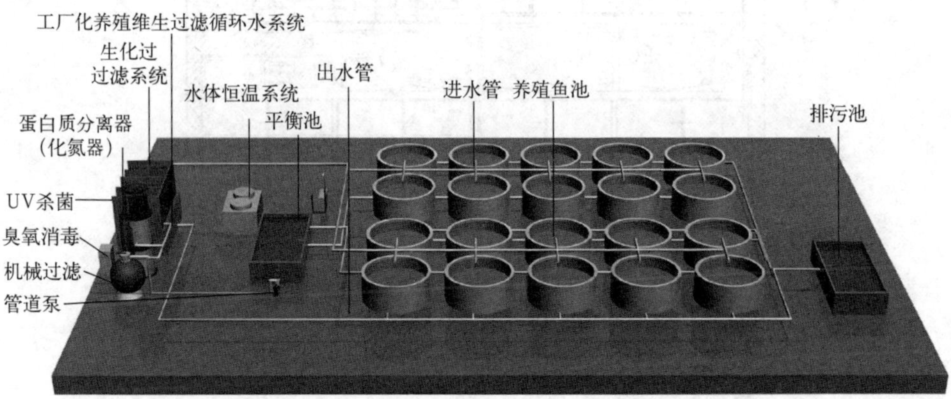

图 24-3　工厂化循环水养鱼场立体设计图

相较于传统养鱼方式，工厂化循环水养鱼优势显著。其产量可高出传统养殖百倍以上，通过精准调控养殖环境，为鱼类提供理想的生长条件，极大地提高了单位面积的养殖密度与产量。该模式节水节地，养殖用水循环利用，大大减少了水资源浪费，且占地面积小，不受地域限制。同时，能有效降低病害风险，全封闭的养殖环境减少了外界病菌的侵入，配合严格的水质监测与管理，降低了鱼类患病概率。此外，产品质量更有保障，无激素、无药残，满足消费者对高品质水产品的需求。

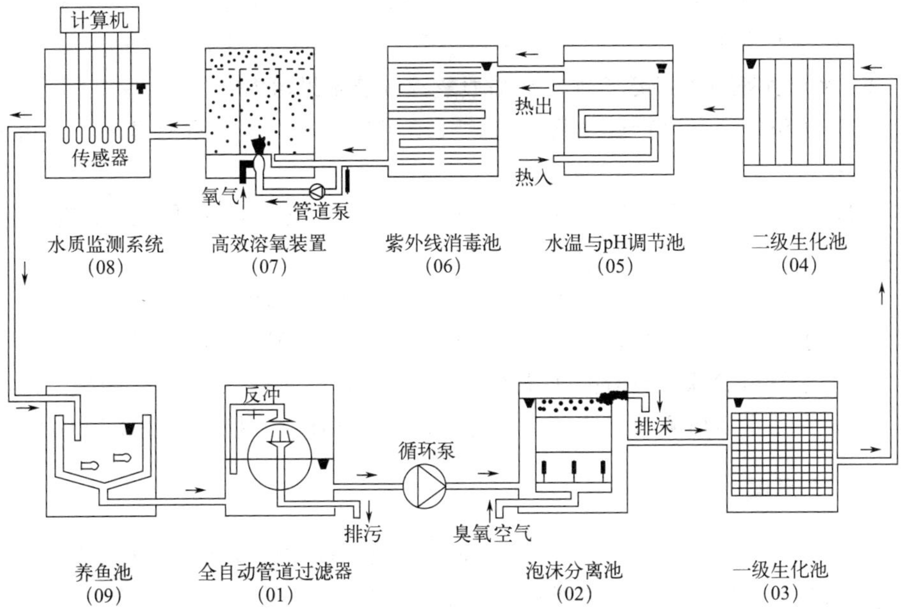

图 24-4　工厂化循环水水处理设施平面设计图

3. 鱼池的建造要求

孵化池水深一般在 1m 左右，要求水源充足、水质清洁，便于调控水温和氧气。鱼苗培育池要求面积适中，便于分级管理，水深 0.8～1.2m，池壁光滑，防止鱼苗受伤。成鱼养殖池面积较大，水深一般 1.5～2.5m，要求有良好的增氧系统和自动投饲设备。所有鱼池需定期清淤消毒，保持水体生态平衡。

4. 孵化车间见习内容

（1）了解孵化车间布局，如亲鱼催产区、人工授精区、孵化池、初育池及水处理系统。

（2）掌握催产、授精、孵化的基本操作流程和注意事项。

（3）学习种鱼催产激素使用方法与剂量控制。

（4）观察孵化过程中水温、溶氧、pH 等环境因子的调控方法。

（5）实操鱼卵消毒、孵化器管理、孵化率计算（受精率、孵化率、成活率等指标）。

（6）了解孵化设备（如流水孵化槽、圆筒孵化器）的使用和维护。

（7）观摩鱼苗分池、暂养及疫病预防措施。

5. 鱼池见习内容

（1）了解不同鱼种的生长特性及养殖要求。

（2）了解不同阶段鱼类的饲养管理方法（如投饲量、投饲频率、饵料种类）。

（3）测量鱼池大小、水深及设施分布。

(4) 了解鱼池配套设施的种类与作用(如增氧机、投饵机、排灌设施)。

(5) 了解防寒、防暑、防逃、防污染等管理措施及日常清洁制度。

6. 水产养殖场的经营管理与产品质量控制技术见习内容

(1) 了解综合型水产养殖场制定的技术规程(如种苗质量标准、养殖密度、疾病防控流程)。

(2) 了解水产养殖场制定的日常管理程序(如巡池、测水质、记录鱼体生长数据)。

(3) 了解岗位责任制(如孵化员、饲养员、水质管理员等岗位职责)。

(4) 了解人员调配与管理安排(分班巡查、紧急预案机制)。

(5) 了解鱼病综合防治措施及药物使用规范,确保养殖产品质量安全。

(6) 学习水质监测及养殖环境改善的方法(如增氧、换水、投放益生菌等)。

五、注意事项

1. 参观时要遵守养殖场的各种规章制度及防疫制度要求,服从养殖场工作人员的安排,安全、认真地完成见习任务。

2. 尊重养殖场的工作人员,虚心向工人、技术员学习,做好现场记录。

3. 参观过程中要保持安静,不喧闹、不离群,认真听介绍,不惊扰动物群,不影响栏舍内正常饲养活动。

六、作业与思考

1. 绘制供参观的养殖场布局草图,分析其合理性和存在的问题,并提出改进意见。

2. 根据所参观的养殖场的具体饲养情况,谈谈该场在饲养管理技术和经营管理措施方面有哪些优缺点,并提出改进意见。

3. 指出参观的养殖场哪些设备及措施是针对该场饲养动物的生物学特性而设置的。

七、课后拓展

1. 程汉良. 鱼类增养殖学实验实习指导[M]. 北京:海洋出版社.2016

2. 修金生. 标准化猪场设计与管理[M]. 福州:福建科学技术出版社,2012.

(简少卿)

第三篇　　设计性实验

实验二十五
草履虫的克隆培养与接合生殖观察

一、实验目的和要求

1. 掌握单细胞动物克隆培养的方法，探索单细胞动物生命周期变化的规律。

2. 通过草履虫接合生殖观察，了解原生动物的有性生殖过程及内外影响因素。

二、实验原理

接合生殖是原生动物纤毛纲特有的生殖方式，是一种有性生殖。草履虫的自然种群中只有具备相对交配型的虫体间才能发生接合。通过单个草履虫的克隆建立草履虫原培养的纯系，再对不同的纯系进行配合试验，能够很快地确定相对交配型并形成大量的接合生殖体。

三、实验材料和用具

实验材料：野生草履虫混合液、稻草。

实验用具：甲基绿、培养箱、试管、离心管、吸管、滴管、显微镜、体视显微镜、载玻片、盖玻片、培养皿等。

四、实验操作与观察

（一）草履虫纯系的建立

1. 草履虫的分离与接种

取一洁净滴管，分别吸取 1 滴新制备的稻草培养液（1g 稻草切成小段放入锥形瓶中，加入 100mL 蒸馏水，瓶口塞上棉花，煮沸 30min，放置 24h）作为纯培养液，滴于 10 块干净的单凹载玻片的凹孔内，或滴于 96 孔板的 10 个孔内，并依次编上序号。另取 1 块载玻片，滴 1 滴粗培养的野生草履虫混合液。在体视显微镜下，用毛细滴管吸取野生草履虫培养液内的草履虫用于接种，每次吸取 1 个草履虫接种于 1 块凹载玻片的纯培养液中或 96 孔板的 1 个孔内的纯培养液中。在镜下仔细检查，确保每孔纯培养液中只有 1 个草履虫而无其他动物，如发现有其他动物或有2个及2个以上草履虫，则需重新分离接种。

2. 草履虫的湿房克隆培养

(1) 湿房 湿房是培养微型动物的小型保温装置，可自行设计。如将已接种的96孔板置于盛有少量水的有盖搪瓷盘内；也可用培养箱。

(2) 湿房克隆培养 将10个克隆培养的单凹载玻片或96孔板置于湿房或培养箱中，22～24℃培养，每6～8h镜检1次，观察记录克隆培养液内草履虫数量变化情况。

(3) 扩大克隆培养 当克隆培养液内的草履虫达到数十个时，需要进一步增殖培养。取10支已编号的洁净试管，每个试管内加入新制备稻草培养液至管的3/4处，用10个滴管将以上10个草履虫克隆培养液分别转入对应编号的小试管内，22～24℃培养1周左右，即可得到10个足够量的草履虫纯系培养株。

(二) 草履虫的接合生殖观察

1. 制备草履虫纯系培养的浓集液

分别将草履虫各纯系培养株的培养液转移至对应编号的离心管内，500r/min离心2～4min，吸去上清液；加蒸馏水于离心管中，重复离心1次，去上清液。再加极少量蒸馏水于离心管中，摇动混匀，便获得草履虫纯培养株的浓集液。如果扩大培养的草履虫无性繁殖极为旺盛，大量草履虫密集并贴在试管内壁培养液的界面下，则可直接吸取密集的草履虫用于下一步实验。

2. 草履虫纯系培养株的混合

取等量草履虫各纯系培养株浓集液，分别两两混合于小表面皿内，每个混合都要编号并记录相应的2个培养株的序号。将混合物置培养箱内22～24℃培养。若直接取扩大培养的密集草履虫液混合，则混合后应加入等量蒸馏水，再置湿房培养。

3. 草履虫接合生殖观察

混合物培养2～4h后，每隔2h置体视显微镜下观察1次。当许多虫体相互黏着、聚集时，即发生粘连现象，此两株草履虫即为相对交配型；继续观察，约1h，许多草履虫两两接合。未发生粘连的草履虫为相同交配型或不同基因型。记录发生接合的草履虫试管号。在已发生接合生殖的培养皿内加入稻草培养液，以抑制尚未接合的虫体发生接合生殖，从而获得同步接合生殖的草履虫，再将该培养皿置22～24℃培养并定时取样，用0.25%甲基绿染色制片后，显微镜下观察接合生殖过程中细胞核的变化，记录所观察到的现象并绘图或显微摄像。

4. 探讨草履虫接合生殖最佳条件

通过改变温度、稀释培养液、避光等培养条件，探索草履虫发生接合生殖的最佳条件。

五、注意事项

1. 草履虫的分离与接种时每个纯培养液中只能有单个草履虫。

2. 草履虫的纯培养中用10个滴管将10个草履虫克隆培养液分别转入对应编号的小试管内时不能混用滴管。

六、实验作业与思考题

1. 为什么每个纯培养液中只能有单个草履虫？为什么草履虫纯系培养才能够有效进行接合生殖实验？

2. 草履虫无性生殖与有性生殖的培养条件有何差别？为什么说接合生殖与原生动物的个体数量增加没有直接关系？

七、课后拓展

Long H，Johri P，Gout J F，et al. Paramecium genetics，genomics，and evolution [J]. Annual review of genetics，2023，57（1）：391-410.

（欧阳解秀）

实验二十六
涡虫的再生

一、实验目的和要求

了解涡虫再生研究的基本技术方法，通过观察涡虫的再生过程，加深对动物再生概念的理解。

二、实验原理

再生是指动物离断的器官重建的过程。许多无脊椎动物都以此方法重建失去的身体部分，其中海绵、腔肠动物、涡虫的再生能力最为惊人。再生一般包括生理性再生、修复性再生、无性繁殖和重建等几种主要形式。

三、实验材料和用具

学生独自准备。

四、实验操作与观察

1. 实验方法

（1）选择体形较大、体长约30mm的涡虫进行实验，效果较好。为防止涡虫进行裂殖，需在5～15℃的恒温培养箱中培养。切割实验前涡虫需禁食1周，切割后也需禁食1周。

（2）培育用的自来水需煮过、放置1d后再使用。手术刀一定要锋利，用75％乙醇消毒。

（3）手术后的涡虫放在阴暗处，再生期间不喂食，每隔2～3d换1次水。每天定时观察记录各段再生的过程。再生出的新组织缺少色素为白色。再生能力和再生速度与涡虫种类、身体部位以及水温有关，一般8～14d可完成再生。有时需要1个月左右。

2. 切断实验

用滴管吸取或用毛笔将涡虫放在载玻片上，待虫体伸展到最长时，用手术刀在预定的部位进行切割，刀必须与玻片垂直，切面要平整。

（1）如图26-1（A）、(B)、(C)，将涡虫切成数段，将各段分别放入盛水的培养皿中，做好标记，记录各段切割前在涡虫身体中所处的位置。

（2）沿涡虫的耳突后缘，切去涡虫的“头”部，将去“头”虫体均等切为3段，观察比较各段再生过程的差异。

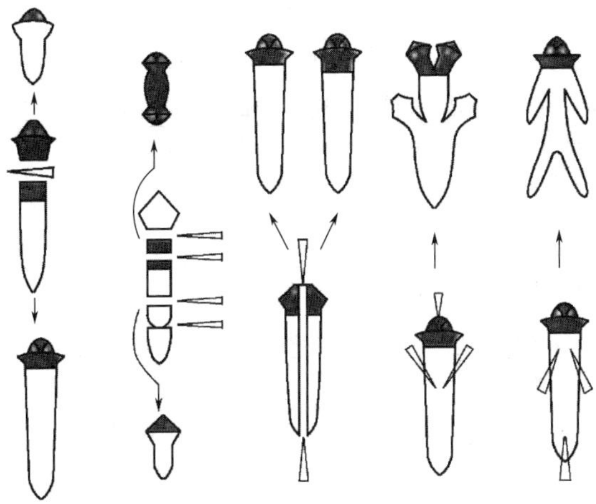

图 26-1　涡虫再生实验

(3) 在涡虫身体前部横切，切下一很窄的小片段，观察该片段前后切面再生的情况，与其他较大片段的再生有何不同。

3. 切割实验

按图 26-1（D）、（E）所示切割涡虫，切口切到几乎被切断的程度，切口要平直。每天定时观察记录各切口再生的情况。当切口有愈合趋势时，需在原切口处重新进行切割。

自行设计一定的切割样式，观察再生情况。

4. 温度对再生的影响

采用相同的切割样式，切割数条大小一致的涡虫，分别置于 5℃、10℃、15℃、20℃、25℃、30℃的恒温培养箱中培养，观察再生的差异。

五、注意事项

1. 切割实验前、后涡虫都需禁食 1 周。

2. 切割时刀必须与玻片垂直，切面要平整。

3. 手术时，手劲要大，切割要迅速，一次性完成，切面要平，切忌像拉锯一样来回切。切口部位，一定要切到涡虫几乎要被切断的程度。术后残片要移出培养皿。

六、实验作业

1. 在切割实验中为什么会出现多头或多尾的重复畸形？

2. 对涡虫进行横向切割时，如果近“头”端的中间切割的片段很窄，则形成前后端双头再生个体，试探讨形成这种畸形的原因。

3. 温度高再生快，还是温度低再生快？这种差异形成的原因是什么？

4. 涡虫的再生存在极性。再生的速率由前向后呈梯度递减，而且横切后，有头部的片段由切口处再生出尾部，而后半段由切口处再生出来的是头部。请设计实验探讨这种极性形成的方式与机制。

七、课后拓展

1. Ma K，Guo F，Li R，et al. Knockdown of Atg1 impairs brain regeneration and downregulates ECM-related genes in the planarian *Dugesia japonica* [J] . Molecular Neurobiology，2025：1-18.

2. 张文娅，雷凯. 涡虫再生的诱发机制 [J] . 中国细胞生物学学报，2022，44 (08)：1447-1456.

（周春花）

实验二十七 虾体色的调节

一、实验目的和要求

1. 学习研究动物体色调节的一般方法。

2. 通过实验了解产生调节虾体色激素的内分泌器官存在于动物的眼柄。

二、实验原理

动物体色随环境而变化是生物的适应性特征。甲壳动物的生理变色是通过其表皮下色素细胞内色素颗粒的运动来实现的，而色素颗粒的聚集或分散受动物眼柄内的神经分泌细胞分泌的激素调节。研究动物激素最基本的方法是切除怀疑有分泌某种激素功能的器官或组织，观察切除后动物出现的体征或症状；再将另一动物的该器官或组织移植（或该器官组织的提取液注射）到被切除这一器官或组织的动物体内，观察切除后出现的体征或症状能否消失，恢复正常，以初步确定该器官或组织是否有分泌功能以及所分泌激素的调节作用。

三、实验材料和用具

实验材料：凡纳滨对虾若干（体长 3.0～4.0cm，体重 2.0～3.5g，体表无损伤，复眼完整，剔除独眼或眼柄畸形个体）。

暂养条件：模拟海水（25±1℃，pH 7.8±0.1），充气暂养 24h，实验前停食 12h（减少消化活动干扰）。

模拟海水配制：氯化钠 13.59g、氯化钾 0.36g、六水氯化镁 2.41g、七水硫酸镁 3.41g、氯化钙 0.5g，加蒸馏水至 500mL。

虾柄提取物：剪取 20 只对虾的眼柄，加海水 5mL，于研钵中研磨成匀浆，倒于离心管中，沸水浴 5min，后于 2500～3000r/min 离心，取上清备用。

肌肉提取液：取等量虾柄的肌肉，同上制备提取液。

实验用具：玻璃水槽、天平、烧杯、药匙、玻璃棒、500mL 容量瓶、研钵、离心机、塑料离心管、4 号针头、水浴锅、体式显微镜。

四、实验操作与观察

动物体色随环境而变化是生物的适应性特征。甲壳动物的生理变色是通过其表皮下色素细胞内色素颗粒的运动来实现的，而色素颗粒的聚集或分散受动物眼柄内的神经分泌细胞分泌的激素调节。研究动物激素最基本的方法是切除怀疑有分泌某种激素功能的器官或组织，观察切除后动物出现的体征或症状；再将另一动物的该器官或组织移植（或该器官组织的提取液注射）到被切除这一器官或组织的动物体内，观察切除后出现的体征或症状能否消失，恢复正常，以初步确定该器官或组织是否有分泌功能以及所分泌激素的调节作用。

（一）虾的生理变色实验

分组与预处理

随机分为 2 组，每组 12 只虾（设 3 个平行，每组 4 只）：

光照组：置于光照培养箱（冷白光，500lx，25℃），光照方向与虾体呈 45°角（避免单侧阴影）；

黑暗组：放入黑色不透光箱，箱内放置蓝色 LED 微光（<10lx，仅用于观察操作，每小时观察时间≤2min）。

水质监测：每小时用溶氧仪检测（≥6mg/L），用加热棒维持水温（波动≤0.5℃）。

肉眼观察（量化标准）：采用 5 级体色评分法（1 = 近透明，2 = 浅灰，3 = 中灰，4 = 深灰，5 = 接近黑色），每 30min 记录一次，取组内平均值。

（二）剪除虾眼柄的效应实验

通过实验了解产生调节虾体色激素的内分泌器官存在于动物的眼柄。虾的眼柄中存在 X 器官-窦腺复合体（神经内分泌结构），其分泌的激素可调控色素细胞收缩与扩张。通过“剪除眼柄后体色失控”和“注射眼柄提取物恢复体色调节”的正反实验，验证眼柄是体色调节激素的唯一来源器官。

1. 剪除眼柄

麻醉处理：将虾置于 4℃模拟海水中 5min（降低代谢活动，减少应激）。

固定方法：自制亚克力固定板（开有虾体凹槽），用昆虫针固定头胸部，眼科镊轻轻提起眼柄；湿纱布包裹虾体，仅露出头部，眼科镊轻轻提起眼柄，剪刀与虾体呈 45°角快速剪断。

切除步骤：用显微剪在眼柄基部（距头部 0.5mm 处）快速剪断，立即用沾有模拟海水的棉球压迫止血 15s。

术后护理：将去眼柄虾单独饲养 30min，待伤口愈合（观察到切口无血液渗出）再转移至实验水槽。

2. 不同光环境处理

将原在光照下的未去除眼柄虾和部分去除眼柄虾分别置暗处；原在暗处的未去眼柄虾和部分去眼柄虾分别置光下。其余的去眼柄虾用于体色调节实验，实验分组见表 27-1。

表 27-1　剪除虾眼柄的效应分组实验

处理组	原环境	术后环境	观察目标
光照未去眼柄组	光照	暗处	验证暗适应能力
光照去眼柄组	光照	暗处	观察去眼柄后暗适应是否丧失

续表

处理组	原环境	术后环境	观察目标
黑暗未去眼柄组	黑暗	光照	验证光适应能力
黑暗去眼柄组	黑暗	光照	观察去眼柄后光适应是否丧失

3. 观察

2h 后，分别用肉眼和体视显微镜观察各组虾体色的变化和色素细胞内色素颗粒的变化。记录实验结果并进行分析。

（三）虾体色调节实验

通过控制光环境、切除内分泌器官（眼柄）及注射器官提取物，观察虾体色变化与色素细胞动态，对照实验设计（如假手术对照、提取物对照）和形态学观察技术（体视显微镜下色素颗粒分布分析）。

1. 制备虾眼柄提取液和肌肉提取液

（1）眼柄提取液　将眼柄置于研钵或匀浆器内，加入海水或人工海水（氯化钠 13.59g、氯化钾 0.36g、六水氯化镁 2.41g、七水硫酸镁 3.41g、氯化钙 0.5g，加蒸馏水至 500mL）研磨或匀浆，将匀浆液倒入离心管中，沸水浴 5min 后，于 2500～3000r/min 离心 5min，其上清液即眼柄提取液。按此法制备 2g/mL 的眼柄提取液。

（2）肌肉提取液　同上法制备虾肌肉提取液。

眼柄匀浆：在冰浴条件下研磨（防止激素降解），匀浆时间控制在 2min 内（避免机械热损伤）

离心后处理：上清液用 0.22 μm 滤膜过滤除菌，分装至 1.5mL 离心管，－20℃保存（24h 内使用）肌肉提取液注意事项同上。

2. 注射

前面实验中保留的 2 组去眼柄虾进行以下处理。

将原置光下的去眼柄虾分为 2 组。一组不注射，另一组又分成 3 小组，按 25 μL/g 体重分别注射眼柄提取液、肌肉提取液和海水或人工海水于虾腹部肌肉内。

位点选择：虾腹部第 3 节腹甲与肌肉交界处（避开腹中线神经索）；

操作步骤：

（1）用电子天平称量每只虾体重（精确到 0.01g），计算注射量 ＝ 体重 × 25 μL/g（如 2.3g 虾注射 57.5 μL）。

（2）4 号针头垂直刺入肌肉 1mm，缓慢推注 5s，注射后停留 3s 再拔针，防止液体回流。

（3）每注射 5 只虾更换针头，并用 75% 酒精消毒注射部位（减少细菌感染）。

原置暗处的去眼柄虾的处理与原置光下的去眼柄虾相同。

3. 注射眼柄提取液的效应

（1）将原在光下的未注射的去眼柄虾分成2组，分别置光下和暗处。

（2）将原在光下的已注射的3组去眼柄虾各分成2组，分别置光下和暗处。

（3）原在暗处的未注射的去眼柄虾及已注射的3组去眼柄虾的处理分别与（1）及（2）相同。

4. 观察与分析

2h后，先肉眼观察各组虾体色的变化，再用体视显微镜观察各组虾色素颗粒的分布状态。

五、注意事项

1. 虾体健康维护关键措施

暂养期管理：实验前3天，每天更换50%模拟海水，投喂螺旋藻粉（0.1g/L），维持溶氧量≥7mg/L。

密度控制：每升水饲养不超过8只虾，避免争斗导致眼柄损伤（预实验显示高密度组眼柄自然断裂率增加30%）。

应激预防：操作时戴棉质手套（避免手部油脂污染水体），动作轻柔（剧烈晃动会导致虾体分泌应激激素影响实验）。

2. 实验时间节点严格控制

从剪除眼柄到开始光环境处理，间隔不超过20min（预实验显示超过30min会因激素残留导致结果偏差）。

提取物制备需在眼柄切除后1h内完成（超过时间激素活性下降约40%，4℃保存可延长至2h）。

3. 仪器使用规范

离心机使用前平衡对称放置离心管（不平衡度≤0.1g），避免损坏转子。

体视显微镜观察时，载玻片需保持水平（倾斜角度＞5°会导致颗粒分布误判）。

4. 水质管理

实验用水需提前曝气24h，pH控制在7.5～8.0，硬度150～200mg/L（以$CaCO_3$计）。

高温时采用循环水冷系统，维持水温25±1℃，避免温度波动影响激素活性。

六、实验作业

1. 在什么光环境中虾色素颗粒会聚集于色素细胞中央？对虾有几种色素细胞？它们的分布如何？

2. 该实验中有哪些对照实验？对照实验有什么作用？

3. 实验中为什么要用海水或人工海水制备注射液?

七、课后拓展

1. 张宽，李颜，黄金刚．日本沼虾眼柄神经激素对其色素细胞调节机制的研究［J]. 黄山学院学报，2005，(06)：82-84.

2. Chang，E. S.，& Otsu，K. Endocrine control of color change in decapod crustaceans. Journal of Experimental Zoology Part A：Ecological Genetics and Physiology，2018，329 (5)，289-302.

3. 张才乔．动物生理学实验［M］. 2 版．北京：科学出版社，2017.

4. William O. Reece. Dukes' physiology of domestic animals (12th Edition)［M］. New York：Comstock Pub. /Cornell University Press，2015.

5. Lauralee Sherwood，Hillar Klandorf，Paul H. Yancey. Animal Physiology：From Genes to Organisms (2th Edition)［M］. California：Cengage Learning，Inc，2011.

（简少卿）

实验二十八 血细胞计数和血红蛋白测定

一、实验目的和要求

1. 学习动物微量采血和用血细胞计数板人工计数血细胞的方法。

2. 学习血红蛋白含量的测定方法。

二、实验原理

由于血液在体外容易凝固，且其中血细胞数目甚多，无法直接进行计算。故要先用适当的溶液将血液稀释，再将稀释液滴入血细胞计数板的计数室内，在显微镜下计数一定容积稀释血液中血细胞的个数，最后将所得结果换算成每立方毫米或每升血液中的血细胞个数。在医学临床上已使用专用设备——血液多参数自动测量仪，血细胞计数工作已完全自动化。

测定血红蛋白含量的方法很多，此处介绍沙利比色法。其原理是：加入少量盐酸于定量的血液中，使血红蛋白的亚铁血红素转变为高铁血红素，后者呈现较为稳定的棕黄色。将其用蒸馏水稀释后与血红蛋白测定计的标准色进行目测比色，得出每 100mL 血液中的血红蛋白克数或百分率。

三、实验材料和用具

实验材料：家兔。

实验用具：显微镜、血细胞计数板、血红蛋白计、一次性刺血针、一次性定量毛细取血管、移液管、试管、滴管、玻璃棒、红细胞稀释液、白细胞稀释液、0.1mol/L 盐酸、75%乙醇棉球、蒸馏水等。

红细胞稀释液的配制：NaCl（维持渗透压）0.5g，Na_2SO_4（使溶液相对密度增加，红细胞分布均匀不易下沉）2.5g，$HgCl_2$（固定红细胞并防腐）0.25g，加蒸馏水至 100mL。

白细胞稀释液的配制：冰醋酸（破坏红细胞）2.0mL，1%龙胆紫或 1%美蓝（染白细胞核呈淡蓝色，以便识别和计数）1mL，加蒸馏水至 100mL（过滤后备用）。

四、实验操作与观察

（一）血细胞计数

1. 熟悉血细胞计数板的构造

血细胞计数板系一长方形厚玻璃板，其中计数室方格大小的划分，各种产品略有不同。常用的改良牛氏计数板在中央横沟的两边各有一计数室（图 28-1、图 28-2）。每室划分成 9 个大格，格与盖玻片的距离为 0.1mm，每大格边长为 1mm，面积为 1mm²，体积为 0.1mm³（图 28-3）。四角的 4 个大方格又各分为 16 个中方格，适用于白细胞计数。中央的大方格则由双线划分为 25 个中方格，每个中方格边长为 0.2mm，面积为 0.04mm²，体积为 0.004mm³。每个中方格又各分成 16 个小方格，适用于红细胞计数。

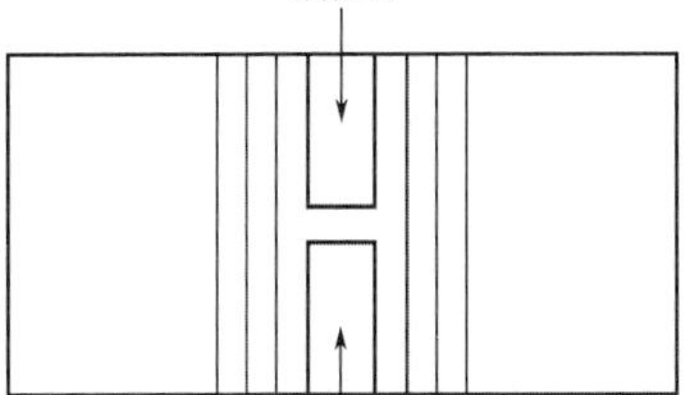

图 28-1　血细胞计数板

平面图（自解景田）

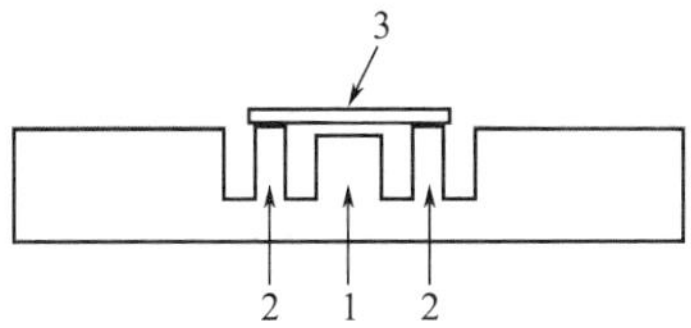

图 28-2　血细胞计数板

纵切面图（自解景田）

1—计数室，计数室与盖玻片的距离为 0.1mm；

2—盖玻片支柱；3—盖玻片

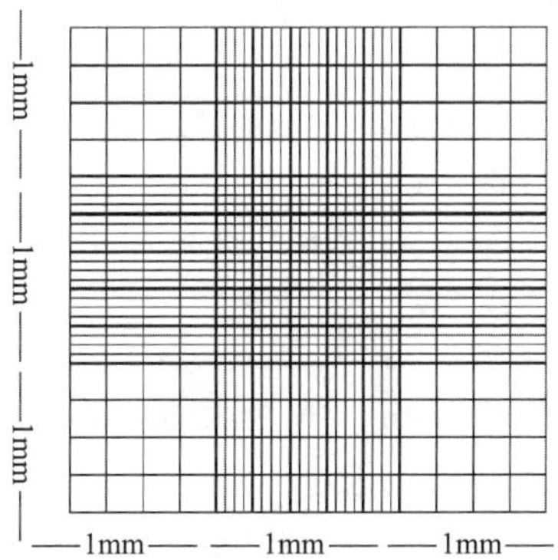

图 28-3　血细胞计数板上计数室的分格

2. 采血及稀释

用移液管吸取 3.98mL 红细胞稀释液放入 1 号试管内，吸取 0.38mL 白细胞稀释液并放入 2 号试管内。常规消毒兔耳的耳缘静脉部位，用刺血针刺破血管，擦去第 1 滴血，用一次性毛细取血管分别准确吸取血液 20 μL，擦去管外壁的血液，依次将取血管插入上述盛有稀释液试管的底部，轻轻吹出血液，并用稀释液洗涤毛细取血管数次，轻轻摇动试管，使血液与稀释液充分混匀。

3. 计数

将盖玻片放在计数板中央，用洁净的玻璃棒蘸取少量已稀释混匀的血细胞悬浮液，于盖玻片边缘滴入计数室内，使之灌满，静置2～3min后，待细胞下沉后进行计数。将计数板置于显微镜下观察。计数白细胞时，数计数室四角4个大方格内的白细胞总数；计数红细胞时，数中央大方格中4个角的4个中方格和正中央的1个中方格（共5个中方格）内的红细胞总数。计数血细胞时应循一定的路径，对横跨刻度的血细胞依照“数上不数下，数左不数右”的原则进行计数（图28-4）。计数白细胞时，若发现各大格的白细胞数相差8个以上；计数红细胞时，如各中方格的红细胞数目相差20个以上，表示血细胞分布不均匀，应将稀释血细胞重新摇匀后再进行计数。

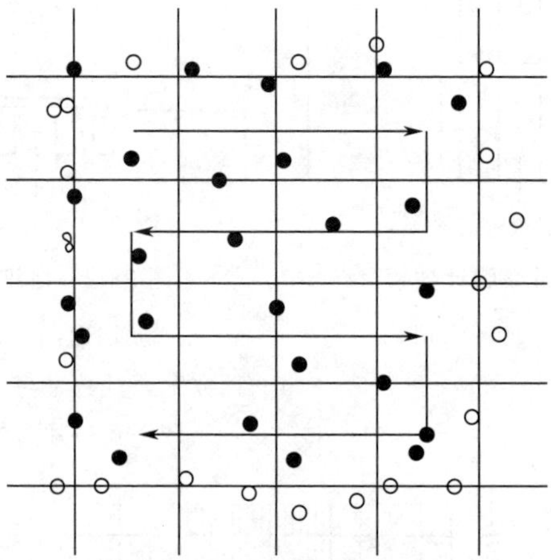

图 28-4　红细胞计数方法

（自解景田，修改）

●应计数的红细胞；○不应计数的红细胞；→计数时的方向与顺序

4. 计算

（1）白细胞数　白细胞数/mm^3＝4个大方格内数得的白细胞总数×50；白细胞数/L＝白细胞数/mm^3×10^6。因为：

① 加20 μL血液于0.38mL白细胞稀释液中，使血液稀释20倍。

② 计数室四角上4个大方格的容积为1×1×0.1×4＝0.4（mm^3），换算成每立方毫米时应乘以2.5。

③ 白细胞数/mm^3＝4个大方格内数得的白细胞总数×20×2.5。

（2）红细胞数　红细胞数/mm^3＝5个中方格内数得的红细胞总数×10^4；红细胞数/L＝红细胞数/mm^3×10^6。因为：

① 加20 μL血液于3.98mL红细胞稀释液中，使血液稀释200倍。

② 计数红细胞时，1个中方格的容积为0.2×0.2×0.1＝0.004（mm^3），5个中方格的容积为0.004×5＝0.02（mm^3），换算成每立方mm时应乘以50。

③ 红细胞数/mm^3＝5个中方格内数得的红细胞总数×200×50。

（二）血红蛋白的测定

（1）熟悉血红蛋白计的构造　血红蛋白计包括标准比色架和血红蛋白稀释管两部分（图 28-5）。

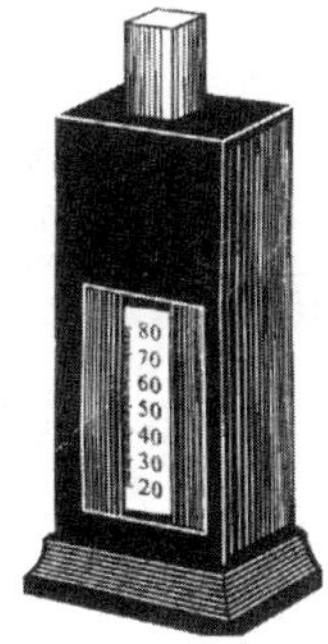

图 28-5　血红蛋白计

架的一侧或两侧为棕色的标准色柱；血红蛋白稀释管呈方形或圆形，两侧有刻度。一侧刻度为血红蛋白的绝对值，表示每 100mL 血液中血红蛋白的克数；另一侧刻度为血红蛋白的相对值，表示与血红蛋白正常值比较的百分比（%），一般以 100mL 血液中含血红蛋白 14.5g 为 100%。

（2）用滴管将 0.1mol/L 盐酸加入血红蛋白稀释管至 10%刻度处。

（3）按血细胞计数部分的方法吸取血液 20 μL，用棉球擦去取血管口周围的血液，将取血管插入血红蛋白稀释管的盐酸内，轻轻吹出血液至管底部，反复吸入和吹出稀释管内上层的盐酸，使取血管内部的血液完全吸入稀释管，摇匀后放置 10min，使盐酸与血红蛋白充分作用。

（4）将稀释管插入比色架两标准色柱中间的空格中，使其无刻度的两侧面位于空格的前后方，以便透光和比色。

（5）用滴管向稀释管内逐滴加入蒸馏水，每加 1 滴搅拌 1 次，并观察其颜色变化，直至其颜色与标准色柱的颜色相同为止。读取稀释管内液体凹面最低处的刻度数，此即 100mL 血液中血红蛋白的质量（g）。

五、注意事项

1. 采血时，必须待皮肤和刺血针的消毒酒精挥发后才能穿刺，否则流出的血液不能成滴，无法吸取。

2. 吸取血液时应注意：①不可挤压组织以图加速血液流出；②吸管必须干燥；③吸血时吸管下端开口必须全部接触血滴，否则会吸入气泡，但也不能触及皮肤，以免开口被阻塞；④操作要迅速，避免血液凝固。

3. 血细胞混悬液滴入计数室时，液量要适当。过多则混悬液溢出使盖玻片浮起，体积增加，导致计数不准，此时需用滤纸吸去多余的液体，以槽内无液体为宜。滴入过少，经反复充液可能使计数室内出现气泡，也会导致计数不准。此时应洗净计数室，待干燥后重新滴液。

4. 在血红蛋白测定实验中，蒸馏水需要逐滴加入，并逐次搅拌，多次比色，以免稀释过度。每次比色时，应将搅拌用的玻璃棒取出，以免影响比色。

六、实验作业

1. 撰写实验报告。

2. 在血细胞计数实验的操作过程中，哪些因素可能会影响计数的准确性？

3. 人体红细胞数、白细胞数、血红蛋白量的正常参考值是多少？何谓贫血？

4. 血细胞有哪些基本功能？血红蛋白有何作用？

七、课后拓展

解景田，刘燕强，崔根寅．生理学实验．4版［M］．北京：高等教育出版社，2020.

（王尚洪）

附录

附录一 石蜡切片法简介

研究动物或人体的细微结构，需将其器官和组织经过特殊的处理制成透明的薄片，才能用光学显微镜进行观察。制作组织切片的方法较多，其中最常用的为石蜡切片法。下面以苏木精、伊红染色法（简称 HE 染色法）为例简要说明石蜡切片制作的全过程。其主要步骤有：取材、固定、浸洗、脱水、透明、浸蜡、包埋、切片、贴片、脱蜡、复水、染色、脱水、透明、封片等。

（1）取材　为了保持组织和细胞处于自然状态，处死动物要迅速，麻醉用药应不影响细胞和组织原状，刀剪要锐利，组织块大小一般为 5mm×5mm×2mm，细胞学制片取材厚度不超过 2mm。

（2）固定　目的在于保持组织、细胞原有的形态结构，同时易于染色，能够防腐。常用的固定液及固定时间是：10%甲醛，24～48h；卡诺（Carnoy's）固定液（无水乙醇、冰醋酸体积比为 3∶1），2～4h；包氏（Bouin's）固定液（苦味酸饱和液、40%福尔马林、冰醋酸体积比为 15∶5∶1），12～24h。

（3）冲洗　将固定好的组织块，根据所使用固定剂的不同，用流水或 70%乙醇冲洗，去除标本中残留的固定液。

（4）脱水　柔软的组织不易切成薄片，故必须增加组织的硬度。石蜡切片法就是使石蜡渗入组织，以达到增硬的作用。因为石蜡与水不相溶，故应在浸蜡之前除去组织中的水分。脱水过程一般为 30%乙醇→50%乙醇→70%乙醇→80%乙醇→95%乙醇（更换 1 次）→无水乙醇（更换 1 次），各浸泡 1～2h。

（5）透明　石蜡不溶于乙醇而溶于二甲苯，所以脱水后需再用二甲苯浸泡组织块，以二甲苯取代组织块内的乙醇，便于浸蜡（氯仿、香柏油等也可做透明剂）。

（6）浸蜡　在 60℃温箱中进行。将已透明的组织块浸入透明剂和熔化石蜡（1∶1）中 20～30min 后再浸入熔化石蜡 1h。

（7）包埋　选择合适的容器（通常用较硬的纸叠成小盒作为容器），快速地放入组织块和掺有少量蜂蜡的石蜡，冷凝后的蜡块应为匀质半透明状。

（8）切片　将修整好的蜡块固定在小木块上，用切片机切片，厚度一般为 5～8 μm。

(9) 贴片　在干净的玻片上滴 1 滴水，用毛笔粘起切下的蜡片置于水滴上，将玻片放在 35℃左右的展平板上，蜡片伸展后倒去多余的水并进一步干燥。

(10) 脱蜡　将玻片浸入二甲苯中 10～15min 即可脱蜡。

(11) 复水　将脱蜡后的切片置于从高浓度乙醇逐渐过渡到低浓度乙醇，最后置于蒸馏水中。

(12) 染色和脱水　染色的目的是使组织、细胞内不同结构染成不同的颜色，以便观察时易于区分。常用的染色法为苏木精、伊红染色法。苏木精是碱性染料，可将细胞中的碱性物质（如细胞核）染成蓝色；伊红属于酸性染料，可将细胞中的酸性物质（如细胞质）染成红色或粉红色。其具体步骤是：从蒸馏水中取出切片，放入苏木精染色液中染色 5～10min→自来水浸 5min→0.5%盐酸分色数秒，显微镜检查至颜色适度为止→蒸馏水 1min→脱水，依次浸入 70%乙醇→80%乙醇→90%乙醇，每级乙醇中浸 2min→1%伊红乙醇染色液染色 1～3min→继续脱水，依次 2 次浸入 95%乙醇→2 次浸入无水乙醇，每级乙醇中浸 2min。

(13) 透明　将脱水后的切片浸入无水乙醇二甲苯（1∶1）中→2 次二甲苯，每级中浸 5min。切片上的组织至此已透明。

(14) 封片　从二甲苯中取出组织切片，滴加适量的树胶，盖上盖玻片封固。

（王尚洪）

附录二　常用染色液和生理溶液的配置

一、常用染色液的配置

1. 艾利希（Ehrlich）苏木精染液

(1) 先将苏木精 2g 溶于 100mL 95%或无水乙醇中，再加入 10mL 冰醋酸和 100mL 丙三醇，搅匀。

(2) 将硫酸铝钾 10g 加热溶解于 100mL 蒸馏水中。

(3) 上述两液混合，搅拌均匀，倒入瓶中。

(4) 瓶口用纱布包裹的棉花塞塞住，存放在阴暗通风处，并经常摇动促进染液“成熟”。成熟时间 2～4 周。此染液为动、植物细胞核常用染色剂。染色时间 5～10min。

2. 伊红（Eosin）染液

伊红又称曙红，为细胞中胞浆、胶原纤维、肌纤维及嗜酸性颗粒等常用的染料。伊红染液有水溶液和醇溶液两种。水溶液一般浓度为0.1%～1%；醇溶液用95%乙醇做溶剂，浓度为0.5%。染色时间1～3min。

3. 瑞特（Wright）染液

瑞特染料粉末0.1g于研钵内研细后，加入少量甲醇再反复研磨，最后将全部甲醇（共60mL）加入研匀，染料全部溶解后保存于棕色瓶内备用。瑞特染料是血涂片最常用的染料。

4. 姬姆萨（Giemsa）母液

姬姆萨粉末1g先溶于少量甘油，在研钵内充分研磨，至看不见颗粒为止，再将全部甘油（共66mL）倒入，56℃保温2h。然后再加入甲醇66mL，搅拌均匀后保存于棕色瓶内。母液在冰箱中可长期保存。临用时用pH 6.8的磷酸盐缓冲液稀释10倍。姬姆萨染料也是细胞学和组织学实验中常用的染料之一。有时Giemsa-Wright染料混合使用。

5. 醋酸洋红染液

洋红粉末1g倒入100mL 45%乙酸溶液中，煮沸（煮沸时间不超过30s），边煮边搅拌，冷却后过滤，即可使用。也可以再加入1%～2%铁明矾水溶液5～10滴，至溶液变为暗红色而不发生沉淀为止。如制作永久标本染色时，可加入饱和氢氧化铁或醋酸铁溶液数滴，至染色液呈浅蓝色为止。

6. 茜素红染液

茜素红0.1g，KOH 10g，蒸馏水1000mL，新鲜配制。此染液可将标本染成玫瑰红色。也可以配成茜素红乙醇液。取1～2g茜素红染料溶于95%乙醇中配成茜素红乙醇饱和液，然后取1份茜素红乙醇饱和液加9份70%乙醇混合即成。

二、常用生理溶液的配置

1. 各类动物所需的生理盐水

哺乳动物，0.9% NaCl溶液；鸟类，0.75% NaCl溶液；爬行动物，0.8% NaCl溶液；蛙，0.65% NaCl溶液；蝾螈，0.8% NaCl溶液；淡水鱼，0.6% NaCl溶液；无脊椎动物，0.75% NaCl溶液。需要说明的是，上述各类动物中不同种的动物所需要的生理盐水并不完全一致，如软骨鱼类、硬骨鱼类，无脊椎动物中的不同类群所需的生理盐水的浓度都可能有所差异。

2. 常用生理溶液的配制

在进行动物离体组织、器官实验或活体解剖实验时，为了维持标本近于正常的生理功能，必须尽可能地使标本所处环境因素与机体内部近似。这些因素包括溶液的电解质成分与浓度、渗透压、酸碱度、温度、氧及营养物质。能满足除温度以外的上述因素的溶液称为生理溶液或生理代用液。最简单的生理溶液为0.9%（恒温动物）或0.65%（两栖类）的NaCl溶液（生理盐水）。由于生理盐水的理化特性与体液的理化特性有很大的不同，难以长时间维持离体组织、器官的正常活动，因此，Ringer研制了能维持离体蛙心长时间跳动的溶液，称为任氏液。此后许多生理学家以此为基础，又研制出了一系列的生理溶液。常用的生理溶液有生理盐水、任氏液、乐氏液（Locke）、台氏液（Tyrode）。其成分见附表2-1。在配制生理溶液时，可先将各成分分别配制成一定浓度的母液，然后按比例混合。氯化钙要另用蒸馏水溶解，缓慢加入其他溶液中，以免产生钙盐沉淀。葡萄糖临用前加入，以免变质。

附表 2-1 常用生理溶液成分

单位:g

成分	任氏液 两栖类用	乐氏液 哺乳类用	台氏液 哺乳类用	生理盐水	
				两栖类	哺乳类
氯化钠	6.5	9.0	8.0	6.5～7.0	9.0
氯化钾	0.14	0.42	0.2	—	—
氯化钙	0.12	0.24	0.2	—	—
碳酸氢钠	0.20	0.1～0.3	1.0	—	—
磷酸二氢钠	0.01	—	0.05	—	—
氯化镁	—	—	0.1	—	—
葡萄糖	2.0	1.0～2.5	1.0	—	—
蒸馏水	均加至1000mL				

（王尚洪）

附录三 无脊椎动物的采集与培养

一、原生动物的采集与培养

（一）眼虫的采集与培养

眼虫多集中于不流动、腐殖质较多的沟渠与池塘，或积有污水的水坑，尤其是发绿色的水体中。在夏秋季用广口瓶盛取绿色水体即完成了采集工作。

取富含腐殖质的黑土20～30g置于三角瓶中，加水至瓶容积2/3处，瓶口包扎双层纱布后煮沸15min，室温冷却过夜后，用纱布过滤转入广口瓶。取野外采集的水样少许滴到凹玻片的凹孔内，解剖镜下用微吸管吸出分离，将分离出的眼虫接种至装有培养液的广口瓶中，用纱布扎紧，培养瓶置于不被阳光直射的窗口，在25℃室温下培养10d即可。

（二）变形虫的采集与培养

夏秋之际，在浅池、沟渠中，采集浮于水面或沉落在水中的腐烂植物放入广口瓶中，注入适当池水。

培养变形虫常用稻草培养液。取 10g 稻草，剪成 3cm 的小段，用水清洗后，加入 1000mL 水，煮沸约 20min，倾出培养液，保存于加盖容器中，冷却过夜。从腐烂植物表面刮取黏稠物，制作临时装片镜检。在显微镜下找到变形虫以后，将载有变形虫的载玻片稍微振动一下，然后倾斜载玻片，用水缓缓冲洗几分钟，再放回显微镜下观察，可以看到变形虫紧贴在载玻片上，其他水生动物都已被冲走，从而分离出变形虫。将载有变形虫的玻片放入稻草培养液中，盛装培养液的容器口要用纱布包严，放在温暖明亮处培养半个月。

（三）草履虫的采集与培养

草履虫常生活在有机质丰富的水沟、池塘、湖泊、河流等淡水水体，是浮游生物的组成部分。在水底沉渣表面浮有灰白色絮状物的有机物质丰富的水中，有大量草履虫。将广口瓶系上绳，沉入水底连同沉渣一块捞起。

培养草履虫常用稻草培养液。取野外采集的水样少许滴到凹玻片的凹孔内，解剖镜下用微吸管吸出分离，将吸出的草履虫注入准备好的稻草培养液中。可加入 1%碳酸氢钠保持培养液 pH 为 6.5～7.0，也可加入少量的小麦粉、玉米粉、昆虫尸体、肝脏碎片等。草履虫培养液需放在有阳光的温暖地方，水温控制在 20～25℃，每隔 2～3d 用吸管及时吸去底部培养液及沉淀物，加注等量的新鲜培养液。

二、水螅的采集与培养

（一）水螅的采集

水螅生活在水流缓慢、水质清洁、水草茂盛的池塘和溪流中，以基盘附着在水生植物、石块、木桩或其他物体上，有时借分泌的黏液气泡漂浮于水面。采集水螅的时间应选择在春秋两季，天气晴好的中午，水温 18～20℃最佳。水螅体型微小，很难被人发现，而且稍受惊扰，身体马上缩成小米粒大小，要很长时间才可舒展。采集水螅时，要站在水边仔细搜寻。如发现水草上有水螅，可以先用广口瓶在远处舀取池水，再用镊子轻轻夹取附有水螅的水草，放入瓶内。同时从附近水体多捞些水草仔细观察。盛放水螅的广口瓶，不要加盖，瓶里的水也不要装满。

（二）水螅的培养

培养水螅要注重水质、水温和喂食量等因素，做到及时换水、控制水温和严格限制喂食量。水螅对水质要求很严，培养水螅的饲养缸中应放置些水草，保持缸和水质的清洁，及时用吸管吸出缸底的死水蚤和其他杂物，每隔 1 周换一半水量。换水应使用洁净的池水，如自来水或井水，要在自来水或井水中放入水草，在阳光下照晒 4～5d，然后放入少许水螅，如果水螅不收缩才能用作更换的清水。培养水螅，应注意培养缸中水温的变化，将温度控制在14～20℃。水螅喜食甲壳类的水蚤和剑水蚤，而且特别贪食，饲养缸中饵料不能过多。在水温14～20℃时，每条水螅1天喂给2～3个水蚤或剑水蚤为宜。

在冬季饲养水螅，可用菜园土、马粪和池水混合液繁殖培养水蚤或剑水蚤等饵料。混合液配制方法是：按菜园土2kg、发酵马粪1kg、池水15kg的比例，放置15d左右，用纱布或细筛绢过滤2次，将滤液静置1d，取上部澄清液以1∶(5～10）的比例加入洁净池水稀释，然后移入水蚤或剑水蚤，在温暖明亮处繁殖。如果冬季不能保证10℃以上的水温，饵料又不充分，可保存水螅受精卵越冬。

三、涡虫的采集与培养

（一）涡虫的采集

采集涡虫时，先在采集瓶中灌入当地溪水，将水中光滑的石块迅速拿出水面，立即翻到底面，仔细观察，当发现目标时，用毛笔轻轻地将涡虫一个个刷入广口瓶中。当天气炎热时采集涡虫，在瓶中放入溪流里的水草，并连同水中的石块等附着物一起放入。如果寻找不到涡虫，可选择鱼鳃、鱼肠和牛肉等动物性食物作为诱饵进行诱捕。

（二）涡虫的培养

培养涡虫时先将玻璃缸洗刷干净，在缸底铺上一层洁净的砂和一些可供涡虫藏身的石块，并放入一些水草，然后再将涡虫放入培养，在夏季应将饲养缸放在阴凉处。培养用的水最好用泉水，如果用自来水，须放置2～3d后才能使用。敞开培养缸口，不要加任何覆盖物。开始饲养涡虫的食料用水蚯蚓、水蚤等活饵料，以后可换用煮熟的蛋黄、猪肝、猪肉和螺肉等，喂食时将食料投入水中，半天后取出剩余食料，进行换水，并刷洗培养缸，以保持水质清洁，喂食次数为每星期2～3次即可。秋冬气温明显下降后，涡虫隐居到石块下，可停止换水与投食，只需不时掠去水面浮尘，尽可能地保持较稳定的越冬生态小环境。待翌年气温升到8℃以上时，涡虫恢复正常的生活状态，再换水、投食。

四、浮游生物的采集与处理

（一）浮游植物的采集与处理

采集、固定及沉淀。浮游植物的采集包括定性采集和定量采集。定性采集采用25号筛绢制成的浮游生物网在水中拖曳采集。定量采集则采用5L采水器取上、中、下层水样，经充分混合后，取1L水样（根据水体泥沙含量、浮游植物数量等实际情况决定取样量，并采用泥沙分离的方法），加入鲁哥氏液固定，经过48h静置沉淀，浓缩至约30mL，保存待检。

样品观察及数据处理。室内先将样品浓缩、定量至约30mL，摇匀后吸取

0.1mL 样品置于 0.1mL 计数框内，在显微镜下按视野法计数，数量较少时全片计数，每个样品计数 2 次，取其平均值，每次计数结果与平均值之差应在 15%以内，否则增加计数次数。

每升水样中浮游植物数量的计算公式如下：

$$N=\frac{C_S}{F_S\times F_n}\times\frac{V}{v}\times P_n$$

式中 N ——1L 水中浮游植物的数量，个/L；

C_S——计数框的面积，mm^2；

F_S——视野面积，mm^2；

F_n——每片计数过的视野数；

V ——1L 水样经浓缩后的体积，mL；

v ——计数框的容积，mL；

P_n——计数所得个数，个。

（二）浮游动物的采集与处理

1. 轮虫采集、固定及沉淀

轮虫的采集包括定性采集和定量采集。定性采集采用 25 号筛绢制成的浮游生物网在水中拖曳采集，将网头中的样品放入 50mL 样品瓶中，加福尔马林液 2.5mL 进行固定。定量采集则采用 5L 采水器不同水层中采集一定量的水样，经充分混合后，取 1L 的水样，然后加入鲁哥氏液固定，经过 48h 以上的静置沉淀浓缩为标准样。一般同断面的浮游植物与原生动物、轮虫共一份定性、定量样品。

2. 枝角类和桡足类采集

定性采集采用 13 号筛绢制成的浮游生物网在水中拖曳采集，将网头中的样品放入 50mL 样品瓶中，加福尔马林液 2.5mL 进行固定。定量采集则采用 5L 采水器不同水层中采集一定量的水样，经充分混合后，取 20L（根据水体实际情况和泥沙含量选择水量 20L 或 60L 等不同水量）的水样用 25 号筛绢制成的浮游生物网过滤后，将网头中的样品放入 50mL 样品瓶中，加福尔马林液 2.5mL 进行固定。

采集的浮游动物样品带回实验室进行鉴定与分析。

单位水体浮游动物数量的计算公式如下：

$$N=\frac{nV_1}{CV}$$

式中 N ——每升水样中浮游动物的数量，个/L；

V_1——样品浓缩后的体积，mL；

V ——采样体积，L；

C ——计数样品体积，mL；

n ——计数所获得的个数，个。

轮虫生物量的计算采用体积换算法。根据不同种类的体形，按最近似的几何形测量其体积。枝角类和桡足类生物量的计算采用测量不同种类的体长，用回归方程式求体重进行。

五、底栖动物的采集与处理

1. 定量采集

不可涉水河流，用加重的彼得森（面积 0.025m^2）或箱式采泥器进行采集，可涉水河流，采用索伯网（Surber sampler，筛网孔径 420 μm，采样面积 0.09m^2）和T-型网进行采集，在有条件的样点亦采用三角拖网对超大型水生动物进行采集。

彼得森采样器采集的过程如下：将采样器张开，开口向下，沉入江（河）底，插入河泥约 10～15cm，将采样器缓慢关闭，将一定范围内的河泥动物连同河泥全部收集到采样器内。将采样器拉至水面，将河泥倒入金属容器内，然后用孔径 450 μm 铜筛将河泥清洗干净，置入塑料袋内，加入少许河水。拖螺蚌网的采集过程如下：将网用麻绳固定在快艇或机动船的后缘栏杆上，轻轻将网放入河底，然后让快艇缓慢向前行驶 50～100m（用 GPS 仪测定行驶的距离）。将快艇停稳，将网具轻轻拖起至水面，将底泥在水面筛洗干净，然后将软体动物倒入采集盆中。标本现场进行初步分拣和分装，带回实验室进行处理。索伯网的采样流程如下：将索伯网沿河水流动的方向平行放入河底，网口沿河流上游方向张开。将索伯网内的底质尽量全部挖出，用孔径 450 μm 铜筛将河泥清洗干净，置入塑料袋内，加入少许河水。T-型网的采集过程如下：将网具沿河流方向平行放入河底，用脚或其他工具将一定范围内（一般 2～3m）的上游的河底进行充分扰动和驱赶，将这些区域受惊吓的水生动物由流动的河水而流入网具内。

2. 定性采集

在定量采集的样点附近的各种不同生境，对水生动物进行定性采样。采样的工具有手抄网、徒手采集、电捕鱼时采集等。定性采集的目的是对定量采集进行补充，并尽可能地对采集区域进行充分采集。

样品采集后，为防止加入酒精后脱色，加固定液前要记录好样品色泽。根据现场采样种类多少，要将较硬的甲壳类等与软体动物如水栖寡毛类、蛭类水生昆虫的幼虫（稚虫）等分开。分别盛入塑料瓶中，个体较小的放入指管中。为防止软体动物断体，脱水、收缩，现场加入 1%福尔马林溶液或 30%酒精固定。样品带回实验室后，用 70%酒精或 5%福尔马林溶液固定或采用混合固定液，长期保存。摇蚊幼虫分类较复杂，需加甘油制片镜检观察，优势种分类到种，不确定时，用卑瑞斯（Puris）胶封片。卑瑞斯胶配方：阿拉伯胶 8 g，蒸馏水 10mL，水合氯醛 30 g，甘油 7mL，冰乙酸 3mL。先将阿拉伯胶放入小的烧杯中，加水 10mL，将烧杯放至水浴锅，水加热至 80 ℃，用玻璃棒搅动，待胶溶后，将水合氯醛加入使溶解，然后再将甘油和冰乙酸加入，用玻璃棒搅拌均匀，再以薄棉过滤即可用。此胶搁置时间越久越好。

样品的鉴定和计量在实验室进行内。在将洗净的样品倒入解剖盘中，用肉眼仔细将动物标本捡出，置入50mL的塑料标本瓶中，并加入10%的福尔马林溶液保存标本。固定标本带回实验室完成种类鉴定和计数。水生昆虫除摇蚊及其他少数科属外，皆在解剖镜下鉴定到属，在低倍镜下确定目、科，在高倍镜下对照资料鉴定到属。摇蚊科幼虫主要依据头部口器结构的差异来定属、种，并需制片，用甘油透明观察。优势种类或其他因有异议而需观察和研究的种类，可用卑瑞斯胶封片。软体动物、水栖寡毛类鉴定到种，摇蚊幼虫鉴定到属，水生昆虫（摇蚊幼虫除外）鉴定到科即可。水栖寡毛类的仙女虫科可根据刚毛的形态差异进行种类鉴定，颤蚓科的鉴定亦较复杂，多数种类的鉴定需有成熟的个体方能完成。虫体需制作成生物封片，然后对其内部结构特别是生殖系统的结构进行观察，来判别物种。计数系在鉴定的基础上进行数量统计，除个体较大的软体动物外，其他皆在实体解剖镜下按属或种计数，并按大类统计数量。由于各个种类和其数量将影响分析的结果，在计数时不要漏掉稀有种类。用采泥器取样采得的水生动物，应推算出每平方米的数量。生物重量通常以湿重法，用1/10000的电子天平，称出属、种的重量，每个个体的重量和平均重量，对断体的动物个数按头数计数。

（刘雄军）

附录四 实验动物的标本制作

一、浸制标本的制作

浸制标本是采用保存液来防腐的标本。如果保存得好，这种标本可以长期保存。它能清晰地显示生物体的外部形态和内部构造，还能长期保持生物体的原有色泽。

1. 无脊椎动物整体浸制标本的制作

无脊椎动物种类繁多，有的躯体柔软，有的体被硬壳，有的躯体具较强的伸缩性。在制作标本时因上述特征而有所不同。

（1）躯体柔软的动物　如涡虫，回室内后放入盛新鲜清水的大培养皿中，待动物伸展后，可用少量薄荷脑麻醉3h，再用7%的甲醛杀死，数分钟后已死未硬化时取出放平展开，加几片载玻片压住，经12h可得到扁平的标本，最后用5%

的甲醛保存。

（2）体被硬壳的动物　先用清水洗净，后用薄荷脑或40%泻盐麻醉2～3h，用10%甲醛杀死。10h后贝壳有光泽的种类移入70%乙醇内保存，贝壳较厚无光泽的种类可移入5%的甲醛内保存。

（3）躯体具较强伸缩性的动物　如腔肠动物海葵，采后放入新鲜海水中，静置于不振动且光线较暗的地方。待触手完全展开呈自然状态时，把薄荷脑球（用纱布包成直径为1cm的小球）轻轻放入水中。同时向触手基部投入泻盐，逐渐增加剂量，及时观察。待触动触手完全不动时，取出薄荷脑球。向水中加入纯甲醛至浓度为7%即可将其杀死，后移入5%的甲醛液中保存。

2. 脊椎动物浸制标本的制作

浸制标本的制作过程是：选择材料，处死，整理姿态，防腐固定，装瓶保存，编号，记录和粘贴标签等。方法简便，制作容易。

（1）选择材料及处死　应选择大小适中的动物个体。鱼类尽可能选新鲜的，保持鳍、鳞等的完整。两栖、爬行动物活体应装入密闭的容器中，同时放入浸有乙醚的棉球使其麻醉致死。

（2）整理姿态　待动物麻醉至死后取出，用清水冲洗体表的黏液，随即在腹腔内注入适量10%福尔马林溶液以固定内脏器官。鱼类将背鳍、胸鳍和尾鳍适当展开，用回形针将塑料薄片或厚纸片与鱼鳍夹在一起，把整理好的标本侧卧于解剖盘内。鱼体向解剖盘一侧可适量放些棉花衬垫，特别是尾柄部要垫好，以防标本在固定时变形。两栖类整理成生活时的姿态，并将指、趾展开。整理两栖类时，先用镊子将一团脱脂棉塞入口腔，使其张开，以便观察牙齿；蛇类应将其身体盘成螺旋状，使其头部在上，或者将其折成“S”形；龟和蜥蜴的四肢，应用大头针固定在蜡盘上。

（3）固定保存　加入10%的福尔马林溶液至浸没标本，作为临时固定，待动物体硬化后取出。再将标本用白线固定在大小适宜的玻璃片上，放入适当的标本瓶中（标本瓶要长于动物体6cm左右，以便贴上标签后仍能从瓶外看到标本全貌），加入10%福尔马林溶液浸泡保存，盖严瓶盖。

（4）贴标签　将注有科名、学名、中文名、采集地、采集时间的标签贴于瓶口下方。标签贴好后，可在标签上用毛笔刷一层石蜡液，以防字迹退色。

浸制标本不宜放在阳光直射的地方，以防瓶口封蜡溶化，浸液挥发。也不宜放置在0℃以下的地方保存，防止浸液冰冻，玻璃破裂。在搬动时，不能剧烈震动，且要放置平直，以免翻倒。

3. 解剖标本的浸制制作

解剖标本的制作目的是观察内脏，应按解剖的一般方法除去体壁，以露出内脏。如要展示某一器官系统时，还需小心地除去不需要的部分，展示部分的各器官仍保持其自然位置，然后浸泡于10%福尔马林溶液中。如需标明各器官名称，可用打印好的名词签（或用铅笔书写），用水胶贴在各器官上，待粘牢晾干后，浸入保存液中即可。

二、剥制标本的制作

剥制标本是将动物的皮连同皮外的覆盖物一同由躯体上剥下来，再根据动物的原形，缝制成标本。在实际应用中，主要适用于哺乳类和鸟类，以及一些不宜采用浸制方法的其他各纲的大型种类，如鲸、鲨鱼、海龟等。根据不同的要求，剥制标本有 2 种类型：一种是陈列标本，称真剥制标本，要求制成生活时的姿态；另一种是研究标本，又叫假剥制标本，按统一规格剥制。下面以鸟类为例简单介绍剥制标本的制作方法。

1. 选择标本材料

要求羽毛完好且未受血液污染、新鲜或死后时间不长者。如已被血液污染，可用棉花蘸水轻轻洗净，再撒些滑石粉吸干水分。

2. 观察记录

先观察整体形状，两翅姿态，嘴、眼、脚的颜色，记录下来作为制好后整形和加色的依据。再测量颈的长度和粗细、躯干长度、胸围大小、展翅长度，并记录下来。最好把鸟的形态画下来供整形时参考。

3. 处死

最方便的处死方法是窒息法。处死后要在喙和肛门内各塞 1 个小棉球，以防污物流出污染羽毛。

4. 剥皮

待处死的鸟体冷却、血液凝固后，将鸟体仰卧于桌上，把胸部的羽毛向两侧分开，用解剖刀从龙骨突起部位的中线轻轻割开皮肤。切口处要撒些滑石粉，以防体内黏液沾染手指，粘住羽毛。用解剖刀的柄由腹向背慢慢地把肌肉和皮肤分离。当大腿上的皮、肉分开后，捏住鸟腿从膝关节处折断，保留鸟腿无肉的一段。尾部剥到尾羽羽轴伸入肌肉的部分为止，用剪刀剪断尾椎。注意不要切断尾羽羽轴根，否则尾羽会脱落。向前翻剥鸟皮，剥到翅膀基部从肩关节处剪断。然后剥颈部和头部，鸟颈剥到白色薄膜处即耳孔，要用镊子伸入耳孔将膜分离，绝不要硬拉。剥到眼睛处，应先将眼睛同周围的组织分离，切勿伤及外皮。再往前剥到喙基为止。在颈椎与颅骨连接处剪断，把脑、眼球、舌全部去掉。再剥翅膀，剥到尺骨基部为止。这时整个标本的里皮都翻露在外，用解剖刀将残留在皮、骨上的肌肉和脂肪刮除干净。

5. 涂防腐剂

为了防腐和防脱毛，要在内皮和剩留的骨上涂防腐剂（砒霜膏），要涂遍，不能有漏涂的地方，眼窝、耳孔、颅腔、尾羽羽轴根和趾骨等处要多涂一些。

6. **装填**

涂药后立即进行装填、整形，以免皮变硬后难以操作。用强度足以支持鸟体的镀锌铁丝做成所需形状，安装支撑鸟体。把已安装好铁丝支架的鸟皮仰卧在桌上，用脱脂棉作为填充物按鸟的原形进行装填。装填完毕，用细针线从皮内向外行针缝合。缝合后安装义眼。

7. **整形与固定**

所谓整形，就是将已装填好的标本，整理成这种鸟类飞翔、生活时的某一种姿态，如觅食、行走、静立观望、起飞和飞翔。

最后在羽毛上涂一层硫黄粉，以防虫蛀。用纱布条在鸟体上缠三五圈，以防羽毛被风吹乱。用棉线将喙缚住，以防张开。

将标本放在通风处晾 2～3 周，干后除去纱布、棉线。在喙、冠、颜面等部位按原色着色。在座板上贴标签，写明鸟名、采集地点和日期。

三、骨骼标本的制作

所谓骨骼标本的制作，就是通过一系列的处理，除去动物的皮肤、肌肉与内脏，保留骨骼，并经脱脂、漂白，使骨骼洁白美观，然后把骨骼支架起来，使其呈现生活状态的姿势，供教学、研究或展览之用。下面以两栖类为例简单介绍骨骼标本的制作方法。

1. **处死**

选择体型大而完整的青蛙（或蟾蜍），双毁髓或乙醚麻醉致死。

2. **剥皮**

沿肛门至下颌基部，用剪刀剪开皮肤，注意不要剪坏胸骨。然后向两侧剪开，分别向前后肢方向拉下皮肤，不要拉断指、趾骨。然后剪开腹部的肌肉层，用镊子把内脏摘除。

3. **剔肉**

先把脊柱背面及腹部的肌肉粗略除去，放置锅内煮成半熟。煮好的青蛙分成头、肩带和前肢、脊柱和腰带、后肢 4 个部分进行剔肉（各骨骼容易混淆，最好加上标记以便区分）。四肢上的大块肌肉用镊子去除，其他肌肉用牙刷刷掉。

4. **脱脂**

把附有残肉的骨骼放在 6%～10%的氢氧化钠溶液中浸 2～6h（肌肉变透明，用牙刷能除去为止），或在密封的容器中用汽油浸泡 2d，去除一些难以除去的肌肉，脱去骨骼中的油脂。在浸泡过程中应经常检查，以防骨骼脱散。如果制作过程中发生骨骼分离的情况，把分离的部分小心剔净保存好，以后整形时再粘上去。浸渍后用清水漂洗干净。

5. **漂白**

脱脂完毕的骨架，用 0.5%～1%的过氧化氢漂白 30min，或用 1%～3%的漂白粉水溶液浸泡 1～3 天。浸泡时间应灵活掌握，主要看骨骼是否已经变白，变白后马上捞出，否则，骨面会被腐蚀而变得粗糙，失去骨骼的光泽。捞出的骨骼用清水冲洗干净。

6. 整形和装架

漂白完毕，趁着手掌骨和脚掌骨湿润可以活动，把躯体和四肢的姿态整理好并按骨骼相应的位置用大头针固定，关节之间点入胶水加固。骨骼标本制成后，最好装入标本盒中保存。

四、血管注射标本的制作

向动物的血管内注射带有颜料的填充剂，使血管保持饱满的形状和一定的颜色，以显示血管的分布，是解剖脊椎动物循环系统时，为便于观察所经常采用的方法。在注射之前，应了解该动物心脏的结构及血管分布特征，保证注射工作顺利进行。注射时，一般将动脉注射红色，静脉注射蓝色，门脉注射黄色。以两栖类为例简要介绍其制作方法。

1. 注射色剂的配制

(1) 动物胶　20～25g（气温低用 20g，气温高用 25g）。

(2) 水　100mL。

(3) 颜料　4～5g（如颜色不鲜艳，可适当增加），注射动脉的颜料用银珠或胭脂红，注射静脉的颜料用普鲁士蓝或蓝靛。

先将动物胶捣碎成小片，按比例加水浸泡 3～4h，待充分软化后，在水浴锅中隔水加热，使动物胶全部溶化，加入颜料，用玻璃棒搅拌均匀。然后用双层纱布过滤后即可使用。

2. 两栖类血管注射标本制作方法

(1) 处死　双毁髓或乙醚麻醉致死。

(2) 解剖　将蟾蜍或青蛙腹面向上放在解剖盘中，剪开腹部皮肤和体壁，向前剪到肩带，并剪断肩带的锁骨和乌喙骨，再向前剪至下颌基部。剪时需避开腹中线，以免剪断腹大静脉。找到位于体壁内侧的腹大静脉并剥离，再将腹壁横向剪开，使体腔内的器官完全暴露。

(3) 动脉注射　剪开围心膜，将 1 根棉线从动脉圆锥的背面穿过，在其上扎一个活结；将心尖翻向前面，用另一根线在心脏背方结扎静脉窦。用注射器吸入 5～6mL 红色溶液，将针头从心尖略偏右侧插入心室，并使针尖朝向动脉圆锥，慢慢注入，待肠系膜动脉及胃壁上微血管显示红色时停止注射。先扎紧动脉圆锥处的活结，然后再拔出针头。

(4) 静脉注射　用棉线从已经剥离干净的腹大静脉背面穿过，在其两端各扎 1 个活结，并将胃拽出露在表面。用注射器吸入 5～6mL 蓝色溶液，在腹大静脉的两活结之间插入针头，注射蓝色溶液进入静脉血管，至胃壁上的微血管充满蓝色溶液为止（若要使后肢的静脉显色，可将针头稍稍抬起，使蓝色溶液能向后流动即可）。将针头前后的两个活结扎紧，拔出针头。用热水洗净注射器。

注射完毕，如发现有些血管显色不足，可选择适当部位的血管进行补充注射。

五、玻片标本的制作

玻片标本的制作有许多方法，一般可分为非切片法与切片法两大类。

1. 非切片法

非切片法有涂片、铺片、压片、磨片、整体装片等。涂片法主要用于血液、精液、尿液、痰液、微生物等不能切成薄片的液态颗粒性材料，可在载玻片上涂成单层细胞，再经固定、脱水、染色等手段制成永久标本；铺片法主要用于动、植物组织的表皮层观察，可活体取待观察动、植物组织，用尖镊子撕去一层表皮，迅速平铺在载玻片上；压片法是将生物材料置于载玻片和盖片之间，施加一定压力，将组织细胞压散的一种制片方法；整体装片法是将生物材料采取整体封固制成玻片标本的方法，用此法可制成临时或永久装片，如变形虫、水螅，昆虫的翅、足、口器，人的口腔上皮细胞等；磨片法用于很坚硬的组织，如骨和牙。

2. 切片法

切片法是必须依靠手或切片机将组织切成薄片来进行观察的方法。根据所用支持剂种类的不同，可分为徒手切片法、石蜡切片法、火棉胶切片法、冰冻切片法等类型。石蜡切片的具体制作方法见附录一。

（武瑞文）